"十二五"职业教育国家规划教材
经全国职业教育教材审定委员会审定
高等职业教育系列教材

首届全国机械行业职业教育精品教材

# 自动化生产线安装与调试

## 第 2 版

何用辉　等编著

黄锡泉　王洪荣　主　审

U0245508

机 械 工 业 出 版 社

本书以典型的自动化生产线为载体,按照项目引领、任务驱动的编写模式,将进行自动化生产线安装与调试所需要的理论知识与实践技能分解到不同项目和不同任务中,旨在加强学生综合技术应用和实践技能的培养。主要内容包括自动化生产线认知、自动化生产线核心技术应用、自动化生产线组成单元的安装与调试、自动化生产线系统的安装与调试、自动化生产线人机界面的设计与调试以及工业机器人及柔性制造系统的应用。本书结构紧凑、图文并茂、讲述连贯,本书网盘资源(下载方法见封底"IT"字样二维码旁的注释)含有电子课件、视频、源程序等。配套资源丰富,具有较强的可读性、实用性和先进性。

　　本书可作为高职高专、中职中专院校相关课程的教材,也可作为应用型本科、职业技能竞赛以及工业自动化技术的相关培训教材,还可作为相关工程技术人员研究自动化生产线的参考书。

**图书在版编目(CIP)数据**

自动化生产线安装与调试/何用辉等编著. —2 版 . —北京:机械工业出版社,2015.6(2022.1 重印)
"十二五"职业教育国家规划教材
ISBN 978-7-111-49743-1

Ⅰ. ①自… Ⅱ. ①何… Ⅲ. ①自动生产线 – 安装 – 高等职业教育 – 教材
②自动生产线 – 调试方法 – 高等职业教育 – 教材 Ⅳ. ①TP278

中国版本图书馆 CIP 数据核字(2015)第 057717 号

机械工业出版社(北京市百万庄大街 22 号 邮政编码 100037)
策划编辑:王 颖 责任编辑:李文轶
责任校对:张艳霞 责任印制:郜 敏
三河市宏达印刷有限公司印刷

2022 年 1 月第 2 版 · 第 14 次印刷
184mm × 260mm · 21.5 印张 · 527 千字
标准书号:ISBN 978-7-111-49743-1
定价:53.00 元

电话服务 网络服务
客服电话:010 – 88361066 机 工 官 网:www.cmpbook.com
　　　　　010 – 88379833 机 工 官 博:weibo.com/cmp1952
　　　　　010 – 68326294 金 书 网:www.golden – book.com
**封底无防伪标均为盗版** 机工教育服务网:www.cmpedu.com

# 前　言

本书是依据《国家中长期教育改革和发展规划纲要》关于"大力发展职业教育"的要求，贯彻基于工作过程导向的课程开发与教学设计思想，加大课程建设与改革力度，创新教材模式，与企业合作开发编写的校企合作、工学结合的特色改革教材。本书结构紧凑、图文并茂、讲述连贯，配套网盘资源丰富，紧扣高职院校的办学理念，以强化学生职业素养、培养学生职业能力为首要目标，具有较强的可读性、实用性和先进性。

本书具有以下几个突出特点。

1）本书作为校企合作、工学结合的特色改革教材，强调专业综合技术应用，注重工程实践能力提高，有利于培养学生分析和解决实际工程应用问题的能力，重点突出对学生职业技能的培养。

2）本书基于工作过程组织内容，以典型的自动化生产线为载体，遵循从简单到复杂循序渐进的教学规律，将各个项目分解为若干个任务分别详细讲述，使学生易学、易懂、易上手。

3）本书内容充实，从基础的机械、气动、电气、传感检测技术到复杂的步进、变频、伺服、工业网络、组态控制以及工业机器人等相关内容均有涉及，知识覆盖面广泛。同时内容安排由浅到深，由易到难，既包含必需的理论知识，又体现极强的实用性和先进性。

4）本书按照"学中做、做中学"的教学理念组织每个教学任务，将学习、工作融于一个轻松快乐的环境，进一步提高学生的学习兴趣和效率；每个任务设有学习知识与能力目标，使学生明确学习内容，提高学习效果。

5）书中的重点内容都配有实物图片，直观形象，更易于学生学习理解。所配网盘资源（下载方法见封底"IT"字样二维码旁的注释）丰富，包含教学课件、实况视频和动画仿真等多种资源，为教师教学和学生自主学习提供便利。

本书可作为高职高专、中职中专院校机电、自动化等相关专业的教材，也可作为应用型本科、职业技能竞赛以及工业自动化技术的相关培训教材，还可作为相关工程技术人员研究自动化生产线的参考书。

本书是福建省高等职业教育教材建设工程支持的校企合作、工学结合的特色改革教材，以福建省先进制造业软件公共服务平台和福建省高等学校杰出青年科研人才培育计划项目（项目编号：JA14377）为资助。由多所院校与上海英集斯自动化技术有限公司合作开发编写。本书由福建信息职业技术学院何用辉等编著，其中项目1、3、4、5、6由何用辉编写，其他部分分别由施成章、马孝荣、林丰、张明、吴永春、杨成菊、林茂用、林少玲、陈天炎和王晓等编写，配套资源由何用辉和朱群制作。

本书内容的组织与统稿由何用辉负责，由中国台湾建国科技大学黄锡泉博士和上海英集斯自动化技术有限公司王洪荣总经理共同主审，他们对本书提出很多宝贵意见，在此对他们致以衷心感谢。在本书的编写过程中，编者参考了有关书籍及论文，并引用了其中的一些资料，在此一并向这些作者表示感谢。

限于编著者的经验、水平，书中难免有不足与缺漏之处，恳请专家、读者批评指正。

编著者

# 目　　录

# 项目 1  自动化生产线认知

 **任务 1.1  了解自动化生产线及应用**

 **知识与能力目标**

1）了解自动化生产线的作用和产生背景。
2）理解自动化生产线的运行特性与技术特点。
3）了解自动化生产线在实际工程中的应用。

## 1. 了解自动化生产线

自动化生产线是现代工业的生命线。机械制造、电子信息、石油化工、轻工纺织、食品、制药、汽车制造以及军工生产等现代工业的发展都离不开自动化生产线的主导和支撑作用。

自动化生产线是在自动化专机的基础上发展起来的。自动化专机是单台的自动化设备，它所完成的功能是有限的，只能完成产品生产过程中单个或少数几个工序。在工序完成后，经常需要将已完成的半成品及生产过程信息采用人工方式传送到其他专机上继续新的生产工序。整个生产过程需要一系列不同功能的专机和人工参与才能完成，既降低了场地的利用率，又增加了人员及附件设备，还增加了生产成本，尤其是在人工参与过程中给产品的生产质量带来了各种隐患，不利于实现产品生产的高效率和高质量。

若将产品生产所需要的一系列不同的自动化专机按照生产工序的先后次序排列，则通过自动化输送系统可将全部专机连接起来，可省去专机之间的人工参与过程。产品生产的流程由一台专机完成相应工序操作后，经过输送系统将已完成的半成品及生产过程信息自动传送到下一台专机继续进行新的工序操作，直到完成全部的工序为止。这样不仅减少了整个生产过程所需要的人力、物力，而且大大缩短了生产周期，提高了生产效率，降低了生产成本，保证了产品质量，这就是自动化生产线产生的背景。

自动化生产线是在流水线和自动化专机的功能基础上逐渐发展形成的、自动工作的机电一体化的装置系统。它通过自动化输送系统及其他辅助装置，按照特定的生产流程，将各种自动化专机连接成一体，并通过气动、液压、电动机、传感器和电气控制系统使各部分联合动作，使整个系统按照规定的程序自动地工作，连续、稳定地生产出符合技术要求的特定产品。称这种自动工作的机电一体化系统为自动化生产线。

如图 1-1 所示，自动化生产线具有高的自动化程度、统一的控制系统以及严格的生产节奏等运行特性，实现了整个生产系统物质与信息传递的自动化，使得全部生产过程保持高度连续性和稳定性，显著地缩短生产周期，使产品的生产过程达到最优的调度控制，大大满足了生产厂商的生产要求。

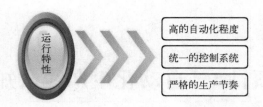

图1-1　自动化生产线的运行特性

如图1-2所示，自动化生产线技术的最大特点在于它的综合性和系统性。技术的综合性指的是将机械、气动、传感检测、电动机驱动、PLC（可编程序控制器）、网络通信以及人机界面等多种技术进行有机结合，并综合应用到自动化生产线上。技术的系统性指的是自动化生产线上的传感检测、传输与处理、分析控制以及驱动与执行等部件在微处理单元的控制下协调有序地工作，并通过一定的辅助设备构成一个完整的机电一体化系统，自动地完成预定的全部生产任务。

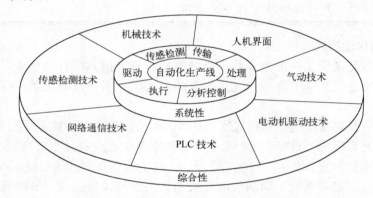

图1-2　自动化生产线的技术特点

自动化生产线的发展方向主要是提高生产率和增大多用性、灵活性。为适应多品种生产的需要，自动化生产线将发展成为能快速调整的可调自动化生产线，更能满足生产商适时变化的生产要求。自动化生产线中数控机床、工业机器人和电子计算机等相关领域的快速发展以及成组技术的应用，提升了自动化生产线在生产过程中的灵活性，实现了多品种、中小批量生产的自动化。多品种可调自动化生产线技术的发展，降低了自动化生产线生产的经济批量，而且在机械制造业中的应用越来越广泛，更为可观的是已经向高度自动化的柔性制造系统发展。

**2. 初识自动化生产线应用**

近些年来，我国GDP长期保持在7%以上的增长率，特别是近几年我国汽车工业保持15%以上的增长率，其原因之一是自动化生产线应用的普及与提高。我国提出发展经济应该着力于实现工业化和产品信息化，又进一步地提出信息化是我国加快实现工业化和现代化的必然选择。随着国家对工业自动化装备研究领域的投入，国内目前涌现出了一大批从事自动化生产线相关装备研究和开发的企业和人才，目前已经具备自主创新设计的能力，为现代化生产提供了大量各种功能的自动化生产线。

图1-3所示是某汽车公司的自动化汽车生产线。该公司拥有全球最先进、世界顶

级的冲压、焊装、树脂、涂装及总装等整车制造总成的自动化生产线系统。通过该自动化生产线系统可实现汽车制造中高效率、高精度和低能耗冲压加工；借助生产线上配备的 267 个自动化机器人可实现车身更精密、柔性化的焊接，有力地确保了产品品质。

图 1-3　某汽车公司的自动化汽车生产线

图 1-4 所示是某电子产品生产企业的自动化焊接生产线，包括丝印、贴装、固化、回流焊接、清洗以及检测等工序单元。生产线上每个工作单元都有相应独立的控制与执行等功能，通过工业网络技术将生产线构成一个完整的工业网络系统，确保整条生产线高效有序运行，实现大规模的自动化生产控制与管理。

图 1-4　某电子产品生产企业的自动化焊接生产线

图 1-5 所示是某烟草公司的自动化生产线现场。该生产线引入工业网络，是连接制丝生产、卷烟生产及包装成品等一体化的全过程自动化系统。通过采用先进的计算机技术、控制技术、自动化技术和信息技术，集成工厂自动化设备，对卷烟生产全过程实施控制、调度、监控。同时，工控机、变频器、人机界面、PLC 及智能机器人等自动化产品在该生产线上得到充分应用。

图 1-5　某烟草公司的自动化生产线现场

图 1-6 所示是某酒厂的自动灌装线现场。这个自动灌装线主要完成自动上料、灌装、封口、检测、打标、包装及码垛等多道生产工序，极大地提高了生产效率，降低了企业成本，保证了产品的质量，实现了集约化大规模生产的要求，增强了企业的竞争能力。

图 1-6　某酒厂的自动灌装线现场

 任务 1.2　认知典型自动化生产线

 知识与能力目标

1）了解典型自动化生产线各组成单元及其基本功能。
2）认识典型自动化生产线的系统运行方式。

自动化生产线以其自身独特的优势在现代工业生产中得到越来越广泛的应用，由于现代生产企业的类型不同，所需要的自动化生产线的功能和类型也大不相同，而且现实工业生产中的自动化生产线类型繁多、种类繁杂,但就自动化生产线本身的核心技术和功能实现方式而言几乎都是相同的。因此,为了方便进行自动化生产线技术的学习与训练,很多公司围绕自动化生产线的技术特点开发出了各种不同的自动化生产线教学培训系统。本书以上海英集斯自动化技术有限公司生产的典型模块化自动化生产线为载体,对自动化生产线的使用、安装、调试及维护等应用技术进行循序渐进地介绍。

图1-7所示为上海英集斯自动化技术有限公司生产的典型模块化自动化生产线组成结构图。该典型自动化生产线由供料单元、检测单元、加工单元、搬运单元、分拣输送单元、提取安装单元、操作手单元和立体存储单元等8个不同的模块单元组成。该模块化自动化生产线(简称为MPS教学系统)是一套开放式的教学自动化生产线设备,其综合应用自动化生产线中所需的多种技术,充分体现了自动化生产线技术的综合性与系统性特点,为理论与实践一体化教学的有效结合提供了一个完美的载体,从而有效地缩短了学校教学与工程实际应用之间的距离。

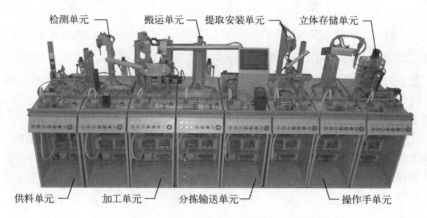

图1-7　典型模块化自动化生产线组成结构图

这个典型的自动化生产线采取开放式的模块结构,虽然各个组成单元的结构已经固定,但是每一工作单元的运行执行功能、各个工作单元之间的运行配合关系,以及整个自动化生产线的运行流程和运行模式,都可以模拟实际生产现场状况进行灵活地配置,使之实现模拟实际生产要求的自动化生产运行过程。与此同时,这一典型自动化生产线上的每个工作单元都具有自动化专机的基本功能。学习掌握每一工作单元的基本功能,将为进一步学习整条自动化生产线的联网通信控制和整机配合运作等技术打下良好的基础。

**1. 认知典型自动化生产线各工作单元**

(1)供料单元

供料单元主要由送料模块、转运模块、报警装置、电气控制板、操作面板、I/O转接端口模块、CP电磁阀岛和过滤减压阀等组成。其外观如图1-8所示。

供料单元的基本功能:实现工件从送料模块的井式料仓中自动推出,借助转运模块的摆动气缸与真空吸盘的配合使用,将送料模块推出的工件自动转送到下一个工作单元。

(2)检测单元

检测单元主要由识别模块、升降模块、测量模块、滑槽模块、电气控制板、操作面板、I/O转接端口模块、CP电磁阀岛和过滤减压阀等组成。其外观如图1-9所示。

图 1-8　供料单元外观图　　　　　　　　图 1-9　检测单元外观图

　　检测单元的基本功能：识别模块在接收到新的待处理工件后，实现待处理工件颜色和材质的检测，并通过升降模块和测量模块完成工件高度的测量，根据检测与测量结果信息，通过滑槽模块完成向下一工作单元传送或直接剔除工件的功能。

　　（3）加工单元

　　加工单元主要由旋转工作台模块、钻孔模块、钻孔检测模块、电气控制板、操作面板、I/O 转接端口模块、CP 电磁阀岛和过滤减压阀等组成。其外观图如图 1-10 所示。

　　加工单元的基本功能：旋转工作台在接收到新工件后，旋转工作台模块启动工作，分步实现其尚待加工工件的模拟钻孔加工，并对加工质量进行模拟检测等功能。

　　（4）搬运单元

　　搬运单元主要由提取模块、滑动模块、电气控制板、操作面板、I/O 转接端口模块、CP 电磁阀岛和过滤减压阀等组成。其外观图如图 1-11 所示。

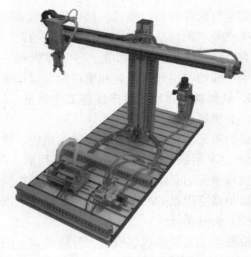

图 1-10　加工单元外观图　　　　　　　　图 1-11　搬运单元外观图

搬运单元的基本功能：提取模块执行工件的拾取与放置动作，滑动模块执行拾取后工件水平移动的搬运任务，自动地实现将工件从上一工作单元拾取搬运到下一工作单元的功能。

（5）分拣输送单元

分拣输送单元主要由传送带模块、位置检测模块、滑槽模块、推料模块、电气控制板、操作面板、I/O 转接端口模块、CP 电磁阀岛和过滤减压阀等组成。其外观如图 1-12 所示。

分拣输送单元的基本功能：在接收到新工件后，传送带模块开始传送工作，根据上一工作站的工件信息，在位置检测模块和推料模块的配合下，实现传送带模块上工件的自动分拣输送功能。

（6）提取安装单元

提取安装单元主要由传送带模块、提取安装模块、滑槽模块、工件阻挡模块、电气控制板、操作面板、I/O 转接端口模块、CP 电磁阀岛和过滤减压阀等组成。其外观如图 1-13 所示。

 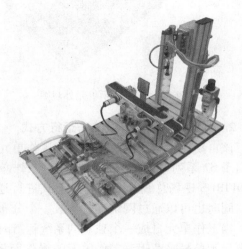

图 1-12　分拣输送单元外观图　　　　　图 1-13　提取安装单元外观图

提取安装单元的基本功能：检测到有新工件到位的信息之后，通过传送带模块将工件输送到工件阻挡模块位置，提取安装模块将滑槽上小工件装配到传送带工件上，随后工件阻挡模块放行装配后的工件组，继续由传送带模块输送到指定位置。

（7）操作手单元

操作手单元主要由提取模块、转动模块、电气控制板、操作面板、I/O 转接端口模块、CP 电磁阀岛和过滤减压阀等组成。其外观如图 1-14 所示。

操作手单元的基本功能：提取模块执行工件的拾取与放置动作，转动模块执行拾取后工件水平转动的搬运任务，自动地实现将工件从上一工作单元拾取搬运到下一工作单元的功能。

（8）立体存储单元

立体存储单元主要由步进驱动模块、丝杠驱动模块、工件推出装置、立体仓库、电气控制板、操作面板、I/O 转接端口模块、CP 电磁阀岛和过滤减压阀等组成。其外观如图 1-15 所示。

立体存储单元的基本功能是：在接收到新工件后，在步进驱动模块的驱动下带动 X、Y 两丝杠运动，依据接收到的工件材质、颜色等信息，自动将其运送至相应指定的仓位口，并将工件推入立体仓库完成工件的存储功能。

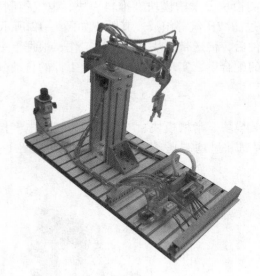 

图 1-14　操作手单元外观图　　　　　　　图 1-15　立体存储单元外观图

**2. 典型自动化生产线工作运行方式**

该自动化生产线由 8 个模块式工作单元组成，每个工作单元的电气控制板上都配备一台西门子 S7 系列 PLC，分别控制每一工作单元的执行功能，单元之间可采用 I/O 或 PPI 或 PROFIBUS 现场总线等网络通信方式进行通信。生产线中各单元可自成一个独立的系统运行，同时也可以通过网络互联构成一个分布式的整机控制系统运行。

当工作单元自成一个独立的系统运行时，其独立设备运行的主令信号以及运行过程中的状态显示信号来源于该工作单元的操作面板，各模块在自身 PLC 控制下自动完成本站的执行功能。工作单元独立系统的具体内容将在后续章节中详细介绍。

当生产线采用网络通信方式互联成一个整机系统运行时，其工作单元之间的各种信息通过网络进行数据通信与交换，各运行设备之间能自动协调工作，实现了自动化生产线整机稳定有序地运行。自动化生产线整机系统的具体内容将在后续篇幅中详细介绍。

当自动化生产线采用了触摸屏或组态软件等人机界面技术运行时，生产线中的主令信号通过触摸屏或组态软件系统给出。同时，人机界面上也实时显示系统运行的各种状态信息。自动化生产线人机界面系统的具体内容将在后续章节中详细介绍。

# 项目 2　自动化生产线核心技术应用

 **任务 2.1　机械传动技术应用**

 **知识与能力目标**

1）熟悉带传动机构及其应用。
2）熟悉滚珠丝杠机构及其应用。
3）熟悉直线导轨机构及其应用。
4）熟悉间歇传动机构及其应用。
5）熟悉齿轮传动机构及其应用。

## 2.1.1　带传动机构认知及应用

### 1. 带传动机构认知

在自动化生产线机械传动系统中，常利用带传动方式实现机械部件之间的运动和动力的传递。带传动机构主要依靠带与带轮之间的摩擦或啮合进行工作。带传动可分为摩擦型带传动和啮合型带传动，其传动结构图如图 2-1 所示。

图 2-1　带传动结构图

带传动机构的两大传动类型与异同点如表 2-1 所示。由于啮合型带传动在传动过程中传递功率大、传动精度较高，所以在自动化生产线中使用较为广泛。

表 2-1　带传动机构的两大传动类型与异同点

| 类　型 | 共　同　点 | 不　同　点 |
|---|---|---|
| 摩擦型 | 1）具有很好的弹性，能缓冲吸振，传动平稳，无噪声；<br>2）过载时传动带会在带轮上打滑，可防止其他部件受损坏，起过载保护作用；<br>3）结构简单、维护方便、无需润滑、且制造和安装精度要求不高；<br>4）可实现较大中心距之间的传动功能 | 摩擦型带传动一般适用于中小功率、无需保证准确传动比和传动平稳的远距离场合 |
| 啮合型 | | 啮合型带传动具有传递功率大，传动比准确等优点，多用于要求传动平稳、传动精度较高的场合 |

**2. 了解带传动机构的应用**

带传动机构（特别是啮合型同步带传动机构）目前被大量应用在各种自动化装配专机、自动化装配生产线、机械手及工业机器人等自动化生产机械中，同时还广泛应用在包装机械、仪器仪表、办公设备及汽车等行业。在这些设备和产品中，同步带传动机构主要用于传递电机转矩或提供牵引力，使其他机构在一定范围内往复运动（直线运动或摆动运动）。

图 2-2 所示为同步带传动机构在 FA203B 梳棉机上的应用。图 2-3 所示为同步带传动机构在汽车发动机中的应用。

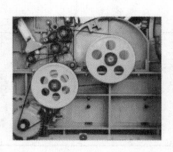

图 2-2　同步带传动机构在 FA203B 梳棉机上的应用　　图 2-3　同步带传动机构在汽车发动机中的应用

## 2.1.2　滚珠丝杠机构认知及应用

**1. 滚珠丝杠机构认知**

将滚珠丝杠机构沿纵向剖开可以看到，它主要由丝杠、螺母、滚珠、滚珠回流管、压板和防尘片等部分组成，其内部结构如图 2-4 所示。丝杠属于直线度非常高的转动部件，在滚珠循环滚动的方式下运行，实现螺母及其连接在一起的负载滑块（例如工作台、移动滑块）在导向部件作用下的直线运动。工业应用中几种典型滚珠丝杠机构的外形如图 2-5 所示。

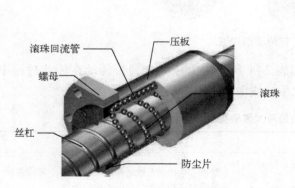

滚珠回流管　　压板

螺母

滚珠

丝杠

防尘片

图 2-4　滚珠丝杠机构内部结构图　　　图 2-5　工业应用中几种典型滚珠丝杠机构的外形图

滚珠丝杠机构虽然价格较贵，但由于其具有图 2-6 所示的一系列突出优点，能够在自动化机械的各种场合实现所需要的精密传动，所以仍然在工程上得到了极广泛的应用。

图 2-6　滚珠丝杠机构的优点

**2. 了解滚珠丝杠机构的应用**

滚珠丝杠机构作为一种高精度的传动部件，被大量应用于数控机床、自动化加工中心、电子精密机械进给机构、伺服机械手、工业装配机器人、半导体生产设备、食品加工和包装以及医疗设备等领域。

图 2-7 所示为滚珠丝杠机构在数控雕刻机中应用的实物图。图 2-8 所示为滚珠丝杠机构应用于各种精密进给机构的 X - Y 工作台，其中步进电动机为驱动部件，直线导轨为导向部件，滚珠丝杠机构为运动转换部件。

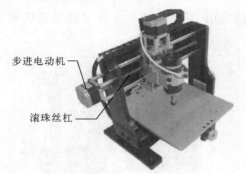

图 2-7　滚珠丝杠机构在数控雕刻机
中的应用实物图

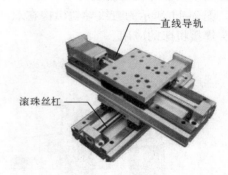

图 2-8　滚珠丝杠机构应用于各种精密
进给机构的 X - Y 工作台

## 2.1.3　直线导轨机构认知及应用

**1. 直线导轨机构认知**

直线导轨机构通常也被称为直线导轨、直线滚动导轨及线性滑轨等，它实际是由能相对运动的导轨（或轨道）与滑块两大部分组成的，其中滑块由滚珠、端盖板、保持板和密封垫片组成。直线导轨机构的内部结构如图 2-9 所示。几种典型直线导轨机构的外形如图 2-10 所示。

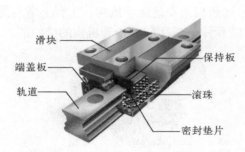

图 2-9　直线导轨机构的内部结构图

图 2-10　几种典型直线导轨机构的外形图

直线导轨机构由于采用了类似于滚珠丝杠的精密滚珠结构，所以具有表2-2所示的一系列特点。使用直线导轨机构除了可以获得高精度的直线运动以外，还可以直接支撑负载工作，降低了自动化机械的复杂程度，简化了设计与制造过程，从而大幅度降低了设计与制造成本。

表2-2　直线导轨机构的工作特点与应用领域

| 类　型 | 工 作 特 点 | 应 用 领 域 |
| --- | --- | --- |
| 直线导轨 | 运动阻力非常小，运动精度高，定位精度高，多个方向同时具有高刚度，容许负荷大，能长期维持高精度，可高速运动，维护保养简单，能耗低，价格低廉 | 广泛应用于数控机床、自动化生产线、机械手和三坐标测量仪器等需要较高直线导向精度的各种装备制造行业 |

#### 2. 了解直线导轨机构的应用

由于在机器设备上大量采用直线运动机构作为进给、移送装置，所以为了保证机器的工作精度，首先必须保证这些直线运动机构具有较高的运动精度。直线导轨机构作为自动化机械最基本的结构模块被广泛应用于数控机床、自动化装配设备、自动化生产线、机械手及三坐标测量仪器等装备制造行业。

图2-11所示为直线导轨机构在双柱车床的应用。图2-12所示为直线导轨机构在卧式双头焊接机床的应用。

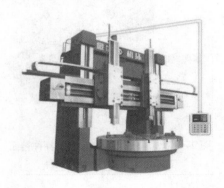 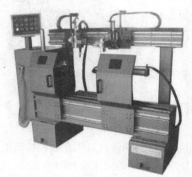

图2-11　直线导轨机构在双柱车床的应用　图2-12　直线导轨机构在卧式双头焊接机床的应用

## 2.1.4　间歇传动机构认知及应用

#### 1. 间歇传动机构的认知

在自动化生产线中，根据工艺的要求，经常需要沿输送方向以固定的时间间隔、固定的移动距离将各工件从当前的位置准确地移动到相邻的下一个位置，实现这种输送功能的机构称为间歇传动机构，工程上有时也称为步进输送机构或步进运动机构。工程上常用的间歇传动机构主要有槽轮机构和棘轮机构等。图2-13所示为常用间歇传动机构的结构图。

图2-13　常用间歇传动机构结构图

虽然各种间歇传动机构都能实现间歇输送的功能，但是它们都有其自身结构、工作特点及工程应用领域。表2-3列出了常用间歇传动机构的类型、工作特点及应用领域。

表2-3　常用间歇传动机构的类型、工作特点及应用领域

| 类　　型 | 工　作　特　点 | 应　用　领　域 |
| --- | --- | --- |
| 槽轮机构 | 结构简单，工作可靠，机械效率高，能准确控制转角，工作平稳性较好，运动行程不可调节，存在柔性冲击 | 一般应用于转速不高的场合，如自动化机械、轻工机械、仪器仪表等 |
| 棘轮机构 | 结构简单，转角大小调节方便，存在刚性冲击和噪声，不易准确定位，机构磨损快，精度较低 | 只能用于低速、转角不大或需要改变转角、传递动力不大的场合，如自动化机械的送料机构与自动计数等 |

**2. 了解间歇传动机构的应用**

间歇传动机构都具有结构简单紧凑和工作效率高两大优点。采用间歇传动机构能有效简化自动化生产线的结构，方便地实现工序集成化，形成高效率的自动化生产系统，提高自动化专机或生产线的生产效率，在自动化机械装备，特别是电子产品生产、轻工机械等领域得到了广泛的应用。

图2-14所示为间歇传动机构在电阻自动成型机的自动送料装置上的应用。图2-15所示为间歇传动机构在自动分割机上的应用。

图2-14　间歇传动机构在电阻自动成型机　　　　　图2-15　间歇传动机构在自动
　　　　的自动送料装置上的应用　　　　　　　　　　　　　分割机上的应用

## 2.1.5　齿轮传动机构认知及应用

**1. 齿轮传动机构的认知**

齿轮传动机构是应用最广的一种机械传动机构。常用的传动机构有圆柱齿轮传动机构、圆锥齿轮传动机构和蜗杆传动机构等。图2-16所示为各种齿轮传动机构的结构图。

图2-16　各种齿轮传动机构结构图

齿轮传动是依靠主动齿轮和从动齿轮的齿廓之间的啮合传递运动和动力的，与其他传动相比，齿轮传动具有表2-4所示的特点。

表2-4　齿轮传动机构的特点

| 类　型 | 优　点 | 缺　点 |
|---|---|---|
| 齿轮传动 | 1）瞬时传动比恒定；<br>2）适用的圆周速度和传动功率范围较大；<br>3）传动效率较高，寿命较长；<br>4）可实现平行、相交、交错轴间传动；<br>5）蜗杆传动的传动比大，具有自锁能力 | 1）制造和安装精度要求较高；<br>2）生产使用成本高；<br>3）不适用于距离较远的传动；<br>4）蜗杆传动效率低，磨损较大 |

**2. 了解齿轮传动机构的应用**

　　齿轮传动机构是现代机械中应用最为广泛的一种传动机构。比较典型的应用是在各级减速器、汽车的变速箱等机械传动变速装置中。图2-17所示为齿轮传动机构在减速器和汽车变速箱中的应用。

a)　　　　　　　　b)

图2-17　齿轮传动机构在减速器和汽车变速箱中的应用

a）减速器　b）汽车变速箱

# 任务2.2　气动控制技术应用

**知识与能力目标**

1）熟悉气动控制系统基本组成。
2）认识常用的气动执行元件及其应用。
3）认识常用的气动控制元件及其应用。
4）能够正确分析气动控制回路并进行安装连接。

## 2.2.1　气动控制系统认知

　　图2-18所示为一个简单的气动控制系统构成图。该控制系统由静音气泵、气动二联件、气缸、电磁阀、检测元件和控制器等组成，能实现气缸的伸缩运动控制。气动控制系统

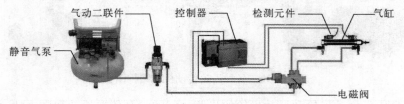

气动二联件　　控制器　　检测元件　　气缸

静音气泵

电磁阀

图2-18　一个简单的气动控制系统构成图

是以压缩空气为工作介质，在控制元件的控制和辅助元件的配合下，通过执行元件把空气的压缩能转换为机械能，从而完成气缸直线或回转运动，并对外做功。

　　一个完整的气动控制系统基本由气压发生器（气源装置）、执行元件、控制元件、辅助元件、检测装置以及控制器等6部分组成，如图2-19所示。

图2-19　一个完整的气动控制系统基本组成功能图

　　图2-18中的静音气泵为压缩空气发生装置，其中包括空气压缩机、安全阀、过载安全保护器、储气罐、罐体压力指示表、一次压力调节指示表、过滤减压阀及气源开关等部件，如图2-20所示。气泵是用来产生具有足够压力和流量的压缩空气并将其净化、处理及存储的一套装置，气泵的输出压力可通过其上的过滤减压阀进行调节。

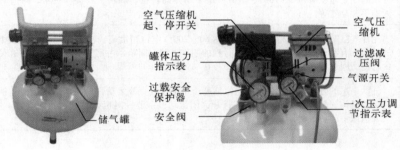

图2-20　静音气泵

## 2.2.2　气动执行元件认知及应用

　　在气动控制系统中，气动执行元件是一种将压缩空气的能量转化为机械能，实现直线、摆动或者回转运动的传动装置。气动系统中常用的执行元件是气缸和气电动机。气缸用于实现直线往复运动，气电动机则是实现连续回转运动的动作。图2-21所示为几种常见的气动执行元件实物图。

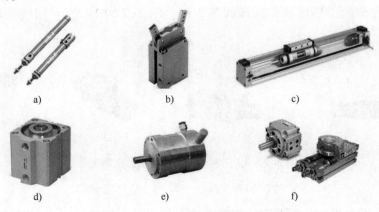

图2-21　几种常见的气动执行元件实物图

a）笔型普通气缸　b）气动手爪　c）无杆气缸　d）薄型气缸　e）气电动机　f）转动气缸

气动执行元件作为气动控制系统中重要的组成部分被广泛应用在各种自动化机械及生产装备中。为了满足各种应用场合的需要，实际设备中使用的气动执行元件不仅种类繁多，而且各元件的结构特点与应用场合也都不尽相同。表 2-5 给出了工程实际应用中常用气动执行元件的应用特点。

表 2-5　工程实际应用中常用气动执行元件的应用特点

| 类　　型 | 应 用 特 点 |
| --- | --- |
| 单作用气缸 | 单作用气缸结构简单，耗气量少，在缸体内安装了弹簧，缩短了气缸的有效行程，活塞杆的输出力随运动行程的增大而减小，弹簧具有吸收动能的能力，可减小行程终端的撞击作用；一般用于短行程和对输出力与运动速度要求不高的场合 |
| 双作用气缸 | 通过双腔的交替进气和排气驱动活塞杆伸出与缩回，气缸实现往复直线运动，活塞前进或后退都能输出力（推力或拉力）；活塞行程可以根据需要选定，双向作用的力和速度可根据需要调节 |
| 摆动气缸 | 利用压缩空气驱动输出轴在一定角度范围内做往复回转运动，其摆动角度可在一定范围内调节，常用的固定角度有 90°、180°、270°；用于物体的转位、翻转、分类、夹紧、阀门的开闭以及机器人的手臂动作等 |
| 无杆气缸 | 无杆气缸省空间，行程缸径比可达 50～200，定位精度高，活塞两侧受压面积相等，具有同样的推力，有利于提高定位精度及长行程的制作。结构简单、占用空间小，适合小缸径、长行程的场合，但当限位器使负载停止时，活塞与移动体有脱开的可能 |
| 气动手爪 | 气动手爪的开闭一般是通过由气缸活塞产生的往复直线运动带动与手爪相连的曲柄连杆、滚轮或齿轮等机构，驱动各个手爪同步进行开、闭运动；主要针对机械手的用途而设计，用来抓取工件，实现机械手的各种动作 |

## 2.2.3　气动控制元件认知及应用

在气动控制系统中，控制元件控制和调节压缩空气的压力、流量和流动方向，以保证执行元件具有一定的输出力和速度，并按设计的程序正常工作。控制元件主要有气动压力控制阀、方向控制阀和流量控制阀。

气动压力控制阀用来控制气动控制系统中压缩空气的压力，以满足各种压力需求或节能，将压力减到每台装置所需的压力，并使压力稳定保持在所需的压力值上。压力控制阀主要有安全阀、顺序阀和减压阀等 3 种。图 2-22 所示为常用气动压力控制阀的实物图。

图 2-22　常用气动压力控制阀的实物图

a) 安全阀　b) 顺序阀　c) 减压阀　d) 气动三联件

表 2-6 所示为主要气动压力控制阀的类型、作用及应用特点。在气动控制系统工程应用中，经常将分水滤气器、减压阀和油雾器组合在一起使用，此装置俗称为气动三联件。

表 2-6　主要气动压力控制阀的类型、作用及应用特点

| 类　　型 | 作用及应用特点 |
|---|---|
| 减压阀 | 对来自供气气源的压力进行二次压力调节，使气源压力减小到各气动装置需要的压力，并使压力值保持稳定 |
| 安全阀 | 也称为溢流阀，在系统中起到安全保护作用。当系统的压力超过规定值时，安全阀打开，将系统中的一部分气体排入大气，使得系统压力不超过允许值，从而保证系统不因压力过高而发生事故 |
| 顺序阀 | 这是依靠气路中压力的作用来控制执行元件按顺序动作的一种压力控制阀。顺序阀一般与单向阀配合在一起构成单向顺序阀 |

　　流量控制阀在气动系统中通过改变阀的流通截面积来实现对流量的控制，以达到控制气缸运动速度或者控制换向阀的切换时间和气动信号的传递速度。流量控制阀包括调速阀、单向节流阀和带消声器的排气节流阀等 3 种。图 2-23 所示为常用气动流量控制阀的实物图。

a)　　　　　　　　　b)　　　　　　　　c)

图 2-23　常用气动流量控制阀的实物图

a）调速阀　b）单向节流阀　c）带消声器的排气节流阀

　　表 2-7 所示为主要气动流量控制阀的类型及应用特点。特别是单向节流阀上带有气管的快速接头，只要将适合的气管往快速接头上一插就可以接好，使用非常方便，在气动控制系统中得到广泛应用。

表 2-7　主要气动流量控制阀的类型及应用特点

| 类　　型 | 应 用 特 点 |
|---|---|
| 调速阀 | 大流量直通型速度控制阀的单向阀为一座阀式阀芯，当手轮开起圈数少时，进行小流量调节；当手轮开起圈数多时，节流阀杆将单向阀顶开至一定开度，可实现大流量调节。直通式调速阀接管方便，占用空间小 |
| 单向节流阀 | 单向阀的功能是靠单向型密封圈来实现的。单向节流阀是由单向阀和节流阀并联而成的流量控制阀，常用于控制气缸的运动速度，故常称为速度控制阀 |
| 带消声器的排气节流阀 | 带消声器的排气节流阀通常装在换向阀的排气口上，控制排入大气的流量，以改变气缸的运动速度。排气节流阀常带有消声器，可降低排气噪声 20 dB 以上。一般用于换向阀与气缸之间不能安装速度控制阀的场合及带阀气缸上 |

　　方向控制阀是气动系统中通过改变压缩空气的流动方向和气流通断来控制执行元件起动、停止及运动方向的气动元件。通常使用比较多的是电磁控制换向阀（简称为电磁阀）。电磁阀是气动控制中最主要的元件，它是利用电磁线圈通电时静铁心对动铁心产生电磁吸引力使阀切换以改变气流方向的阀。根据阀芯复位的控制方式，又可以将电磁阀分为单电控和双电控两种。图 2-24 所示为电磁控制换向阀的实物图。

　　电磁控制换向阀易于实现电 - 气联合控制，能实现远距离操作，在气动控制中广泛使用。在使用双电控电磁阀时应特别注意的是，两侧的电磁铁不能同时得电，否则将会使电磁

阀线圈烧坏。为此，在电气控制回路上，通常设有防止同时得电的联锁回路。

图 2-24　电磁控制换向阀的实物图

a）单电控　b）双电控

电磁阀按阀切换通道数目的不同可以分为二通阀、三通阀、四通阀和五通阀；同时，按阀芯的切换工作位置数目的不同又可以分为二位阀和三位阀。例如，有两个通口的二位阀称为二位二通阀；有 3 个通口的二位阀，称为二位三通阀。常用的还有二位五通阀，用在推动双作用气缸的回路中。图 2-25 所示为部分电磁换向阀的图形符号。

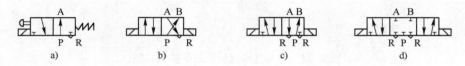

图 2-25　部分电磁换向阀的图形符号

a）二位三通阀　b）二位四通阀　c）二位五通阀　d）三位五通阀

在工程实际应用中，为了简化控制阀的控制线路和气路的连接，优化控制系统的结构，通常将多个电磁阀及相应的气控和电控信号接口、消声器和汇流板等集中在一起组成控制阀的集合体使用，将此集合体称为电磁阀岛。图 2-26 所示为气动控制中常用电磁阀岛的实物图。为了方便气动系统的调试，各电磁阀均带有手动换向和加锁功能的手控旋钮。

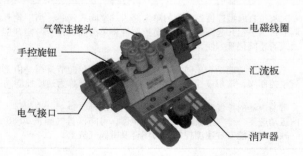

图 2-26　气动控制中常用电磁阀岛的实物图

## 2.2.4　气动控制回路分析及连接

图 2-27 所示为图 2-18 所示气动控制系统的回路原理图。从图可知，执行元件为双作用气缸，控制元件为二位五通的单电控电磁阀，气动系统借助检测及辅助元件装置，在控制器的控制下实现气缸活塞杆的伸缩运动。

在气动控制回路中，由于电磁阀为单电控，所以当电磁阀未通电时，阀工作于右位复位状态，气路走向如图 2-28a 所示，此时在气体压力作用下，气缸活塞左移，气缸活塞杆缩回。当电磁阀的电磁线圈通电时，阀工作位于左位工作状态，气路走向如图 2-28b 所示，此时在气体压力作用下，气缸活塞右移，气缸活塞杆伸出。

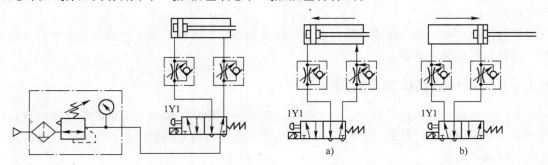

图 2-27 气动控制系统的回路原理图　　　　　图 2-28 气动控制回路运行图

a）电磁阀工作于右位气路走向　b）电磁阀工作于左位气路走向

依据图 2-27 所示的气动控制回路原理图，并结合气动回路的运行过程要求，绘制出对应的气动控制回路安装连接图，如图 2-29 所示。在绘制安装连接图时，要求各元件之间的位置布局合理，管路连接无交叉，整体效果美观。

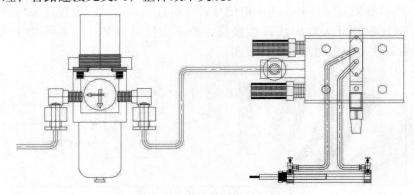

图 2-29 气动控制回路安装连接图

依据图 2-29 所示的气动控制回路安装连接图，可分别将气泵、过滤减压阀、电磁阀及直线气缸上的快速连接头用气管进行连接，随时检查气路的可靠牢固性。然后接通气源，用手控旋钮进行调试，检查气缸的动作情况。

## 任务2.3　传感检测技术应用

### 知识与能力目标

1）熟悉常用开关量传感器及其应用。
2）熟悉常用数字量传感器及其应用。
3）熟悉常用模拟量传感器及其应用。

传感检测技术是实现自动化的关键技术之一。通过传感检测技术能有效实现各种自动化生产设备大量运行信息的自动检测，并按照一定的规律转换成与之相对应的有用电信号进行输出。自动化设备中用于实现以上传感检测功能的装置就是传感器，它在自动化生产线等领域中得到广泛的应用。

传感器种类繁多，按从传感器输出电信号的类型不同，可将其划分为开关量传感器、数字量传感器和模拟量传感器。

## 2.3.1　开关量传感器认知及应用

开关量传感器又称为接近开关，是一种采用非接触式检测、输出开关量的传感器。在自动化设备中，应用较为广泛的主要有磁感应式接近开关、电容式接近开关、电感式接近开关和光电式接近开关等。

（1）磁感应式接近开关

磁感应式接近开关简称为磁性接近开关或磁性开关，其工作方式是当有磁性物质接近磁性开关传感器时，传感器感应动作，并输出开关信号。

在自动化设备中，磁性开关主要与内部活塞（或活塞杆）上安装有磁环的各种气缸配合使用，用于检测气缸等执行元件的两个极限位置。为了方便使用，每一磁性开关上都装有动作指示灯。当检测到磁信号时，输出电信号，指示灯亮。同时，磁性开关内部都具有过电压保护电路，即使磁性开关的引线极性接反，也不会使其烧坏，只是不能正常检测工作。图2-30所示为磁性开关实物及电气符号图。

图2-30　磁性开关实物及电气符号图

（2）电容式接近开关

电容式接近开关利用自身的测量头构成电容器的一个极板，被检测物体构成另一个极板，当物体靠近接近开关时，物体与接近开关的极距或者介电常数发生变化，引起静电容量发生变化，使得和测量头连接的电路状态也相应地发生变化，并输出开关信号。

电容式接近开关不仅能检测金属零件，而且能检测纸张、橡胶、塑料及木材的非金属物体，还可以检测绝缘的液体。电容式接近开关一般应用在一些尘埃多、易接触到有机溶剂及需要较高性价比的场合中。由于检测内容的多样性，所以得到更广泛的应用。图2-31所示为电容式接近开关实物及电气符号图。

（3）电感式接近开关

电感式接近开关是利用涡流效应制成的开关量输出位置传感器。它由 $LC$ 高频振荡器和放大处理电路组成，利用金属物体在接近时能使其内部产生电涡流，使得接近开关振荡能力衰减、内部电路的参数发生变化，进而控制开关的通断。由于电感式接近开关基于涡流效应工作，所以它检测的对象必须是金属。电感式接近开关对金属与非金属的筛选性能好，工作稳定可靠，抗干扰能力强，在现代工业检测中得到广泛应用。图 2-32 所示为电感式接近开关的实物及电气符号图。

图 2-31　电容式接近开关实物及电气符号图

图 2-32　电感式接近开关的实物及电气符号图

（4）光电式接近开关

光电式接近开关是利用光电效应制成的开关量传感器，主要由光发射器和光接收器组成。光发射器和接收器有一体式和分体式两种。光发射器用于发射红外光或可见光；光接收器用于接收发射器发射的光，并将光信号转换成电信号以开关量形式输出。图 2-33 所示为各种光电式接近开关的实物及电气符号图。

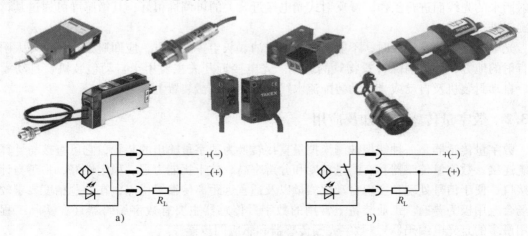

图 2-33　各种光电式接近开关的实物及电气符号图

a）常开型　b）常闭型

按照接收器接收光的方式不同，光电式接近开关可以分为对射式、反射式和漫反射式 3 种。这 3 种形式光电接近开关的检测原理和方式都有所不同。它们的检测原理图分别如图 2-34 ~ 图 2-36 所示。

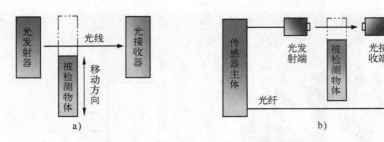

图2-34　对射式光电接近开关的检测原理图

图2-35　反射式光电接近开关的检测原理图　　　图2-36　漫反射式光电接近开关的检测原理图

1）对射式光电接近开关的光发射器与光接收器分别处于相对的位置上工作，根据光路信号的有无来判断信号是否进行输出改变。此开关最常用于检测不透明物体，对射式光电接近开关的光发射器和光接收器有一体式和分体式两种。

2）反射式光电接近开关的光发射器与光接收器为一体化的结构，在其相对的位置上安置一个反射镜，光发射器发出的光以反射镜是否有反射光线被光接收器接收来判断有无物体。

3）漫反射式光电接近开关的光发射器和光接收器集于一体，利用光照射到被测物体上反射回来的光线而进行工作。漫反射式光电接近开关的可调性很好，其敏感度可通过其背后的旋钮进行调节。

光电接近开关在安装时，不能安装在水、油、灰尘多的地方，应回避强光及室外太阳光等直射的地方，注意消除背景物景的影响。光电接近开关主要用于自动包装机、自动灌装机、自动封装机及自动或半自动装配流水线等自动化机械装置上。

## 2.3.2　数字量传感器认知及应用

数字量传感器是一种能把被测模拟量直接转换为数字量输出的装置，它可直接与计算机系统连接。数字量传感器具有测量精度和分辨率高、抗干扰能力强、稳定性好、易于与计算机接口、便于信号处理和实现自动化测量以及适宜远距离传输等优点，在一些精度要求较高的场合应用极为普遍。工业装备上常用的数字量传感器主要有数字编码器（在实际工程中应用最多的是光电编码器）、数字光栅传感器和感应同步器等。

（1）光电编码器

光电编码器通过读取光电编码盘上的图案或编码信息来表示与光电编码器相连的测量装置的位置信息。图2-37所示为光电编码器的实物图。

根据光电编码器的工作原理，可以将其分为绝对式光电编码器和增量式光电编码器两种。绝对式光电编码器通过读取编码盘上的二进制编码信息来表示绝对位置信息，二进制位数越多，测量精度越高，输出信号线对应越多，结构就越复杂，价格也就越高；增量式光电编码器直接利用光电转换原理输出 A、B 和 Z 相 3 组方波脉冲信号，A、B 两组脉冲相位差90°，从而可方便地判断出旋转方向，Z 相为每转一个脉冲，用于基准点定位，其测量精度取决于码盘的刻线数，但结构相对于绝对式简单，价格便宜。

图 2-37　光电编码器的实物图

光电编码器是一种角度（角速度）检测装置，它将输入给轴的角度量，利用光电转换原理转换成相应的电脉冲或数字量，具有体积小、精度高、工作可靠和接口数字化等优点。它被广泛应用于数控机床、回转台、伺服传动、机器人、雷达及军事目标测定等需要检测角度的装置和设备中。

（2）数字光栅传感器

数字光栅传感器是根据标尺光栅与指示光栅之间形成的莫尔条纹制成的一种脉冲输出数字式传感器。它被广泛应用于数控机床等闭环系统的线位移和角位移的自动检测以及精密测量方面，测量精度可达几微米。图 2-38 所示为数字光栅传感器的实物图。

图 2-38　数字光栅传感器的实物图

数字光栅传感器具有测量精度高、分辨率高、测量范围大及动态特性好等优点适合于非接触式动态测量，易于实现自动控制，广泛用于数控机床和精密测量设备中。但是光栅在工业现场使用时，对工作环境要求较高，不能承受大的冲击和振动，要求密封，以防止尘埃、油污和铁屑等污染，故成本较高。

（3）感应同步器

感应同步器是应用定尺与滑尺之间的电磁感应原理来测量直线位移或角位移的一种精密传感器。由于感应同步器是一种多极感应元件，对误差起补偿作用，所以具有很高的精度。图 2-39 所示为感应同步器的实物图。

图 2-39　感应同步器的实物图

感应同步器具有对环境温度和湿度变化要求低、测量精度高、抗干扰能力强、使用寿命长和便于成批生产等优点，在各领域应用极为广泛。直线式感应同步器已经广泛应用于大型精密坐标镗床、坐标铣床及其他数控机床的定位、数控和数显；圆盘式感应同步器常用于雷达天线定位跟踪、导弹制导、精密机床或测量仪器设备的分度装置等领域。

### 2.3.3　模拟量传感器认知及应用

模拟量传感器是将被测量的非电学量转化为模拟量电信号的传感器。它检测在一定范围内变化的连续数值，发出的是连续信号，用电压、电流及电阻等表示被测参数的大小。在工程应用中，模拟量传感器主要用于生产系统中位移、温度、压力、流量及液位等常见模拟量的检测。

在工业生产实践中，为了保证模拟信号检测的精度和提高抗干扰能力，便于与后续处理器进行自动化系统集成，所使用的各种模拟量传感器一般都配有专门的信号转换与处理电路，将两者组合在一起使用，把检测到的模拟量变换成标准的电信号输出，这种检测装置称为变送器。图 2-40 所示为各种变送器的实物图。

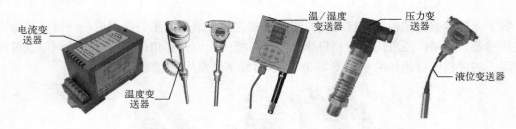

图 2-40　各种变送器的实物图

变送器所输出的标准信号有标准电压或标准电流。电压型变送器的输出电压为 -5V ~ +5V、0 ~ 5V 及 0 ~ 10V 等，电流型变送器的输出电流为 0 ~ 20mA 及 4 ~ 20mA 等。由于电流信号抗干扰能力强，便于远距离传输，所以各种电流型变送器得到了广泛应用。变送器的种类很多，用在工业自动化系统上的变送器主要有温/湿度变送器、压力变送器、液位变送器、电流变送器和电压变送器等。

## 任务 2.4　电动机驱动技术应用

### 知识与能力目标

1）熟悉直流电动机及其应用。
2）熟悉交流电动机及其应用。
3）了解步进电动机及其应用。
4）了解伺服电动机及其应用。

## 2.4.1　直流电动机认知及应用

直流电动机是利用定子和转子之间的电磁相互作用，将输入的直流电能转换成机械能输出的电动机。直流电动机按励磁方式分为永磁、他励和自励3类，其中自励又分为并励、串励和复励3种。在实际的工程中依据应用需要，很多直流电动机带减速机构，将转速降到需要的速度并提高转矩输出。图2-41所示为各种直流电动机的实物图。

图2-41　各种直流电动机的实物图

应用中直流电动机有3种调速方法，即调节励磁电流、调节电枢端电压和调节串入电枢回路的电阻。调节电枢回路串联电阻的办法比较简单，但能耗较大。直流电动机的转向控制可采用改变电枢电压极性或励磁电压极性来实现，但两者不能同时改变，否则直流电动机运转方向不变。

直流电动机一般常用于低电压供电的电路中。例如，电动自行车、计算机电风扇、收录机电动机等，就是采用直流电动机作为动力的。直流电动机由于具有良好的调速性能、较大的起动转矩和过载能力，在许多工业部门，特别是在起动和调速要求较高的生产机械中得到广泛的应用。例如，大型轧钢设备、大型精密机床、矿井卷扬机、市内电车以及电缆设备要求严格线速度一致的地方等，很多都采用直流电动机作为原动机来拖动机械工作。

## 2.4.2　交流电动机认知及应用

交流电动机是利用定子和转子之间的电磁相互作用，将输入的交流电能转换成机械能输出的电动机。交流电动机根据转子转速与旋转磁场之间的关系又可以分为异步电动机和同步电动机。同时，根据电动机正常运行通电的相数又可分为单相和三相交流电动机。同样，很多交流电动机也带减速机构，将转速降到需要的速度并提高转矩输出。图2-42所示为各种交流电动机的实物图。

图2-42　各种交流电动机的实物图

由于三相异步电动机具有良好的工作性能和较高的性价比，所以在工农业生产中得到极为普遍的应用。在实际应用中，三相异步电动机的调速方法有变极调速、变频调速和改变转差率调速等3种。由于变频调速的调速性能优越，具有能平滑调速、调速范围广及效率高等诸多优点，所以随着变频器性价比的提高和应用的推广，越来越成为最有效的调速方式。三相异步电动机运转方向的改变，需要通过改变接入交流电动机供电电源的相序即可。对于采用变频器驱动的电动机，其转速和转向就均可通过改变变频器的控制参数来实现。

交流电动机的工作效率较高，没有烟尘、气味，不污染环境，噪声也较小。由于它的一系列优点，所以在工农业生产、交通运输、国防、商业及家用电器、医疗电器设备等各方面均得到广泛应用。特别是中小型轧钢设备、矿山机械、机床、起重运输机械、鼓风机、水泵及农副产品加工机械等领域，大部分都采用三相异步电动机来拖动机械工作。

## 2.4.3　步进电动机认知及应用

步进电动机是将电脉冲信号转变为角位移的执行机构。当步进驱动器接收到一个脉冲信号时，它就驱动步进电动机按设定的方向转动一个固定的角度（即步距角）。根据步进电动机的工作原理，步进电动机工作时需要满足一定相序的较大电流的脉冲信号，生产装备中使用的步进电动机都配备有专门的步进电动机驱动装置来直接控制与驱动步进电动机的运转工作。目前比较常用的步进电动机分为永磁式（PM）、反应式（VR）和混合式（HB）3种。图2-43所示为各种步进电动机及驱动装置的实物图。

图2-43　各种步进电动机及驱动装置的实物图

步进电动机受脉冲的控制，其转子的角位移量和转速与输入脉冲的数量和脉冲频率成正比，可以通过控制脉冲个数来控制角位移量，以达到准确定位的目的。同时，也可以通过控制脉冲频率来控制电动机转动的速度和加速度，从而达到调速的目的。步进电动机的运行特性还与其线圈绕组的相数和通电运行的方式有关。

步进电动机的运行特性不仅与步进电动机本身和负载有关，而且与配套使用的驱动装置有着十分密切的关系。目前使用的绝大部分步进电动机驱动装置都采用硬件环形脉冲分配器，与功率放大器集成在一起，共同构成步进电动机的驱动装置，可实现脉冲分配和功率放大两个功能。步进电动机驱动装置上还设置有多种功能选择开关，用于实现具体工程应用项目中驱动器步距角的细分选择和驱动电流大小的设置。

在实际应用中，首先，按照步进电动机和驱动器装置具体对应的电气接口关系连接好硬件线路；然后，根据需要设置好驱动器装置上步距角细分选择与电流设置开关；接着，控制器只需要提供一组控制步进电动机转速和方向的毫瓦（mW）数量级功率的可调脉冲序列，就可驱动电动机工作。

步进电动机具有结构简单、价格便宜、精度较高以及使用方便等优点，在计算机的数字开环控制系统中（例如数控机床、印刷设备、打印机及自动记录仪等）应用广泛。虽然步进电动机也有一些弱点（一是用得不好有可能失步，二是控制精度相对较低，而且运动中无法确定运动部件的准确位置），但一般来说，均可满足对工作精度要求不高的应用领域的需要。

## 2.4.4 伺服电动机认知及应用

伺服电动机又称为执行电动机，在自动控制系统中用作执行元件，即把所接收到的电信号转换成电动机轴上的角位移或角速度输出。其主要的特点是，当信号电压为零时无自转现象，转速随着转矩的增加而匀速下降。

伺服电动机可以分为直流和交流两种。20 世纪 80 年代以来，随着集成电路、电力电子技术和交流可变速驱动技术的发展，永磁交流伺服驱动技术有了突出的发展，各国著名电气厂商相继推出了各自的交流伺服电动机和伺服驱动器系列产品，并在不断完善和更新。交流伺服系统已成为当代高性能伺服系统的主要发展方向。图 2-44 所示为各种伺服电动机及驱动器的实物图。

图 2-44 各种伺服电动机及驱动器的实物图

交流伺服电动机也是无刷电动机，分为同步和异步电动机，目前运动控制中一般都用同步电动机，它的功率范围大，可以做到很大的功率，大惯量，最高转动速度低（且随着功率增大而快速降低），适合应用于低速平稳运行的领域。

永磁同步交流伺服驱动器主要由伺服控制单元、功率驱动单元、通信接口单元、伺服电动机及相应的反馈检测器件组成。伺服控制单元包括位置控制器、速度控制器、转矩和电流控制器等，能实现多种控制运行方式。交流伺服电动机的转动精度取决于电动机自带编码器的精度（线数）。永磁同步交流伺服驱动器集先进的控制技术和控制策略于一体，使其非常适用于高精度、高性能要求的伺服驱动领域，并体现出强大的智能化、柔性化，是传统的驱动系统所不可比拟的。

当前，高性能的电伺服系统大多采用永磁同步型的交流伺服电动机，控制驱动器多采用快速、准确定位的全数字位置伺服系统。典型生产厂家有德国西门子、美国科尔摩根和日本松下及安川等公司。

交流伺服电动机具有控制精度高、矩频特性好、运行性能优良、响应速度快和过载能力较强等优点，在一些要求较高的自动化生产装备领域中应用比较普遍。但由于伺服电动机成本都比较高，所以在控制系统的设计过程中要综合考虑控制要求、成本等多方面的因素，选用适当的控制电动机。

**任务 2.5    可编程序控制器技术应用**

**知识与能力目标**

1）了解不同类型的可编程序控制器。
2）掌握 S7 - 200 PLC 控制系统设计过程。
3）掌握 S7 - 300 PLC 控制系统设计过程。

## 2.5.1    可编程序控制器认知

可编程序控制器简称为 PLC，是一种数字运算操作的电子系统，是专为工业环境下的应用而设计的控制器。PLC 是在电气控制技术和计算机技术的基础上开发出来的，并逐渐发展成为以微处理器为核心，将自动化技术、计算机技术及通信技术融为一体的新型工业控制装置。图 2-45 所示为世界上部分知名品牌的可编程序控制器实物图。

图 2-45    世界上部分知名品牌的可编程序控制器实物图

为了满足工业控制的要求，PLC 生产制造厂商不断推出具有不同层次性能和内部资源的形式多样的 PLC。PLC 按照 I/O 点数容量可分为小型机、中型机和大型机，表 2-8 所示为其类型及应用特点；按照结构形式又可分为整体式和模块式结构；按照使用情况还可分为通用型和专用型。随着 PLC 市场的不断扩大，PLC 生产已经发展成为一个庞大的产业，主要厂商集中在一些欧美国家和日本，其产品差异比较大，日本的主推产品定位在小型机上，而欧美国家的产品则以大中型机为主。

表 2-8    PLC 的类型及应用特点

| 类  型 | 应 用 特 点 |
|---|---|
| 小型机 | 一般以开关量控制为主；输入/输出总点数在 256 点以下，用户存储器容量在 4KB 以下；价格低廉，体积小巧，适用于单机或小规模生产过程的控制。典型的小型机有西门子 S7 - 200 系列等 |
| 中型机 | 输入/输出总点数在 256 ~ 2000 点之间，用户存储器容量为 2 ~ 64KB；不仅具有开关量和模拟量控制功能，而且具有更强的数字计算能力；适用于复杂的逻辑控制系统以及连续生产的过程控制场合。典型的有西门子 S7 - 300 系列等 |
| 大型机 | 用户存储器容量为 32KB 至几兆字节；性能与工业计算机相当，具有齐全的中断控制、过程控制、智能控制、远程控制等功能；通信功能十分强大，适合于大规模过程控制、分布式控制系统和工厂自动化网络控制。典型的有西门子 S7 - 400 系列等 |

PLC 强调能直接应用于工业环境，具有很强的抗干扰能力、广泛的适应能力和应用范围，在开关量逻辑控制、模拟量控制、运动控制、数据处理、通信及联网等领域都应用极为普遍。例如，注塑机控制、电梯控制、供电系统控制、各种自动化生产线控制以及大型的冶金、造纸等过程控制、系统控制等。

为了进一步扩大 PLC 在工业自动化生产领域的应用范围，适应大、中、小型企业的不同需要，PLC 产品大致向两个方向发展：小型机 PLC 向体积缩小、功能增强、速度加快和价格低廉的方向发展，使之更便于实现机电一体化；大型机 PLC 向高可靠性、高速度、多功能及网络化的方向发展，将 PLC 系统的控制功能和信息管理功能融为一体，使之能对大规模、复杂系统进行综合性的自动控制。

## 2.5.2　S7 – 200 PLC 控制系统设计

西门子 S7 – 200 系列 PLC 为西门子公司生产的小型整体式 PLC，在各种小型的自动化装备设施中得到了广泛的应用。下面以一个典型的电动机正、反转控制任务为例，分析介绍 S7 – 200 PLC 控制系统设计的过程，以便读者更好地掌握 S7 – 200 PLC 应用系统设计，为 PLC 的其他控制系统设计提供方法借鉴与参考。

在生产机械中，往往需要工作机械能够实现可逆运行，如机床工作台的前进和后退、主轴的正转和反转等，这些都要求拖动电动机可以正转和反转。交流感应电动机一般是借助接触器改变电源接入定子绕组的相序来实现转向控制的。图 2-46 所示为电动机正、反转的电气原理图。图中 KM1 是控制正转的交流接触器，KM2 是控制反转的交流接触器，SB3 是停止按钮，SB1 是正转控制起动按钮，SB2 是反转控制起动按钮，其中 KM1、KM2 为常闭触点互锁。

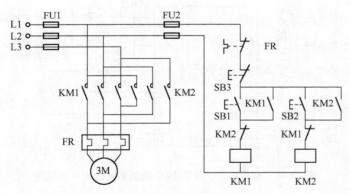

图 2-46　电动机正、反转的电气原理图

下面采用 S7 – 200 PLC 进行该控制系统的设计，使其满足同样的控制功能，具体过程如下：分析以上的控制任务就可得知，要使电动机实现正、反转控制，而控制线路的主电路不变，PLC 控制系统就需要使用两个交流接触器 KM1、KM2 分别控制主电路回路的通断，同时仍然需要热继电器 FR 对电动机进行过载保护。因此，电动机正、反转的 PLC 控制系统设计，主要是对交流接触器 KM1、KM2 以及热继电器 FR 的工作状态的控制，即控制线路的设计。但要注意的是，为了便于与 PLC 的输出口电气匹配、使用方便，KM1、KM2 选用线圈供电为直流 24V 的交流接触器。

由电动机正、反转的控制原理可知，PLC控制系统中要有3个主令信号分别实现正转起动、反转起动和停止控制，同时还需要对外部的热继电器FR的信号进行检测，保证系统安全运行。因此根据分析可知，PLC控制系统中需要有4个输入信号，两个输出信号参与工作，即PLC至少要有4点输入（I）和2点输出（O）才能满足要求。针对S7－200系列PLC的特点，并考虑到使用维护的需要，选用CPU 221（6入/4出）AC/DC/RLY的PLC即可。表2-9所示为电动机正、反转控制线路设计的I/O地址分配情况。

表2-9  电动机正、反转控制线路设计的I/O地址分配情况

| 序  号 | 符  号 | 名  称 | I/O 地址 | 功能描述 |
|---|---|---|---|---|
| 1 | SB1 | 起动按钮 | I0.0 | 正转起动 |
| 2 | SB2 | 起动按钮 | I0.1 | 反转起动 |
| 3 | SB3 | 停止按钮 | I0.2 | 停止控制 |
| 4 | FR | 热继电器 | I0.3 | 过载保护 |
| 5 | KM1 | 正转交流接触器 | Q0.0 | 正转控制 |
| 6 | KM2 | 反转交流接触器 | Q0.1 | 反转控制 |

根据表2-9所示的I/O地址分配关系以及控制线路的要求，将正转起动、反转起动和停止按钮分别接入CPU 221的PLC的输入端；将控制正转与反转的交流接触器线圈接到PLC的输出端，注意正转与反转的接触器必须互锁。同时考虑到电动机过载保护的需要，引入热继电器信号进入控制系统。图2-47所示为本任务中电动机正、反转PLC控制系统的I/O接线图。

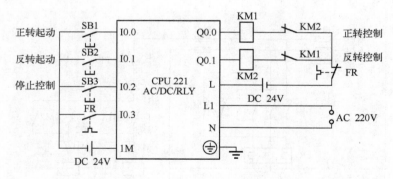

图 2-47  电动机正、反转 PLC 控制系统的 I/O 接线图

在进行PLC控制系统软件设计之前，根据控制任务及要求，应分析设计出电动机正、反转控制系统的工艺流程。具体的控制工艺流程如图2-48所示。

在工艺流程图的基础之上，打开进入STEP 7－Micro/WIN的程序编辑窗口，利用工具栏中的各种指令在程序编辑区中进行电动机正、反转的PLC控制程序编辑设计。图2-49

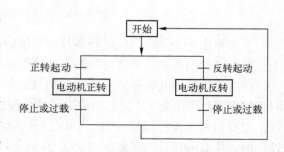

图 2-48  电动机正、反转控制系统的工艺流程图

30

所示为 STEP 7 – Micro/WIN 程序编辑窗口。

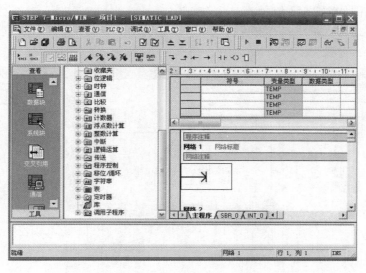

图 2-49　STEP 7 – Micro/WIN 程序编辑窗口

　　为了增加程序的可读性，便于程序分析、编写和使用维护，通常在程序中要显示出各种地址及对应的符号名称。第一步是建立应用程序的符号表，具体为单击操作栏的"符号表"选项，在程序显示的符号表窗口内输入需要设定的"符号"和"地址"，如图 2-50 所示。第二步是设置环境，让系统显示出对应的符号名称和地址，具体为在菜单栏中选择工具，然后选择"选项"，弹出"选项"对话框。在对话框的左侧选项列表中选择"程序编辑器"，在右边的"符号寻址"下拉列表中选择"显示符号和地址"，单击"确定"按钮即可，具体设置内容如图 2-51 所示。完成以上两步设置后，编译程序，在程序中就会显示出对应的符号名和地址。

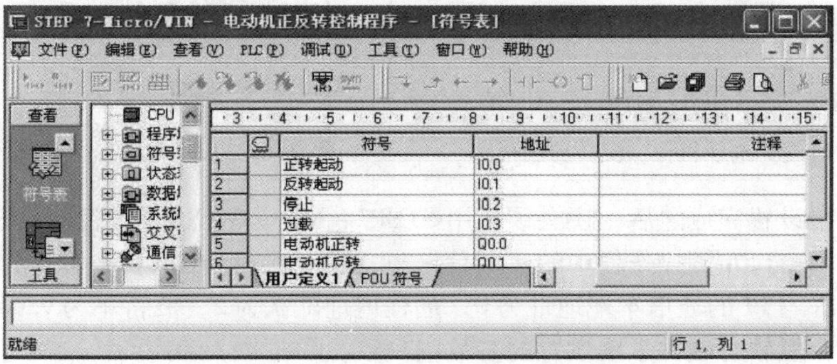

图 2-50　符号表窗口

　　根据图 2-48 所示的电动机正、反转控制系统的工艺流程，考虑必要的安全保护措施，在以上设置好的编程环境中就可编写具体的控制程序，如图 2-52 所示。
　　在完成程序编写之后，进行控制程序现场调试之前，还需将 PLC 与编程计算机进行连接。硬件上只需将 RS – 232/PPI（或 USB/PPI）电缆上标记为 PC 的一端连接到计算机相应的 COM 串口（或 USB 口）上，标记为 PPI 的另一端连接到 S7 – CPU 221 PLC 的端口 0 上即可，其连接示意图如图 2–53 所示。

　　注意：有些通信电缆中间具有通信模块，其上的 DIP 开关用于 PPI 协议支持的 5 种波特率选择和通信方式的设置。

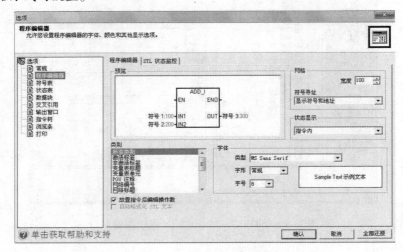

图 2–51 "选项"对话框设置

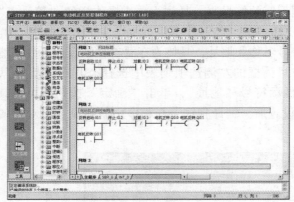

图 2–52 编写电动机正、反转控制程序　　　　图 2–53 PLC 与编程计算机的连接示意图

　　在硬件连接设置完成之后，还必须使用 STEP7 – Micro/WIN 32 编程软件进行通信设置。用鼠标双击编辑窗口左侧操作栏中的"通信"标志，就会出现图 2–54 所示的"通信"设置默认对话框。PC/PPI 的通信本地地址为 0，远程地址默认为 2，波特率为 9.6kbit/s。也可以调整通信参数，但软、硬件系统设置的参数应一致。

　　在用"通信"设置默认对话框（如图 2–54 所示）与 S7 – CPU221 PLC 建立通信时，用鼠标双击刷新图标，STEP 7 – Micro/WIN 搜索并显示连接的 S7 – CPU221 PLC 的图标，选择 S7 – CPU221 PLC 站点后单击"确定"按钮即可。如果没有显示出，就更改通信参数并重复上面的操作；建立通信后就可以下载或上载程序了。

　　单击 ▼ 下载图标，将编写好的程序直接下载到 PLC 中，之后单击 ▶ 运行图标运行程序，通过单击 ☒ 监控图标对程序进行监控。如果 PLC 在下载前处于运行状态，就会弹出一个提示将 CPU 进入停止模式的对话框，此时单击"确定"按钮，然后下载即可。按照控制要求进行程序的调试运行，观察电动机是否按照要求实现正、反转运行工作，若电动机的运行出错，则应及时更改控制程序，再进行调试。

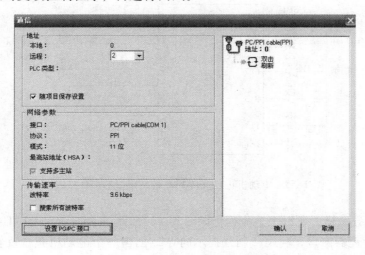

图 2-54 "通信"设置默认对话框

## 2.5.3 S7 - 300 PLC 控制系统设计

在上节中，已经通过一个简单的工作实例介绍了西门子 S7 - 200 PLC 控制系统的设计过程，那么对于西门子 S7 - 300 PLC 又将如何进行控制系统的设计呢？下面带着这个问题，同样以电动机的正、反转控制为例来介绍 S7 - 300 PLC 控制系统的设计过程。

具体的控制任务以及控制要求已有详细介绍，在此不再重述。根据前面分析可知，PLC控制系统中需要有 4 个输入信号和两个输出信号参与工作，即 PLC 至少要有 4 点输入（I）和 2 点输出（O）才能满足要求。因此，针对 S7 - 300 PLC 的类型特点，并考虑到使用维护的需要，选用 CPU 312C（10 入/6 出）DC/DC/DC 的 PLC 完全能满足要求。表 2-10 所示为电动机正、反转控制的 I/O 地址分配情况。

表 2-10 电动机正、反转控制的 I/O 地址分配情况

| 序 号 | 符 号 | 名 称 | I/O 地址 | 功能描述 |
|---|---|---|---|---|
| 1 | SB1 | 起动按钮 | I0.0 | 正转起动 |
| 2 | SB2 | 起动按钮 | I0.1 | 反转起动 |
| 3 | SB3 | 停止按钮 | I0.2 | 停止控制 |
| 4 | FR | 热继电器 | I0.3 | 过载保护 |
| 5 | KM1 | 正转交流接触器 | Q0.0 | 正转控制 |
| 6 | KM2 | 反转交流接触器 | Q0.1 | 反转控制 |

根据表 2-10 所示的 I/O 地址分配关系以及控制线路的要求，将正转起动、反转起动和停止按钮分别接入 CPU 312C PLC 的输入端，控制正转与反转的交流接触器的线圈接到 PLC的输出端（注意正转与反转的接触器必须互锁）。同时考虑到电动机过载保护的需要，引入

热继电器信号进入控制系统。图 2-55 所示为本任务中电动机正、反转 PLC 控制系统的 I/O 接线图。

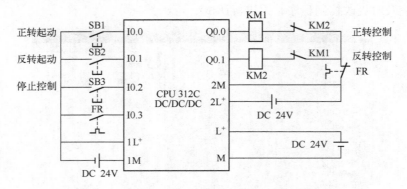

图 2-55　电动机正、反转 PLC 控制系统的 I/O 接线图

　　由于控制任务一样，所以工艺流程仍如图 2-48 所示。启动运行 SIMATIC Manager 软件，打开 SIMATIC 管理器窗口，利用"新建提示向导"创建一个电动机正、反转控制的项目结构，如图 2-56 所示。数据在分层结构中以对象的形式保存，左边窗口内的树显示该项目的结构。当选择项目树所对应的图标时，右边窗口中会显示所选对象的内容。第一层为项目，第二层为站，站是组态硬件的起点，选择站点后，用鼠标双击右边窗口的"硬件"图标，就会进入图 2-57 所示的硬件组态窗口进行硬件组态。"S7 程序（1）"文件夹是编写程序的起点，所有的源文件和块均存放在该文件夹中。

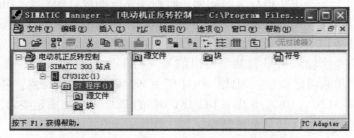

图 2-56　创建一个电动机正、反转控制的项目结构

图 2-57　硬件组态窗口

　　完成硬件组态后进入模块属性设置。选择 CPU 312C 模块的参数属性进行设置，如图 2-58 所示。在 CPU 312C 模块的"属性"对话框中对"时刻中断""周期性中断""诊断

/时钟""中断""通信"等参数进行设置。之后在 MPI 接口的"属性"对话框中设置 MPI 接口的参数，MPI 的默认地址为 2，默认的传输率为 187.5 kbit/s，如图 2-59 所示。硬件设置结束后应保存和下载到 PLC 之中才可生效。

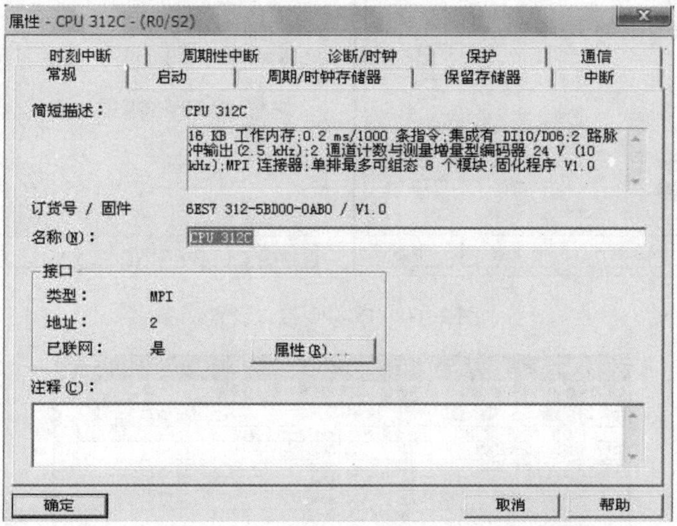

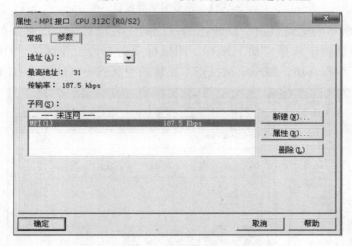

图 2-58　选择 CPU 312C 模块的参数属性进行设置

图 2-59　设置 MPI 接口的参数属性

在管理器的"通信"选项卡中，选择"PG/PC 接口设置"进行通信设置，选择 PC Adapter（MPI），单击"属性"按钮，弹出 PC Adapter 的"属性"对话框。在"MPI"选项卡中勾选"PG/PC 是总线上的唯一的主站"复选框，"地址"设为 0，"网络参数"的"传输率"设为 187.5 kbit/s；在"本地连接"的选项中，"连接到"选择 COM1，"传输率"选择为 19 200 bit/s。PG/PC 接口设置如图 2-60 所示。

类似 S7-200 PLC，在程序设计中可以寻址 I/O 地址、存储位、计数器和数据块等。选择 SIMATIC 管理器的"S7 程序（1）"图标，用鼠标双击右边工作区中的"符号表"图标，进入符号编辑器窗口。然后将相应的"符号""地址""注释"输入表中，如图 2-61 所示，保存符号表后即可使用。

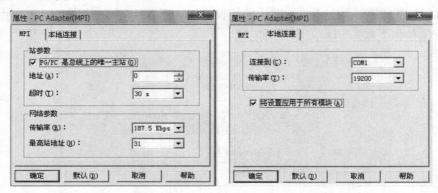

图 2-60    PG/PC 接口设置

图 2-61    符号编辑器窗口

根据图 2-48 所示的电动机正、反转控制系统的工艺流程，考虑必要的安全保护措施，在左边的项目管理器树中选择"块"图标，用鼠标双击右边工作区的"OB1"图标进入程序编辑窗口，设置编程环境，编写电动机正、反转的控制程序，如图 2-62 所示。

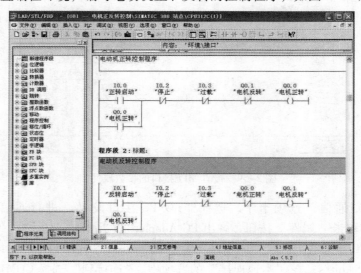

图 2-62    编写电动机正、反转的控制程序

同样，在控制程序进行现场调试之前，还需要将编程计算机与 PLC 进行连接。硬件上只要将 PC/MPI 适配器编程电缆的 PC 端连接到编程计算机的 COM 串口，将 PC/MPI 适配器编程电缆的 MPI 端连接到 CPU 312C PLC 的 MPI 端口上即可。

完成程序编写和硬件连接后，CPU 的工作模式选择为 STOP 或 RUN - P。CPU 312C PLC 可进行离线或在线模式下载程序和组态硬件。在离线模式下载时，在 SIMATIC 管理器窗口选择命令菜单"PLC"→"下载"即可；而在线模式下载时，需要选择菜单命令"视图"→"在线"或"视图"→"显示可访问节点"，打开在线窗口查看 PLC，在"Window"菜单中打开在线管理器和离线管理器，将离线窗口中的块直接拖放到在线窗口中才能完成下载任务。完成下载后，重新将 CPU 的运行模式选择开关扳到"RUN"位置，开始程序的运行和监控调试。观察电动机是否按照要求实现了正、反转运行工作，若电动机的运行出错，则应及时更改控制程序，再进行调试。

 **任务 2.6　工业通信网络技术应用**

 **知识与能力目标**

1）了解不同类型的工业网络通信技术。
2）能够使用网络读/写指令进行 PPI 通信。
3）了解 PROFIBUS 通信的基础知识。

## 2.6.1　了解工业通信网络

一般而言，企业的通信网络可划分为 3 级，即企业级、车间级和现场级。

企业级通信网络用于企业的上层管理，为企业提供生产、经营及管理等数据，通过信息化的方式优化企业的资源，提高企业的管理水平。在这个层次的通信网络中 IT 技术的应用十分广泛，如国际互联网（Internet）和企业内部网（Intranet）。

车间级通信网络介于企业级和现场级之间。它的主要任务是解决车间内不同工艺段之间各种需要协调工作的通信，从通信需求角度来看，要求通信网络能够高速传递大量信息数据和少量控制数据，同时具有较强的实时性。对车间级通信网络，主要解决方案是使用工业以太网。

现场级通信网络处于工业网络系统的最底层，直接连接现场的各种设备，包括 I/O 设备、传感器、变送器和变频与驱动等装置。由于连接的设备千变万化，所以所使用的通信方式也比较复杂。而且现场级通信网络直接连接现场的设备、网络上传递的控制信号，因此对网络的实时性和确定性有很高的要求。对现场级通信网络而言，现场总线是主要的解决方案。最具有影响力的有 PROFIBUS 现场总线、基金会现场总线、Devicenet 现场总线和 CAN 现场总线等。

强大的工业通信网络与信息技术的结合彻底改变了传统的信息管理方式，将企业的生产管理带入到一个全新的境界。为了满足这巨大的市场需求，世界著名的自动化产品生产商都为工业控制领域提供了非常完整的通信解决方案，并且考虑到车间级网络和现场级网络的不同通信需求，在不同的层次上提供了不同的解决方案。使用这些解决方案，可以很容易地实现工业控制系统中数据的横向和纵向集成，很好地满足工业领域的通信需求，而且借助于集成的网络管理功能，用户可以在企业级通信网络中很方便地实现对整个网络的监控。

图 2-63 所示为一西门子工业通信网络的拓扑图实例。整个网络分为监控、操作和现场 3 层。现场控制信号，如 I/O、传感器和变频器等，通过 HART、ModBus 等各种方式连接到

现场 S7 - 300 PLC 上，PROFIBUS 总线完成 S7 - 300 PLC 与现场设备的信息交流，可以很方便地进行第三方设备的扩展。现场层配备有两个数据同步的互为冗余的主站，保证现场层与操作层之间数据信息的稳定可靠；中央控制室与操作员站、工程师站通过开放、标准的以太网进行数据的交换。

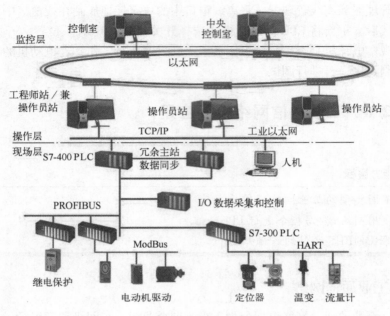

图 2-63　西门子工业通信网络的拓扑图实例

在应用较多的西门子工业通信网络解决方案的范畴内使用了许多通信技术。在通信、组态及编程中，除了上图中提到的工业以太网和 PROFIBUS 之外，还需要使用其他一些通信技术。下面对 SIMATIC NET 逐一进行简要介绍。

1）MPI（Multi - Point Interface，多点接口）协议。MPI 通信用于小范围、小点数的现场级通信。MPI 是为 S7/M7 和 C7 PLC 系统提供的多点接口，它设计用于可编程序设备的接口，也可以用来在少数 CPU 之间传递少量数据。

2）PROFIBUS。PROFIBUS 符合国际标准 IEC61158，是目前国际上通用的现场总线标准之一，并以其独特的技术特点、严格的认证规范、开放的标准、众多厂商的支出和不断发展的应用行规，成为现场级通信网络的最优解决方案，其网络节点数已突破 1000 万个，在现场总线领域遥遥领先。

3）工业以太网。工业以太网是为工业应用而专门设置的，它是一种符合遵循 IEEE 802.3 国际标准的开放式、多供应商、高性能的区域和单元级网络。工业以太网将自动化系统的各个工作站互相连接，同时还可以连接计算机，是一种高速开放网络。工业以太网是目前工控界最为流行的网络技术，为 SIMATIC NET 提供了无缝集成到多媒体世界的途径。

4）点对点连接（Point - to - Point Connection）。严格来说，点对点连接并不是网络技术。在 SIMATIC 中，点对点连接通过串口连接模块来实现。

5）AS - Interface。或者称为传感器/执行器接口，它是用于自动化系统最底层的通信网络。它被专门设计用来连接二进制的传感器和执行器，每个从站的最大数据为 4 位。

## 2.6.2 PPI 通信认知

PPI（Point to Point）通信协议是西门子公司专为 S7-200 系列 PLC 开发的一种通信协议，是 S7-200 PLC 最基本的通信方式，也是其默认的通信方式，该系列 PLC 可通过自带的通信端口实现西门子公司规定的 PPI 通信协议。PPI 是一种点对点的串行通信协议，同时也是主-从通信协议，虽然 PPI 是串行通信，传输速率比较低，但其可以长距离传输数据。

要进行 PPI 通信，首先要设置 PPI 通信参数。PPI 参数主要有波特率、起始位个数、数据位数、检验位、停止位和站地址。S7-200 PLC 默认通信参数为：站地址是 2、波特率为 9600 kbit/s、8 位数据位、2 位偶检验、1 位停止位和 1 位起始位。地址与波特率可以在系统块中进行更改，其他的参数格式不能更改。

上面已介绍过 PPI 是一种主-从协议，主-从站之间的数据交换可通过 PPI 调用网络读/写指令实现。网络读（NETR）指令是指主站读取远程从站相关数据信息的指令，网络写（NETW）指令是主站发送相关信息到远程从站。图 2-64 所示为网络读/写指令，当 EN 为 ON 时，执行对应的网络通

图 2-64　网络读/写指令

信命令；PORT 指定通信端口，分别对应 PLC 两通信端口，此值可以是 0 或 1，TBL 为读/写指定报文。网络读/写指令最多可以向远程从站发送或接收 16 B 的信息，但最多只能有 8 条读/写指令同时被激活。当用网络读/写指令进行通信时，只有主站需要调用 NETR/NETW指令，实现站与站之间的数据交换。

网络读/写指令通过 TBL 参数来指定报文，报文可显示操作的完成状态、操作是否有效、有无错误、远程站 PLC 的地址及数据长度等。TBL 报文格式如表 2-11 所示。错误代码说明如表 2-12 所示。

**表 2-11　TBL 报文格式**

| 字节 | bit7　　　　　　bit0 |
|---|---|
| 0 | D　A　E　0　错误代码 |
| 1 | 远程站地址 |
| 2 | 远程站的数据指针<br>（I、Q、M、V） |
| 3 | |
| 4 | |
| 5 | |
| 6 | 信息字节总数 |
| 7 | 信息字节 0 |
| 8 | 信息字节 1 |
| ⋮ | ⋮ |
| 22 | 信息字节 15 |

注：D 表示操作完成状态，0 = 未完成，1 = 已完成；
A 表示操作是否有效，0 = 无效，1 = 有效；
E 表示错误信息，0 = 无误，1 = 有误。

**表 2-12　错误代码说明**

| 错误代码 | 表　示　意　义 |
|---|---|
| 0 | 没有错误 |
| 1 | 远程站响应超时 |
| 2 | 接收错误：奇偶校验错，响应时帧或校验错 |
| 3 | 离线错误：相同的站地址或无效的硬件引发冲突 |
| 4 | 列队溢出错误：同时激活超过 8 条的网络读/写 |
| 5 | 通信协议错误：没有使用 PPI 协议而调用网络读/写指令 |
| 6 | 非法参数 |
| 7 | 远程站正在忙（没有资源） |
| 8 | 第七层错误：违反应用协议 |
| 9 | 信息错误：数据地址或长度错误 |
| 10 | 保留 |

PPI 网络需要在程序中使能通信端口为主站或从站模式，这就需要对 SMB30 或 SMB130 进行设置。特殊寄存器 SMB30 和 SMB130 分别是 S7-200 PLC PORT0 和 PORT1 口的控制字节，利用该特殊寄存器可选择 PPI 协议属性模式。SMB30 和 SMB130 各位的含义如表 2-13 所示。

表 2-13　SMB30 和 SMB130 各位的含义

| bit7 | bit6 | bit5 | bit4 | bit3 | bit2 | bit1 | bit0 |
|------|------|------|------|------|------|------|------|
| p | p | d | b | b | b | m | m |
| pp：校验选择 | | d：每个字符的数据位 | | | mm：协议选择 | | |
| 00 = 不校验 | | 0 = 8 位 | | | 00 = PPI/从站模式 | | |
| 01 = 偶校验 | | 1 = 7 位 | | | 01 = 自由口模式 | | |
| 10 = 不校验 | | | | | 10 = PPI/主站模式 | | |
| 11 = 奇校验 | | | | | 11 = 保留（未用） | | |
| bbb：自由口波特率 | | （单位：bit/s） | | | | | |
| 000 = 38 400 | | 011 = 4800 | | | 110 = 115.2k | | |
| 001 = 19 200 | | 100 = 2400 | | | 111 = 57.6k | | |
| 010 = 9600 | | 101 = 1200 | | | | | |

　　在 PPI 通信中主站 PLC 程序中，必须在上电第一个扫描周期内，用特殊寄存器 SMB30 或 SMB130 指定其主站属性，从而使其成为主站模式。在 PPI 模式下，SMB30 或 SMB130 控制字节的 2~7 位是可忽略的；当其默认值为 2 时，定义为 PPI 主站模式；而其默认值为 0 时，定义为 PPI 从站模式，因此从站不需要初始化。

　　例如，用 PPI 网络读/写指令实现图 2-65 所示的两台 PLC 之间的数据传送任务，其中主站 PLC 地址为 2，从站 PLC 地址为 3。1 号 PLC 网络读/写初始化程序如图 2-66 所示。

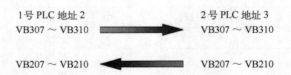

图 2-65　用 PPI 网络读/写指令实现两台 PLC 之间的数据传送任务

　　在图 2-66 中，网络 1 用于定义 1 号 PLC 为 PPI 主站模式。网络 2 是对 NETW 指令进行设定：先设定以 VB300 开始的 TBL 为 NETW 的参数表，则要将通信远程站号"3"填入"VB301"，将远程站的地址以指针形式填入"VD302"（"&VB307"表示远程站中从 VB307 开始的地址区），发送字节数填入"VB306"（最大为"16"，这里是"4"），而需要发送的数据填入从"VB307"开始的 4B 的区域内，最后将 NETW 的 TBL（VB300）输出到 PORT0。

　　网络 3 是网络信息发送程序，当 1 号 PLC 的 I0.7 接通时，VB307.0 接通，同时，通过 NETW 指令，2 号 PLC 的 V307.0 也接通。

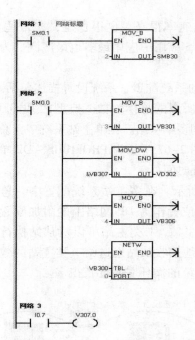
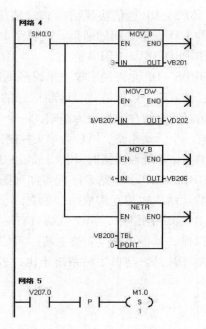

图 2-66  1 号 PLC 网络读/写初始化程序

网络 4 是对 NETR 指令进行设定：先设定以 VB200 开始的 TBL 为 NETR 的参数表，则要将通信远程站号"3"填入"VB201"，将远程站的地址以指针形式填入"VD202"（"&VB207"表示远程站中从 VB207 开始的地址区），读取字节数填入"VB206"（最大为"16"，这里是"4"），将接收的数据填入从 VB207 开始连续 4 字节的地址区域内，最后将 NETR 的 TBL（VB200）输入到 PORT0。

网络 5 实现当 1 号 PLC 接收到 2 号 PLC 传递过来的 V207.0 信号后，1 号 PLC 置位 M1.0。

除了使用网络读/写指令可实现 PPI 网络通信外，还可以使用网络读/写指令向导（Instruction Wizard）实现 PPI 通信操作。

## 2.6.3  PROFIBUS 通信认知

PROFIBUS 是一种国际化、开放式以及不依赖于设备生产商，且应用最广泛的现场总线标准，也是目前国际上通用的现场总线标准之一。PROFIBUS 满足了生产过程现场级数据可存取性的重要要求，一方面覆盖了传感器/执行器领域的通信要求，另一方面又具有单元级领域的所有网络通信功能。PROFIBUS 提供了 3 种通信协议类型，即 PROFIBUS – DP、PROFIBUS – FMS 和 PROFIBUS – PA，其类型及应用特点如表 2-14 所示。

表 2-14  PROFIBUS 类型及应用特点

| 类　型 | 应　用　特　点 |
|---|---|
| PROFIBUS – DP | 专为自动控制系统和设备级分散 I/O 之间的通信设计，用于分布式控制系统的数据传输，广泛适用于制造业自动化等系统中单元级和现场级设备的高速通信 |
| PROFIBUS – FMS | 解决车间级通用性通信任务，提高大量的通信服务，完成中等传输速率的循环和非循环通信任务，主要用于自动化系统中系统级和车间级的过程数据交换 |
| PROFIBUS – PA | 专为过程自动化设计，标准的本征安全的传输技术，实现了 IEC1158 – 2 中规定的通信规程，电源和通信数据通过总线并行传输，主要用于面向过程自动化等系统中单元级和现场级的通信 |

PROFIBUS – DP 通信协议结构非常精简，传输速率很高，也很稳定，非常适合 PLC 与现场分散的 I/O 设备之间的通信，在整个 PROFIBUS 应用中应用最多也最广泛。为此，在下面着重介绍 PROFIBUS – DP。

PROFIBUS – DP 允许构成单主站或多主站系统的系统配置，系统设置描述包括站点数目、站点地址、输入输出数据格式、诊断信息的格式和所用的总体参数。典型的 PROFIBUS – DP 总线配置是以此总线存取程序为基础，一个主站轮询多个从站。在单主站系统中，总线系统操作阶段只有一个活动主站，PLC 为中央控制部件。图 2-67 所示为 PROFIBUS – DP 单主站系统配置图。单主站系统在通信时可获得最短的总体循环时间。

PROFIBUS – DP 多主站系统配置图如图 2-68 所示。在多主站系统配置中，总线上的主站与各自的从站机构相互构成一个独立的子系统，或者作为 DP 网络上的附加配置和诊断设备。在多主站 DP 网络中，一个从站只有一个 1 类主站，1 类主站可以对从站执行发送和接收数据的操作，其他主站（2 类主站）只能可选择地接收从站发送给 1 类主站的数据，但它不直接控制该从站。与单主站系统相比，多主站系统的循环时间要长得多。

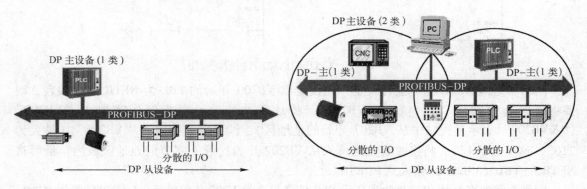

图 2-67　PROFIBUS – DP 单主站系统配置图　　　图 2-68　PROFIBUS – DP 多主站系统配置图

 **任务 2.7　人机界面技术应用**

 **知识与能力目标**

> 1）了解触摸屏功能及典型的触摸屏产品。
> 2）了解组态软件功能及典型的组态软件。

## 2.7.1　触摸屏认知

随着工业自动化的发展，基于 PLC 的自动化系统与自动化设备几乎普及到了每个工业领域。虽然 PLC 能实现各种控制任务，但无法显示控制数据。为能使工业现场操作员与 PLC 之间方便对话，与之相应的人机交互系统应运而生，并得到同步发展。工业触摸屏是人机交互系统中常用的设备，日益受到自动化系统集成商、自动化设备制造商的广泛采用。

借助工业触摸屏这一智能人机界面（Human and Machine Interface，HMI），操作员与PLC设备之间架设起一座双向沟通的桥梁。触摸屏能以图形方式显示所连接的PLC的状态、当前数据和过程故障信息，同时操作员也可在人机界面上直接操作设备和监视整个生产过程的设备或系统。

触摸屏作为人机界面的主要设备，包含HMI硬件和相应的专用画面组态软件。触摸屏系统一般包括触摸检测装置和触摸屏控制器两个部分。触摸检测装置用于检测用户触摸位置，接收到触摸信号后，将信号发送到触摸屏控制器；触摸屏控制器用于接收从触摸检测装置发来的触摸信息，并将它转换成触点坐标，再送给触摸屏的CPU，触摸屏控制器也能同时接收CPU发来的命令并加以执行。

触摸屏在工业领域的应用越来越广泛，不同的生产厂家相继推出各种不同的触摸屏。下面介绍一些典型触摸屏生产厂家的产品。

### 1. 深圳人机电子有限公司 eView 系列产品

eView触摸屏是工业触摸屏领域的优秀代表产品，能够理想、生动地显示PLC、单片机和PC上的数据信息，并直接支持市面上大多数的PLC产品，功能强大，使用方便。

图2-69所示为eView 5000的MT5500系列触摸屏实物图。MT5500T的CPU为32位RISC CPU 300 MHz，存储器为8MB Flash ROM + 16MB DRAM；显示屏为10.4in TFT液晶屏，可达到640×480像素，65 536色显示方式；通信端口包括COM1，即PC RS – 232&PLC RS –485/422，COM2即PLC RS – 232，支持多串口同时通信功能，标准硬件两个串口可同时使用不同协议、连接不同的控制器；全面支持以太网通信和多个触摸屏任意组网功能；还支持24位位图JPEG、GIF等格式图像导入和USB下载等功能。eView系列开发了现场总线与工业通信产品，使之具备了现场总线联网的功能。

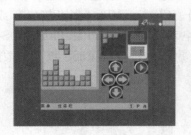

图2-69　eView 5000 的 MT5500 系列触摸屏实物图

### 2. GE 公司 QUICK PANEL 系列显示器

QUICK PANEL系列显示器产品类型丰富，从5in单色LCD到12in彩色TFT触摸屏；耐环境等级达到IP65F；有多家PLC装配电缆；2 MB的闪存加备用电池的SDRAM，以防电源丢失；图形库中已定义好的部件达到1200个；支持不同的显示技术，即LCD、STN、TFT；用户可替换背景显示灯；可与多家PLC现场总线建立通信；GP – PRO Windows 95/98/NT支持所有的QUICK PANEL开发应用。QUICK PANEL系列触摸屏典型产品如图2-70所示。

### 3. 威纶公司 MT606CV2 触摸屏

MT606CV2触摸屏是中国台湾威纶通科技股份有限公司的产品。MT606CV2具有轻、薄、短、小的体积。它是为了小尺寸的操作界面市场而设计的，如图2-71所示。其主要性能是：7.7in超扭曲向列（STN）的彩色液晶显示器；使用RISC技术的Intel Xscale PXA255

200MHz 处理器，高效能、低耗电量；有一个 10/100Base – T 的以太网接口，可实现全球通信；内嵌 Windows CE 操作系统，而且 Windows CE 系统非常适合作为 MT606CV2 与开放式人机界面系统整合的桥梁。

图 2-70　QUICK PANEL 系列触摸屏典型产品

图 2-71　MT606CV2 触摸屏

### 4. SIMATIC TP270 与 SIMATIC OP270

图 2-72 所示为 SIMATIC TP270 与 SIMATIC OP270 触摸屏。德国西门子公司推出操作员面板为键盘操作的 SIMATIC OP270，可选 5.7in 或 10.4in 彩色 STN 显示。其主要优点是，坚固耐用，结构紧凑；可通过以太网（TCP/IP）、CF 卡、MPI（多点接口）或 USB 备份或恢复；可远程下载/上载组态和硬件升级；配置各种接口（如 MPI、PROFIBUS-DP、USB）；同时触摸屏也采用 Windows CE 操作系统，标准硬件/软件接口保证了极高的柔性和透明度以及办公环境的访问功能。

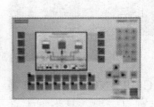

图 2-72　SIMATIC TP270 与 SIMATIC OP270 触摸屏

### 5. 台达电子股份有限公司 DOP – B 系列触摸屏

台达电子股份有限公司的 DOP – B 系列触摸屏（如图 2-73 所示）为 1.7″宽屏幕(16：10)TFT 机种，具有高彩 65 536 色，分辨率为 480 × 234 像素；造型时尚现代化，内置高质感 MP3/WMA/WAV/MIDI 音效功能；提供普及型、隔离型和网络型机型，分别整合 CF 卡、Ethernet 和 Can bus 接口，满足用户的不同需求；支持 USB 上、下载，可连接打印机和 U 盘；具有宏指令精灵，使宏指令使用更便利；多重画面开机功能，可选择从 USB/CF 卡中任意项目加载，并提供预览画面；提供多种蜂鸣器音调模式供用户选择；最佳应用于各类型工业监控系统，例如，HVAC、印刷机、曝光机以及生产线监控等。

图 2-73　DOP-B 系列触摸屏

　　触摸屏典型的生产厂家还有很多，如日本 HAKKO 公司、中国 HITECH 等，每个公司的产品都具有自己的特色和应用市场领域，在此不一一介绍。

## 2.7.2　组态软件认知

　　组态软件的英文简称分别为 HMI 和 SCADA，对应英文全称为 Human and Machine Interface 和 Supervisory Control and Data Acquisition，中文译为人机界面及监视控制和数据采集软件。

　　组态软件是工业组态软件的简称，是一个快速建立计算机监控系统界面的通用工具软件。组态软件通常运行于个人计算机（PC）平台，并与各类控制设备一起组成计算机监控系统。其中，各类控制设备通常称为下位机，而运行组态软件的 PC 称为上位机。组态软件支持的下位机设备种类包括各种 PLC、PC 板卡、仪表、变频器及模块等设备。

　　组态软件因为其功能强大，所以每个功能相对来说具有一定的独立性，它是一个集成的软件平台，由若干个组件构成。其中必备的典型组件包括应用程序管理器、图形界面开发程序、图形界面运行程序、实时数据库系统组态程序、实时数据库系统运行程序、I/O 驱动程序和扩展可选组件等 7 个部分。

　　组态软件为用户解决实际工程问题提供了完整的方案和开发平台，能够完成现场数据采集、实时和历史数据的处理、报警、流程控制、动画显示、趋势曲线和报表输出以及企业监控网络等功能。它们处在自动化系统监控层一级的软件平台和开发环境，具备灵活的组态方式，为用户提供快速构建具有工业自动控制系统监控功能及通用层次的软件工具。组态软件的应用领域很广，可以应用于电力系统、给水系统、石油、化工等领域的数据采集与监视控制以及过程控制等诸多领域。

　　几乎所有的组态软件都采用类似资源浏览器的窗口结构，并且对工业控制系统中的各种资源（如设备、变量、画面等）进行配置和编辑；均提供多种数据驱动程序；均使用脚本语言提供二次开发的功能。下面简要介绍几种典型的组态软件。

### 1. iFIX 组态软件

　　美国 Itellution 公司以 FIX 组态软件起家，1995 年被艾默生集团收购，成为艾默生集团的全资子公司，后来被 GE 公司收购。FIX 6.x 软件为工控人员提供熟悉的操作界面，并提供完备的驱动程序。Itellution 公司将自己最新的产品系列命名为 iFIX。在 iFIX 中，Itellution 公司提供一种通用的自动化语言——VBA（Visual Basic for Application），并且在内部集成了微软公司的 VBA 开发环境。在 iFIX 中，Itellution 公司的产品与微软公司的操作系统、网络进行了紧密的集成。iFIX 是全球最领先的 HMI/SCADA 自动化监控组态软件。图 2-74 所示为采用 iFIX 组态软件的汽车油漆喷射监控界面图。

图 2-74　采用 iFIX 组态软件的汽车油漆喷射监控界面图

## 2. Touch 组态软件

美国 Wonderware 公司的 InTouch 组态软件是较早进入我国的组态软件。在 20 世纪 80 年代末、90 年代初，基于 Windows 3.1 的 InTouch 组态软件给工业自动化监控系统带来了生机。InTouch 组态软件提供了丰富的图库，早期的 InTouch 组态软件采用动态数据采集交换（DDE）方式与驱动程序通信，性能较差，InTouch 7.0 版已经完全基于 32 位的 Windows 平台，并且提供了 OPC（OLE for Process Control，用于过程控制的 OLE）支持，其中 OLE 称为对象连接与嵌入。目前的最新版本是 InTouch 10.0，它包含 3 个主要程序，即 InTouch 应用程序管理器、WindowMaker & Ocirc 及 WindowViewer & Ocirc。

## 3. Citech 组态软件

Citech 组态软件原属澳大利亚悉雅特公司（已被施耐德公司收购，但独立运营）该组态软件也是较早进入我国市场的产品。Citech 组态软件具有简洁的操作方式，但其操作方式更多的是面向程序员，而不是工控用户。Citech 组态软件提供了类似 C 语言的脚本语言进行二次开发，但与 iFIX 不同的是，Citech 的组态软件脚本语言并非是面向对象的，而是类似于 C 语言，这无疑为用户进行二次开发增加了难度。

## 4. WinCC 组态软件

德国西门子公司的 WinCC 组态软件是一套完备的组态开发环境，西门子公司提供类似 C 语言的脚本，包括一个调试环境。WinCC 组态软件内嵌 OPC 支持，并可对分布系统进行组态。但 WinCC 的结构较复杂，用户最好经过西门子公司的培训，以便于掌握 WinCC 的应用。

## 5. 组态王 Kingview 软件

组态王软件是国内第一家较有影响的组态软件开发公司的产品。组态王软件提供了资源管理器式的操作主界面，并且提供了以汉字作为关键字的脚本语言支持。组态王软件也提供多种硬件驱动程序。组态王软件是运行于 Windows 98 以上系统操作系统中文平台的全中文组态软件，采用了多线程、COM 组件等新技术，实现了实时多任务，软件运行稳定可靠。

图 2-75 所示为基于组态王 Kingview 软件开发的液体混合监控界面图。

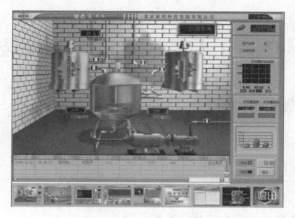

图 2-75　基于组态王 Kingview 软件开发的液体混合监控界面图

**6. MCGS 组态软件**

MCGS（Monitor and Control Generated System，监视与控制通用系统）是北京昆仑通态自动化软件科技有限公司研发的一套基于 Windows 平台、用于快速构造和生成上位机监控系统的组态软件系统。它主要完成现场数据的采集与监测、前端数据的处理与控制，可运行于 Windows 95 以上系列操作系统。MCGS 软件系统包括组态环境和运行环境两个部分。市场上主要采用搭配硬件销售。

**7. Controx（开物）组态软件**

华富计算机公司的 Controx 2000 组态软件是全 32 位的组态开发平台。它为工控用户提供了强大的实时曲线、历史曲线、报警、数据报表及报告功能。作为国内最早加入 OPC 组织的软件开发商，Controx 组态软件内建 OPC 支持，并提供数十种高性能驱动程序，提供面向对象的脚本语言编译器，支持 ActiveX 组件和插件的即插即用功能，并支持通过 ODBC 连接外部数据库。Controx 组态软件同时具备网络支持和 WebServer 功能。

国外其他的组态软件还有意大利自动化软件供应商 PROGEA 公司开发的 Movicon 组态软件、GE 公司的 Cimplicity、Rockwell 自动化公司的 Rsview 等；国内的组态软件有由北京三维力控科技有限公司开发的三维力控、紫金桥软件技术有限公司开发的紫金桥 Realinfo、世纪星和易控等。

# 项目3  自动化生产线组成单元安装与调试

 任务3.1  搬运单元安装与调试

 知识与能力目标

1）熟悉搬运单元机械结构与功能。
2）正确安装与调整搬运单元机械及气动元件。
3）正确分析搬运单元气动控制回路，并对其进行安装与调试。
4）熟练掌握生产线中电气系统和磁性开关的安装与调试方法。
5）掌握采用步进法设计控制程序的方法。

## 3.1.1  搬运单元结构与功能分析

搬运单元配置柔性2-自由度操作装置，在整个自动化生产线中的作用是将前一单元的工件搬运到后一单元的输入工位，可用其模拟实际生产线中产品的搬运输送过程，搬运单元的整体结构图如图3-1所示。搬运单元主要由提取模块、滑动模块、I/O转接端口模块、操作面板、CP电磁阀岛、过滤减压阀以及电气控制板等组成。下面分别介绍这些模块和组件的结构及功能。

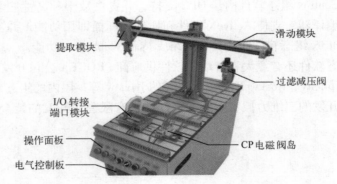

图3-1  搬运单元的整体结构图

1）提取模块主要由气动手爪、薄型单活塞杆防转气缸组成，如图3-2所示。气动手爪是用于直接夹取工件的执行机构，在气动手爪上安装有磁感应式接近开关以实现其张开到位检测；薄型单活塞杆防转气缸是活塞杆不回转的矩形双作用气缸，用于气动手爪机构的提升与下降；在薄型单活塞杆防转气缸的两行程位置处安装有磁感应式接近开关，用于判断气动手爪机构提升与下降运行的到位情况。

2）滑动模块主要由磁性耦合式无杆气缸和固定支架组成，如图3-3所示。它的作用是在提取模块抓取工件完成后，将提取模块输送到行程位置；在滑动模块的无杆气缸的两个行程位置安装有磁感应式接近开关，用于判断其左移与右移的到位情况。无杆气缸具有节省安装空间的优点，特别适用于小缸径、长行程的场合。

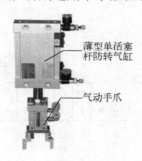

图 3-2　提取模块

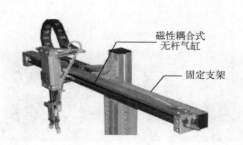

图 3-3　滑动模块

　　3）I/O 转接端口模块用于转接提供 PLC 的 I/O 连接端口和直流电源，实现该单元上磁感应式接近开关和电磁阀等检测与执行元件的输入、输出信号与 PLC 端口的连接功能。如图 3-4a 所示，I/O 转接端口模块为上、下各两层端子结构，提供 8 个输入信号和 8 个输出信号的接线端，且每个输入和输出接线端子均带有 LED 显示。同时，I/O 转接端口模块上提供有 1 个 24 线的标准矩形连接器母端口，用于 I/O 转接端口模块与电气控制板的电气连接。具体端口信号的电气连接关系图如图 3-4b 所示。

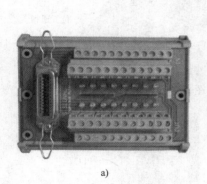

| 0V | 24 | 12 | 0V |
|----|----|----|----|
| 0V | 23 | 11 | 0V |
| 24V | 22 | 10 | 24V |
| 24V | 21 | 9 | 24V |
| I7 | 20 | 8 | O7 |
| I6 | 19 | 7 | O6 |
| I5 | 18 | 6 | O5 |
| I4 | 17 | 5 | O4 |
| I3 | 16 | 4 | O3 |
| I2 | 15 | 3 | O2 |
| I1 | 14 | 2 | O1 |
| I0 | 13 | 1 | O0 |

IN

| 0V | 0V | 0V | 0V | 24V | 24V | 24V | 24V | 24V | 24V | 24V | 24V |
|----|----|----|----|-----|-----|-----|-----|-----|-----|-----|-----|
| 0V | 0V | 0V | 0V | I7 | I6 | I5 | I4 | I3 | I2 | I1 | I0 |

OUT

| 24V | 24V | 24V | 24V | O7 | O6 | O5 | O4 | O3 | O2 | O1 | O0 |
|-----|-----|-----|-----|----|----|----|----|----|----|----|----|
| 24V | 24V | 24V | 24V | 0V | 0V | 0V | 0V | 0V | 0V | 0V | 0V |

a)　　　　　　　　　　　　　　　　　b)

图 3-4　I/O 转接端口模块实物图及具体端口信号的电气连接关系图
a）I/O 转接端口模块实物图　b）具体端口信号的电气连接关系图

　　4）操作面板如图 3-5a 所示。在操作面板上有开始按钮、复位按钮、特殊按钮、停止按钮和上电按钮等 5 个按钮，分别用于起动、复位、单步运行、停止和上电等操作；在操作面板上还有手动/自动切换开关和单站/联网切换开关，分别用于手动/自动运行的切换和单站/联网运行的切换；急停开关用于当系统出现故障时，紧急停止设备。同时，操作面板上还相应地配备有绿色的开始指示灯、蓝色的复位指示灯以及黄色的上电指示灯等，用于指示设备的工作状态。操作面板上的各开关、按钮输入信号和指示灯输出信号都通过 1 个 24 线的标准矩形连接器公端口与电气控制板上的 I/O 转接端口模块连接。具体端口信号的电气连接关系图如图 3-5b 所示。

　　5）过滤减压阀是过滤、调压二联件，由过滤器、压力表、减压阀以及快速接头等组成，如图 3-6 所示，它被安装在可旋转的支架上，用于气源二次压力调节。

6）CP电磁阀岛上具有单电控二位五通阀、双电控二位五通阀和双电控三位五通阀各一个，如图3-7所示，用于气动系统方向的控制。

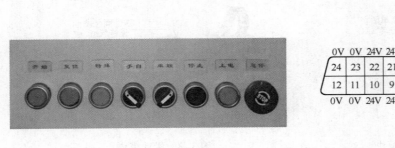

a)

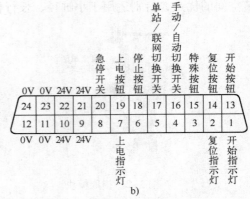

b)

图 3-5　操作面板及具体端口信号的电气连接关系图

a）操作面板　b）具体端口信号的电气连接关系图

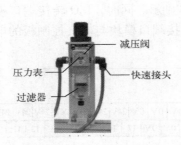

图 3-6　过滤减压阀

图 3-7　CP 电磁阀岛

7）电气控制板如图 3-8 所示，它被安装于搬运单元工作台之下。电气控制板主要由电源系统区、PLC 区、I/O 转换模块区等组成。电源系统输入电源为 AC 220V，输出电源为 DC 24V，并配置有电源保护系统，为整个系统提供安全可靠的工作电源。PLC 为整个单元的控制核心，按照设定的工艺流程程序控制整个单元正常运行。I/O 转换模块区具有两个不同功能的 I/O 转换模块，一个模块用于电气控制板与操作面板的电气连接；另一个模块用于各单元之间 I/O 通信时的电气信号的转接。

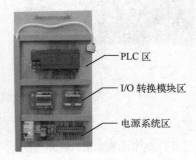

图 3-8　电气控制板

使用者可以根据具体应用要求编制程序，控制搬运单元按照所需的方式进行单站工作运行，实现气动手爪夹紧与放松、薄型活塞杆防转气缸上升与下降以及无杆气缸滑动块的左右滑动等运动功能。对本单元以及在下面叙述的其他几个单元的操作运行过程，读者均可详细观看教材附带光盘中的视频文件。

## 3.1.2　搬运单元机械及气动元件安装与调整

对搬运单元中工件的夹取是采用气动手爪来实现的，这是因为气动手爪可以平稳抓取表面不规则的工件，而吸盘只能吸附规则、表面平整的工件。执行提取和下降动作之所以选用薄型单活塞杆防转气缸作为执行元件，是因为其不会随意转动，保证了气动手爪在抓取工件时的定位准确；搬运单元的搬运前后位置之间的间距比较远，选用无杆气缸作为滑动模块的执行元件，是因为它适用于长行程的场合，而且安装空间小。

搬运单元的运动部分主要是由气动执行元件构成的，具体的机械及气动元件安装与调整步骤如下所述。图 3-9 所示为搬运单元安装过程的示意图。

1）将 I/O 转接端口模块和 CP 电磁阀岛等安装在标准 DIN 导轨上，再用内六角螺钉和 T 形螺母将标准 DIN 导轨安装到铝合金面板的下方位置。将过滤减压阀固定在安装支架上，然后再将安装支架固定在铝合金面板的右上角位置。图 3-9a 所示为其安装示意图。

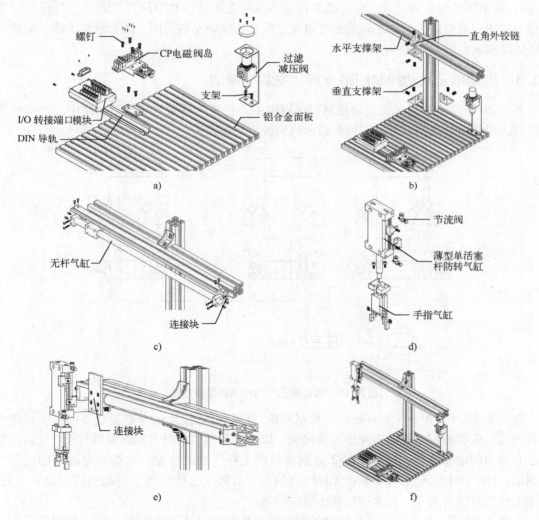

图 3-9　搬运单元安装过程的示意图

2）在铝合金面板的中上方位置用直角外铰链固定好垂直和水平支撑架。安装示意图如图 3-9b 所示，注意水平支架的垂直高度要适当偏高些，留足提取模块的工作空间，水平方向尽量安装在水平支架的正中间，使其受力合理。

3）在水平支架两端各安装一个连接块，再通过连接块将无杆气缸与水平支撑架连接在一起。注意，两连接块之间距离应根据无杆气缸的长度进行调整，调整好其安装位置后，再拧紧加固。安装示意图如图3-9c所示。

4）独立进行提取模块的安装。安装示意图如图3-9d所示。首先把两个夹具手指固定到手指气缸上，两夹具手指应平行安装、不出现相对摇动；在安装完成后，将手指气缸与连接块连接固定，再安装到薄型单活塞杆防转气缸的活塞杆前端。

5）在无杆气缸的滑块上进行连接块的安装紧固，接着通过该连接块将独立安装好的提取模块安装于无杆气缸的滑块上，具体安装示意图如图3-9e所示。注意，应考虑到水平支架的受力情况，安装时用力要适当。

6）在整体结构安装完成之后，根据各运动机构之间的运动空间要求，进行局部的位置调整与加固，调整好各模块之间的相对位置，保证各模块安装稳固，防止发生干涉。安装后的整体结构示意图如图3-9f所示。

### 3.1.3 搬运单元气动控制回路分析、安装与调试

图3-10所示为搬运单元气动控制回路原理图。在搬运单元气动控制回路中，外部气源经过过滤减压阀处理后，经过汇流板后分流到各气动回路中。

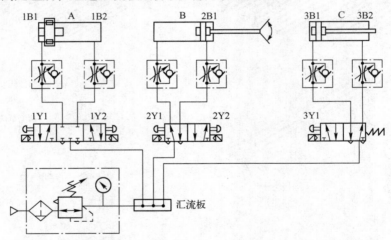

图3-10 搬运单元气动控制回路原理图

在图3-10中，A为无杆气缸气动控制回路，控制提取模块的左右滑动。回路中采用中间封闭式三位五通双电控电磁阀作为换向阀，以出气节流的单向节流阀来调节无杆气缸滑块左、右滑动的运动速度。1Y1和1Y2分别为控制无杆气缸滑块左、右滑动电磁阀的电信号控制端；1B1和1B2分别为安装在无杆气缸的左、右两个工作位置上的磁感应式接近开关，用于无杆气缸的滑块左、右滑动位置的限位检测。

在图3-10中，B为气动手爪气动控制回路，控制气动手爪夹紧和松开。回路中采用二位五通双电控电磁阀作为换向阀。该电磁阀具有保持功能，以出气节流的单向节流阀来调节气动手爪的松开或夹紧的运动速度。2Y1和2Y2分别为控制气动手爪松开与夹紧电磁阀的电信号控制端；2B1为安装在气动手爪工作位置的磁感应式接近开关，用于气动手爪松开的位置检测。

在图 3-10 中，C 为薄型单活塞杆防转气缸气动控制回路，控制气动手爪的升降。回路中采用二位五通单电控电磁阀作为换向阀，以出气节流的单向节流阀来调节薄型单活塞杆防转气缸的活塞杆伸出或缩回的运动速度。3Y1 为控制薄型单活塞杆防转气缸活塞杆伸出下降的电磁阀的电信号控制端；3B1 和 3B2 分别为安装在薄型单活塞杆防转气缸缩回和伸出的两个工作限位位置上的磁感应式接近开关，用于薄型单活塞杆防转气缸的活塞杆缩回和伸出位置的限位检测。

在无杆气缸气动控制回路 A 中，若无杆气缸电磁阀控制端线圈 1Y1 和 1Y2 均失电，则电磁阀处于中位工作，无杆气缸左右两腔气体处于密闭状态，无杆气缸的滑块停止滑动，能短时有效准确定位滑块的停止位置。若无杆气缸电磁阀控制端线圈 1Y1 得电而 1Y2 失电，则电磁阀切换到左位工作，气流从电磁阀的气口流进，经过单向节流阀 2 流到无杆气缸右腔，右腔气压推动滑块左移，无杆气缸左腔的气体经过单向节流阀 1，从电磁阀的排气口排出，其气路走向如图 3-11a 所示；若无杆气缸电磁阀控制端线圈 1Y2 得电而 1Y1 失电，则电磁阀切换至右位工作，气路走向如图 3-11b 所示，无杆气缸的滑块滑动到右端。

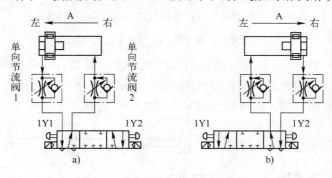

图 3-11 无杆气缸气动控制回路运行图

a）电磁阀切换到左位 b）电磁阀切换到右位

在气动手爪气动控制回路 B 中，若气动手爪控制端电磁阀线圈 2Y1 得电而 2Y2 失电，则电磁阀处于左位工作，气动手爪处于张开状态，气路走向如图 3-12a 所示；若气动手爪电磁阀控制端线圈 2Y2 得电而 2Y1 失电，则电磁阀处于右位工作，气动手爪处于夹紧状态，气路走向如图 3-12b 所示。注意，由于这时电磁阀具有保持功能，即使此时将电磁阀线圈 2Y2 断电，电磁阀也将继续保持在右位工作，所以气动手爪仍保持夹紧，能有效防止原夹紧工件的坠落事故。

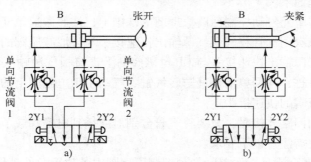

图 3-12 气动手爪气动控制回路运行图

a）电磁阀处于左位且气动手爪张开 b）电磁阀处于右位且气动手爪夹紧

在薄型单活塞杆防转气缸气动控制回路 C 中，电磁阀控制端线圈 3Y1 得电，电磁阀切换到左位工作，气路走向如图 3-13a 所示，薄型单活塞杆防转气缸活塞杆伸出至下降状态；由于单电控电磁阀不具备保持功能，所以电磁阀控制端线圈 3Y1 失电，电磁阀自动切换到默认右位工作，薄型单活塞杆防转气缸活塞杆缩回至上升状态，可对搬运过程进行有效保护，气路走向如图 3-13b 所示。

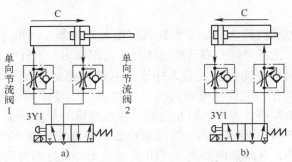

图 3-13　薄型单活塞杆防转气缸气动控制回路运行图

a）电磁阀切换到左位　b）电磁阀切换到右位

依据图 3-10 所示的搬运单元气动控制回路原理图，并结合气动回路的运行过程要求，可绘制出搬运单元气动控制回路安装连接图，如图 3-14 所示。在绘制安装连接图时，要求各元件之间的位置布局合理，路连接无交叉，整体效果美观。

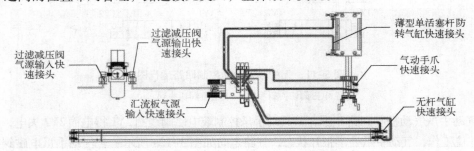

图 3-14　搬运单元气动控制回路安装连接图

依据图 3-14 所示搬运单元气动控制回路的安装连接图，进行搬运单元气动控制回路的连接，具体连接过程如下。

在分析理解搬运单元气动控制回路原理图的基础上，按照搬运单元气动控制回路安装连接图的连接关系，依次用气管将气泵气源输出快速接头与过滤减压阀的气源输入快速接头连接；过滤减压阀的气源输出快速接头与 CP 电磁阀岛上汇流板气源输入的快速接头连接。再将汇流板上的无杆气缸、薄型单活塞杆防转气缸、气动手爪电磁阀上的快速接头分别用气管连接到这些气缸节流阀的快速接头上。

当进行气动控制回路连接时，只要将气管分别对应插到电磁阀或节流阀的快速接头上即可，但在连接过程中需注意以下要求。

1）回路连接要完全满足搬运单元气动控制原理图中各执行元件动作的关系。

2）当进行回路连接时，气管一定要完全插到快速接头中，轻轻拉拔各连接位置的气管，以不出现松脱为宜。

3）在敷设气管走向时，要求按序排布，均匀美观，不能交叉、折弯和顺序凌乱。

4）所有排布好的气管必须用尼龙带绑扎，松紧度以不使气管变形为宜，外形要整齐美观。

在搬运单元控制气路连接完成后，为了确保执行元件能满足工作需要而良好运行，需要对气动回路进行调试，具体的调试步骤如下。

1）接通气源前，先用手轻轻拉拔各快速接头处的气管，确认各管路中不存在气管未插好的情况。同时，将调节各执行元件速度的节流阀开度调到最小，避免气源接通后各执行元件突然动作产生较大冲击，导致设备或人员伤害事故发生。

2）打开气泵，接通气源，将过滤减压阀的压力调节手柄向上提起，顺时针或逆时针慢慢转动压力调节手柄，观察压力表，待压力表气压指在 0.5 MPa 左右时，压下压力调节手柄锁紧。切忌过度转动压力调节手柄，以防其损坏和压力突然升高。

3）检查气动回路的气密性，观察气路中是否存在漏气，若有漏气的情况，则要根据响声判断找出漏气的位置及原因。若是气管破损或气动元件损坏导致漏气的，则需更换气管或气动元件；若是没有插好气管导致漏气的，则需重新插好气管。

4）进行无杆气缸速度与方向的调试。轻轻转动其节流阀上的调节螺钉，逐渐打开节流阀的开度，确保输出气流能使无杆气缸的滑块平稳滑动，以无杆气缸的滑块运行无冲击、无卡滞为宜，最后再锁紧节流阀的调节螺母。无杆气缸速度调试示意图如图 3-15a 所示。当进行无杆气缸运动方向调试时，用小一字螺钉旋具将控制无杆气缸滑块左滑动的电磁阀手控旋钮旋到 LOCK（锁定）位置，无杆气缸的滑块应向左滑动。无杆气缸方向调试示意图如图 3-15b 所示。若此时无杆气缸的滑块反向向右滑动，则要对调该气缸上节流阀或电磁阀的两快速连接气口上的气管。在无杆气缸滑块滑动的过程中，当将手控旋钮旋到 PUSH（开起）位置时，无杆气缸的滑块应立即停止滑动。需要注意的是，如果控制无杆气缸滑块左滑动的电磁阀手控旋钮已在 LOCK 位置下，此时再将控制无杆气缸滑块的右滑动电磁阀手控旋钮旋到 LOCK 位置，无杆气缸的滑块就可能不会向右滑动，因为此时电磁阀的阀芯的位置不确定。

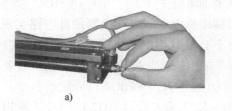
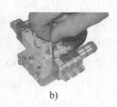

a)　　　　　　　　　　　　b)

图 3-15　无杆气缸速度与方向的调试示意图

a) 无杆气缸速度调试示意图　b) 无杆气缸方向调试示意图

5）在进行气动手爪调试时，用小一字螺钉旋具将控制气动手爪夹紧的电磁阀手控旋钮旋到 LOCK 位置，气动手爪应夹紧，即使此时将电磁阀控制夹紧的手控旋钮再旋到 PUSH,位置，气动手爪依旧保持夹紧状态，因为气动手爪采用的二位五通双电控电磁阀具有记忆功能。若要将气动手爪从夹紧状态切换到松开状态，则只要将电磁阀控制夹紧的手控旋钮旋到 PUSH 位置，将电磁阀控制松开的手控旋钮旋到 LOCK 位置即可。气动手爪从松开状态切换到夹紧状态也以同样的方式调试。

6）在进行薄型单活塞杆防转气缸调试时，用小一字螺钉旋具将其电磁阀控制伸出的手控旋钮旋到 LOCK 位置，薄型单活塞杆防转气缸活塞杆应伸出，此时将电磁阀控制伸出的手控旋钮旋到 PUSH 位置，气缸活塞杆将立即缩回。

需要注意的是，电磁阀所带手控旋钮有锁定（LOCK）和开起（PUSH）两种位置。手控旋钮初始时应处于开起位置。在进行设备调试时，用小一字螺钉旋具轻轻把手控旋钮旋到 LOCK 位置，手控旋钮就会保持凹陷的状态，此时不可继续旋紧以免损坏阀。还要注意旋动手控旋钮的力度不宜过大，否则很容易使其损坏。

### 3.1.4 搬运单元电气系统分析、安装与调试

搬运单元中的电气系统主要是被安装在电气控制板上，如 3.1.1 节中介绍的那样，电气控制板主要由电源系统区、PLC 区、I/O 转换模块区等部分组成。供电电源系统原理图如图 3-16 所示。电源系统输入电源为 AC 220 V，输出电源为 DC 24 V，为 PLC 区和 I/O 转换模块区提供直流 24 V 电源。同时，电源系统配置有电源保护、设备上电与急停等功能保护单元，以便为整个系统提供安全可靠的工作电源。

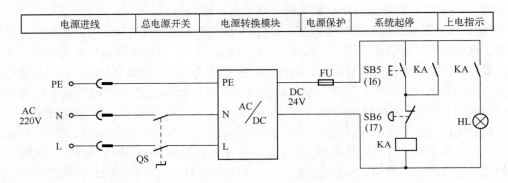

图 3-16　供电电源系统原理图

根据前面的介绍可知，搬运单元中操作面板上的系统上电按钮 SB5、紧急停止开关以及上电指示信号灯 HL 这 3 个信号控制是直接由供电电源电气控制硬件电路实现的，而没有直接进入 PLC 的 I/O 系统中。为了便于整个自动化生产线各设备单元的电气接口信号统一，PLC 的 I0.0 ~ I0.7 输入端口、Q0.0 ~ Q0.7 输出端口分配给各工作台面上设备的输入、输出信号使用；PLC 的 I1.0 ~ I1.7 输入端口、Q1.0 ~ Q1.7 输出端口分配给各单元的 I/O 通信转换模块和系统扩充备用使用；PLC 的 I2.0 ~ I2.7 输入端口、Q2.0 ~ Q2.7 输出端口分配给各单元操作面板上的按钮及指示灯信号使用。

为了检测各气缸活塞杆的运动行程位置，在本单元电气系统中均采用磁感应式接近开关作为无杆气缸、气动手爪以及薄型单活塞杆防转气缸运动位置的限位检测。磁感应式接近开关为双线制传感器，引出蓝色信号线和棕色电源线用于连接。

本单元电气系统采用电磁阀控制各气缸的气路换向，通过电磁阀线圈电源线（一端是分开的红色信号线和黑色接地线，另一端是插头）控制其线圈的得、失电，从而控制各气缸的气路换向。电磁阀线圈的控制信号需要电气控制系统提供。

对于搬运单元的电气系统而言，3 个执行气缸的位置限位传感器信号共计为 5 个，需要 PLC 输入点 5 个；操作面板上的按钮和开关共计为 7 个，需要 PLC 输入点 7 个。控制气缸的电磁阀控制端线圈有 5 个，要占用 PLC 5 个输出点；操作面板有开始指示灯和复位指示灯需占用

56

两个输出点，因此，总计需要 PLC I/O 点数为 12 点输入和 7 点输出。本单元选用的 S7－200 CPU 226 CN DC/DC/DC 的 PLC，其 I/O 点数为 24/16，足可以满足控制 I/O 点数的需要。但是，为了适应以后搬运单元的工艺流程变动以及系统 I/O 通信功能的扩充，PLC 还应留有一定备用的 I/O 点数。搬运单元电气控制系统中 PLC 的 I/O 地址分配如表 3-1 所示。

表 3-1　搬运单元电气控制系统中 PLC 的 I/O 地址分配

| 序　号 | 地　址 | 设备符号 | 设备名称 | 设备功能 |
|---|---|---|---|---|
| 1 | I0.0 | 1B1 | 磁感应式接近开关 | 无杆气缸左移限位 |
| 2 | I0.1 | 1B2 | 磁感应式接近开关 | 无杆气缸右移限位 |
| 3 | I0.2 | 2B1 | 磁感应式接近开关 | 手爪张开限位 |
| 4 | I0.3 | 3B1 | 磁感应式接近开关 | 薄型活塞杆防转气缸上升限位 |
| 5 | I0.4 | 3B2 | 磁感应式接近开关 | 薄型活塞杆防转气缸下降限位 |
| 6 | I2.0 | SB1 | 按钮 | 开始 |
| 7 | I2.1 | SB2 | 按钮 | 复位 |
| 8 | I2.2 | SB3 | 按钮 | 特殊（手动单步控制） |
| 9 | I2.3 | SA1 | 切换开关 | 手动（0）/自动（1）切换 |
| 10 | I2.4 | SA2 | 切换开关 | 单站（0）/联网（1）切换 |
| 11 | I2.5 | SB4 | 按钮 | 停止 |
| 12 | I2.6 | KA | 继电器触头 | 上电信号 |
| 13 | Q0.0 | 1Y1 | 电磁阀 | 控制无杆气缸左移 |
| 14 | Q0.1 | 1Y2 | 电磁阀 | 控制无杆气缸右移 |
| 15 | Q0.2 | 2Y1 | 电磁阀 | 控制气动手爪松开 |
| 16 | Q0.3 | 2Y2 | 电磁阀 | 控制气动手爪夹紧 |
| 17 | Q0.4 | 3Y1 | 电磁阀 | 控制薄型活塞杆防转气缸下降 |
| 18 | Q1.6 | HL1 | 绿色指示灯 | 开始指示 |
| 19 | Q1.7 | HL2 | 蓝色指示灯 | 复位指示 |

图 3-17 所示为搬运单元 PLC I/O 接线原理图。图中 KA 控制信号来源于电气控制板上供电电源线路中上电自锁继电器，用于供给 PLC 上电输入信号和第一组输出信号的关断控制。图中输入端连接有开关和按钮（**注意：在后续单元中基本的接线将不再详述，在此应认真学习各电源线路以及开关和按钮的连接**）。无杆气缸、薄型活塞杆防转气缸、气动手爪的运动位置限位的磁感应式接近开关也同样是连接到 PLC 的输入端；在输出端连接控制各气缸执行的电磁阀，1Y1、1Y2 分别为控制无杆气缸滑块左移与右移的电磁阀控制信号；2Y1、2Y2 分别为控制气动手爪张开与夹紧的电磁阀控制信号；3Y1 为控制薄型活塞杆防转气缸下降的电磁阀控制信号；另外，在输出端还连接有开始与复位的指示灯。

在进行电气系统连接时，首先应按照图 3-16 所示进行本单元供电电源系统的连接。在连接电源系统时，上电按钮和紧急停止开关信号是通过电气控制板上的 I/O 转接端口模块上的 I6 和 I7 两端口实现连接的，因为操作面板上所带的 24 线的标准矩形连接器公端口与电气控制板上的 I/O 转接端口模块连接时，上电按钮和紧急停止开关信号便与 I6 和 I7 连接在一起，共同组成该单元的电源起、停控制（注意，在电气系统线路连接时，一定要有可靠的接地保护）。

在供电电源系统连接好之后，先不接通电源，而要用万用表电阻挡，分别逐步检查电气控制板上所连接的回路之间是否存在短路的情况，若有发现，需要及时排除；当确认所连接的电气回路之间没有错误时，方可接通电源。

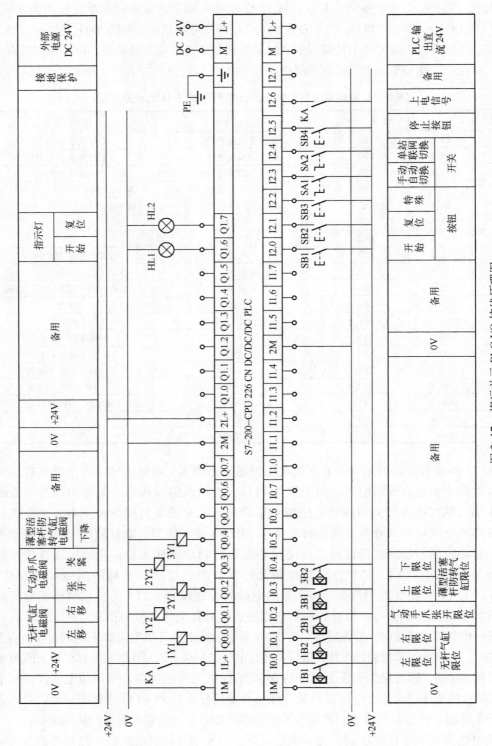

图 3-17 搬运单元 PLC I/O 接线原理图

58

搬运单元各个传感器和电磁阀的接线应分别连接到铝合金台面上 I/O 转接端口模块对应的输入和输出接口上，再通过电气控制板上所带的 24 线的标准矩形连接器公端口与 I/O 转接端口模块上标准矩形连接器母端口连接，就可完成工作台面上设备的输入输出信号与 PLC 的连接。

当进行磁感应式接近开关接线时，将棕色或红色的 24 V 电源线连接到 I/O 转接端口模块的输入端 24 V 电源公共端口，蓝色信号引出线连接到 I/O 转接端口模块的对应信号输入端口。通常在磁感应式接近开关内部封装串联了限流电阻和保护二极管，以防止磁感应式接近开关因引线极性接反而烧毁。因此在磁感应式接近开关的接线错误时，也不会使其烧坏，只是不能正常工作而已。磁感应式接近开关要与气缸配合使用，若安装不合理，则会出现气缸动作不正确的现象。在气缸上安装完磁感应式接近开关后，需根据气缸的运动进行位置调整，调整的方法是松开磁感应式接近开关的紧锁螺栓，让其沿着气缸滑动，到达定位位置后，LED 灯亮，再将螺栓锁紧即可，其调试示意图如图 3-18 所示。如果发现磁感应式接近开关在气缸上调整位置后，LED 灯依旧不亮，就应检查其接线是否正确；若其接线无误，则该磁感应式接近开关损坏，应更换。

当进行电磁阀连接时，将红色电源控制信号线连接到 I/O 转接端口模块的输出端上层对应的信号输出接口上，黑色接地线连接到 I/O 转接端口模块输出端底层的接地公共端口上，电磁阀控制连接线的另一端插头直接插到电磁阀的插座上即可。当进行电磁阀调试时，可将待调试的电磁阀线圈红色电源控制信号线改接到 I/O 转接端口模块的 24V 电源端口上，再接通电源，观察电磁阀线圈 LED 指示灯是否亮，若电磁阀线圈指示灯亮，则输出信号为"1"，控制气缸执行对应动作，该电磁阀线圈可正常工作，其调试示意图如图 3-19 所示。在测试完成后，需重新将红色电源控制信号线改接回到对应的信号输出接口上。若电磁阀线圈指示灯不亮，则可能是电磁阀线圈电源线插头松脱或接线出错，只要重新插紧或连接正确即可；也有可能因为电磁阀线圈已经烧毁，需更换。值得注意的是，有双线圈的电磁阀不能让它的两个线圈同时得电，否则可能会烧坏电磁阀线圈，此时阀芯的位置也不确定。

图 3-18　磁感应式接近开关的调试示意图　　　　图 3-19　电磁阀调试示意图

## 3.1.5　搬运单元控制程序设计与调试

要设计出满足设备控制、安全运行要求的搬运单元控制程序，首先要了解设备的基本结构；其次要分析清楚各运动执行机构之间的准确动作关系，也就是分析清楚生产工艺，同时考虑安全、效率等因素；最后通过编程实现准确的控制功能。针对搬运单元的结构特点，下面给出一种典型的设备运行控制要求与操作运行流程。

1）系统上电，搬运单元应处于初始状态，即复位灯闪烁，无杆气缸的滑块处于左位，气动手爪处于张开的状态，薄型单活塞杆防转气缸处于缩回上升的状态。

2）按下复位按钮，进行复位操作，即复位灯熄灭，开始灯闪烁指示；按下开始按钮，薄型单活塞杆防转气缸下降，气动手爪夹紧抓取工件。

3）薄型单活塞杆防转气缸上升，无杆气缸的滑块向右滑动；到达右位后，薄型单活塞杆防转气缸下降，气动手爪张开释放工件。

4）完成工件释放，薄型单活塞杆防转气缸上升，无杆气缸的滑块向左滑动，到达左位后，完成当前工作任务回到初始状态。

5）搬运单元有手动单周期、自动循环两种工作模式。无论在哪种工作模式的控制任务中，搬运单元都必须处于初始状态，即气动手爪处于松开状态，薄型单活塞杆防转气缸的活塞杆处于缩回上升的状态，无杆气缸的滑块处在左边的行程位置，否则不允许起动。

① 在手动单周期模式下，当设备满足起动条件时，按下开始按钮后按照控制任务开始运行，完成一个工作周期后停止；再次按开始按钮才进行新一个周期的运行。在手动单周期模式下无需使用停止按钮，设备运行一个周期后就会自动停止。

② 在自动循环工作模式下，复位完成，按下开始按钮后就自动按照控制任务完成整个运行过程。如果按下停止按钮，搬运单元就不再执行新的工件搬运任务，但要在完成当前的工作周期后停止运行。停止运行后，各执行机构应回到初始状态；若需再次起动，则必须重新按下起动按钮；若没有按下停止按钮，则一直自动循环运行。

图 3-20 所示为搬运单元的控制工艺流程图，归纳了以上所列出的典型运行控制要求与操作流程。值得注意的是，此流程图仅给出了主要的控制内容，具体细节在此没有进行详细说明，可由读者自己补充。

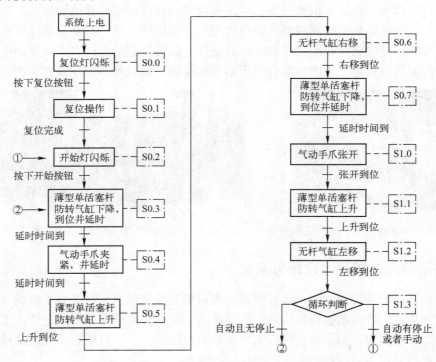

图 3-20　搬运单元的控制工艺流程图

根据搬运单元的控制工艺流程图就可编写出相应的控制程序。下面给出搬运单元的控制程序，如图 3-21～图 3-27 所示。本单元采用步进法编写控制程序。

步进指令主要由 SCR（装载）、SCRT（转换）和 SCRE（结束）组成。使用步进法编制程序，需先定义内部映像寄存器 S 进行步进顺序控制。第一步是确定内部映像寄存器的开始地址。如选择 S0.0 开始，那么接下来要进行状态复位操作，启动第一步（S0.0），在该步中完成需要的动作；当条件满足时，再启动第二步（S0.1），并停止第一步（S0.0）；继续进入 S0.1 完成相应的工作；再当条件满足时，启动第三步（S0.2），停止第二步，依此类推。

编写搬运单元程序的步骤就是依据上面提及的步进法编写的。

在接收到上电信号后开始进行初始化，电磁阀线圈均断电复位，将置位第一步 S0.0 置 1，将 S0.1 后的其余步和停止状态位 M2.0 均复位。停止状态位 M2.0 的状态通过停止按钮 I2.5 和开始按钮 I2.0 分别进行控制，具体程序梯形图如图 3-21 所示。

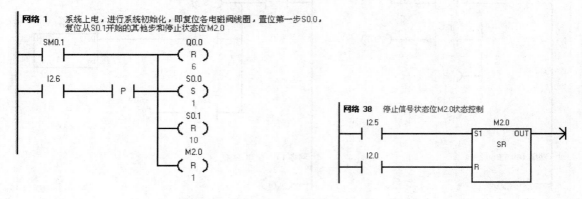

图 3-21　程序梯形图——系统初始化过程

进入步 S0.0，复位灯闪烁，按下复位按钮后启动步 S0.1；进入步 S0.1 后，开始进行复位，复位灯熄灭，执行无杆气缸滑块左移，气动手爪（简称为气爪）张开，薄型活塞杆防转气缸上升，待各气缸的磁性开关均检测到各气缸复位完成后，启动步 S0.2。程序梯形图如图 3-22 所示。

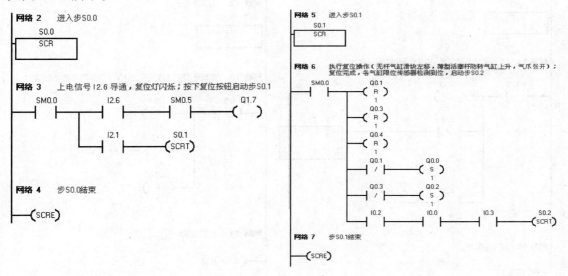

图 3-22　程序梯形图——复位灯闪烁、执行复位操作

进入步 S0.2，开始灯闪烁；按下"开始"按钮，启动步 S0.3，同时复位无杆气缸滑块左移和气动手爪张开的电磁阀线圈；进入步 S0.3，薄型活塞杆防转气缸的活塞杆下降，下降到位延时 1 s，延时时间到，启动步 S0.4。程序梯形图如图 3-23 所示。

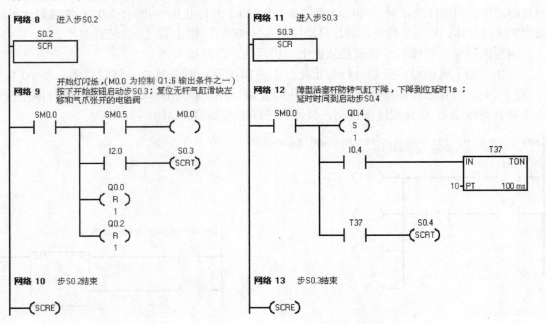

图 3-23　程序梯形图——开始启动、防转气缸下降

　　进入 S0.4，气动手爪夹取工件，并延时 1 s，延时时间到，启动步 S0.5；进入步 S0.5，薄型活塞杆防转气缸上升，上升到位后，启动步 S0.6，同时复位无杆气缸滑块左移电磁阀线圈。程序梯形图如图 3-24 所示。

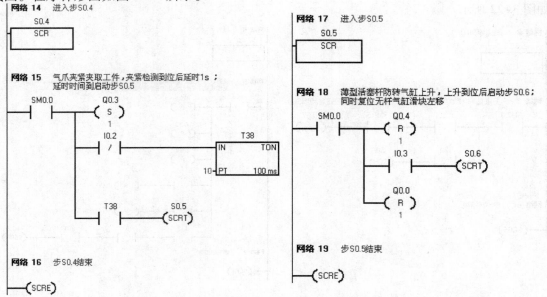

图 3-24　程序梯形图——气动手爪夹取、防转气缸上升

进入步 S0.6，无杆气缸滑块右移，右移到位后启动步 S0.7，同时复位气动手爪夹紧的电磁阀线圈；进入步 S0.7 后，薄型活塞杆防转气缸下降，下降到位后延时 1 s，延时时间到，启动步 S1.0。程序梯形图如图 3-25 所示。

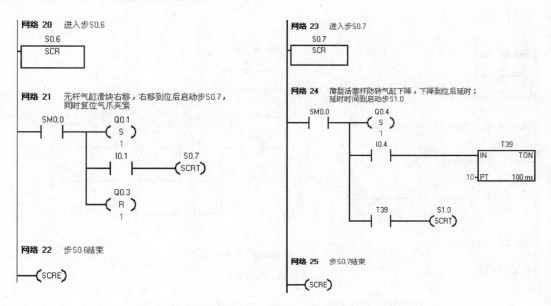

图 3-25　程序梯形图——无杆气缸右移、防转气缸下降

进入步 S1.0，气动手爪张开工件，张开到位后启动步 S1.1；进入步 S1.1，薄型活塞杆防转气缸复位上升，上升到位后，启动步 S1.2，同时复位无杆气缸滑块右移和气爪张开的电磁阀线圈，程序梯形图如图 3-26 所示。

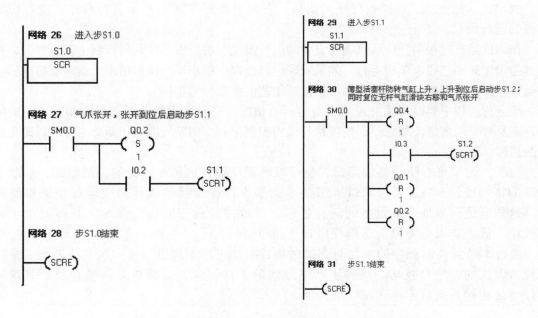

图 3-26　程序梯形图——气动手爪张开、防转气缸上升

63

进入步 S1.2，无杆气缸滑块左移，左移到位后启动步 S1.3；进入步 S1.3，执行循环判断，当选择自动模式并且没有停止信号时，跳转到步 S0.3 中循环执行；当选择手动模式或者自动模式且有停止信号时，跳转到步 S0.2 中执行。程序梯形图如图 3-27 所示。

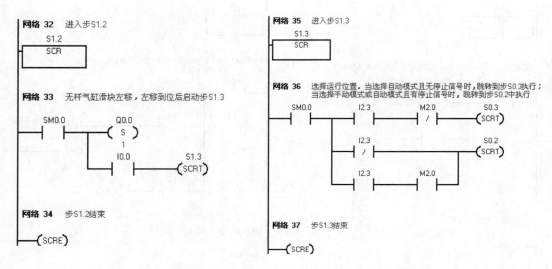

图 3-27　程序梯形图——无杆气缸左移、运行循环判断

在编写完搬运单元的控制程序后，必须认真检查程序，重点应检查各执行机构之间是否会发生冲突。例如，检查是否有控制程序出现双电控电磁阀双线圈得电的情况；是否会发生机械运动冲撞等。对检查中发现的问题，要及时修改控制程序，并进行分析总结，找出错误的原因。在检查程序无误后，方可下载程序到 PLC 中运行程序，进行现场设备的运行调试。

在调试运行过程中，应认真观察设备的运行情况，对照搬运单元的控制工艺流程图，检查其是否按照工艺要求正确运行。如果发现运行过程中哪步运行流程错误，就对应修改哪步的运行程序，直到整个搬运单元都严格按照工艺流程运行为止。

在运行过程中要时刻注意现场设备的运行情况，一旦发生执行元件机构相互冲突的情况，应及时采取措施，如急停、切断执行机构控制信号、切断气源或切断总电源，以避免设备的损坏。

当然，为了更方便设备的调试，也可以将程序设计成单步运行的控制模式，借助于外部的特殊按钮 SB3，通过调试人员的手动操作，逐步起动执行相应运行步的控制程序。这样能更有效地分解设备的运行过程，反映控制程序的执行情况（具体的单步调试程序，读者可以参考以上所给程序自己编写调试）。

通过本单元控制程序的编写与调试过程，对步进法编程进行了一次实战训练，掌握了设备调试的方法与技巧，培养了严谨细致的工作作风。后续单元的检查及下载调试过程与之相同，故将不再进行详细介绍。

**任务 3.2　操作手单元安装与调试**

 **知识与能力目标**

1）熟悉操作手单元机械结构与功能。
2）正确安装与调整操作手单元机械及气动元件。
3）正确分析操作手单元气动控制回路，并对其进行安装与调试。
4）熟练掌握电感式传感器的安装与调试方法。
5）掌握采用置位/复位指令设计控制程序的方法。

### 3.2.1　操作手单元结构与功能分析

　　操作手单元配置柔性 3 - 自由度的运动装置，通过转动、伸缩、气动抓取等动作，在整个自动化生产线中承担着将上一单元已准备就绪的工件转移搬运到下一执行单元的任务。其模拟实际生产线中的产品搬运转移过程。图 3–28 所示为操作手单元的整体结构图。操作手单元主要由提取模块、转动模块、I/O 转接端口模块、电气控制板、操作面板、CP 电磁阀岛及过滤减压阀等组成。下面介绍主要组成模块的结构及功能。

图 3–28　操作手单元整体结构图

　　1）提取模块实际上是一个"气动机械手爪"，主要由直线防转气缸、气动手爪等组成，如图 3–29 所示。气动手爪与搬运单元的气动手爪结构和功能是一样的。直线防转气缸是一种活塞杆限位型直线气缸，在结构上不同于一般的直线气缸和薄型防转气缸。因为它的活塞杆呈六边形，能有效避免直线圆柱形气缸活塞的周向转动。直线防转气缸垂直安装在双活塞杆气缸的气缸杆前端，用于实现气动手爪垂直方向的升降运动。同样，在直线防转气缸的两行程位置和气动手爪上配备有磁性限位检测开关。

　　2）转动模块主要由双活塞杆气缸、摆动气缸组成，如图 3–30 所示。双活塞杆气缸构成了气动机械手的"手臂"，可以实现水平方向上的伸出、缩回动作。双活塞杆气缸是一个双联气缸，拥有两个压力腔和两个活塞杆，在同等压力下，双联气缸的输出力是一般气缸的两倍，并且能有效防扭，故有的地方也称它为倍力缸。摆动气缸为叶片式的摆动气缸，构成了气动机械手的"肩关节"，用于实现气动机械手的左右转动，其转动角度范围为 0°～180°。同时，在转动模块的安装支架上分别安装有两个阻尼器，用于缓冲转动模块的冲击和限制摆动范围。

　　在操作手单元上除了具有以上两个主要的组成模块外，同样还配备有 CP 电磁阀岛、过滤减压阀、I/O 转接端口模块、电气控制板以及操作面板等组件，它们的结构和功能都与搬运单元介绍的相同，在此不赘述。

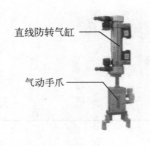

直线防转气缸

气动手爪

图 3-29　提取模块

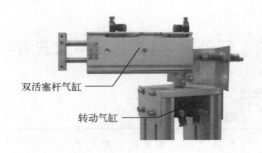

双活塞杆气缸

转动气缸

图 3-30　转动模块

## 3.2.2　操作手单元机械及气动元件安装与调整

操作手单元中工件的夹取选用高效平稳的气动手爪来实现。为了保证气动手爪在抓取工件时定位准确，不发生偏移或转动，本单元选用直线防转气缸承担气动手爪的提升与下降任务。操作手单元的水平伸缩由双活塞杆气缸执行，因为其运动过程比较平稳、驱动力大和抗扭能力强。使用摆动气缸驱动整个机械手左右转动，是因为摆动气缸与双活塞杆气缸配合，具有较大的运动范围，能方便地承担工件前后单元之间的中转任务。

操作手单元的运动部分主要是由气动执行元件构成的，具体的机械及气动元件安装与调整步骤如下。图 3-31 为操作手单元的安装过程示意图。

1）I/O 转接端口模块和 CP 电磁阀岛等安装与前面单元相同，在此不再赘述。

2）在铝合金面板的正中方位置用直角外铰链固定好两垂直支撑架。安装示意图如图 3-31a 所示。注意，两垂直支撑架要相互平行，以便为后续的转动模块安装提供可靠定位；两支撑架与铝合金面板左右两边距要尽量对称相等。

3）将摆动气缸用两连接块连接安装于两垂直支撑架的顶端，安装示意图如图 3-31b 所示。摆动气缸安装时需特别注意，由于其摆动范围为 0°～180°，所以安装时要调整好摆动范围所对应的工作区域。同时，在非摆动工作区域的支撑架上安装有限位防护板和阻尼器装置等，限位防护板与阻尼器要对称定位，保证转动模块的转动行程对称，待转动模块安装后再进行阻尼器调节。

4）当独立安装提取模块时，气动手爪的安装与搬运单元一样，只是在将安装板与直线气缸的活塞杆安装紧固之前，必须先装入一 "L" 形连接安装板于直线气缸的端部，然后将手指气缸整体安装到直线防转气缸的活塞杆上，并用活塞杆上的螺母锁紧。将独立安装好的双活塞杆气缸端部与 "L" 形连接安装板连接，实现提取模块的垂直安装。安装示意图如图 3-31c 所示。

5）再将上步安装好的部件通过一细长连接板安装于摆动气缸的输出轴上，安装示意图如图 3-31d 所示。特别注意，由于提取模块和双活塞杆气缸自重的作用，摆动气缸输出轴此时会承受较大的横向力矩作用。因此在安装时，尽量不要在提取模块端再加上其他的力作用，以避免摆动气缸损坏。

6）在整体结构安装完成之后，根据各运动机构之间的运动空间要求，进行局部的位置调整与加固，调整好各模块之间的相对位置，防止发生干涉，保证各模块安装稳固以及各运动单元顺畅运行。

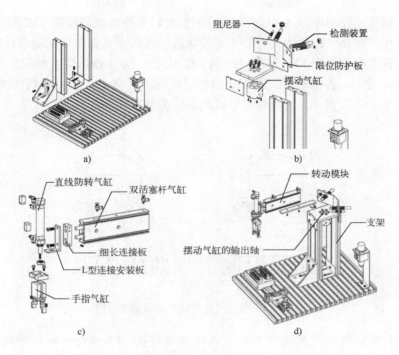

图 3-31　操作手单元的安装过程示意图

## 3.2.3　操作手单元气动控制回路分析、安装与调试

在操作手单元气动控制回路中，A 为摆动气缸气动控制回路，控制转动模块的左右转动，回路中采用中间封闭式三位五通双电控电磁阀作为换向阀；B 为双活塞杆气缸气动控制回路，控制提取模块的伸出与缩回；C 为平行气爪气动控制回路；D 为直线防转气缸气动控制回路，控制气动手爪在竖直方向上升与下降。图 3-32 所示为操作手单元气动控制回路原理图，其气动控制回路分析可以参照任务 3.1 的搬运单元。

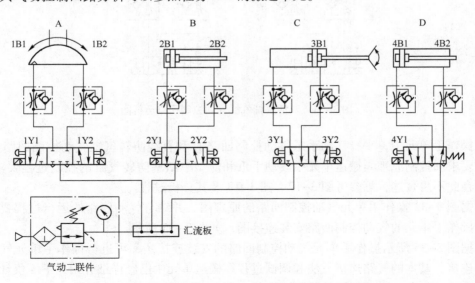

图 3-32　操作手单元气动控制回路原理图

67

在摆动气缸气动控制回路 A 中，若电磁阀线圈 1Y1 和电磁阀线圈 1Y2 都失电，则电磁阀处于中位工作，摆动气缸的两气腔处于密封状态，可防止其输出转轴随意转动和起到短时定位的作用。若电磁阀线圈 1Y1 得电、线圈 1Y2 失电，则电磁阀切换到左位工作，其气路走向如图 3-33a 所示。若电磁阀线圈 1Y2 得电、线圈 1Y1 失电，则电磁阀切换到右位工作，其气路走向如图 3-33b 所示，气流通过电磁阀右位驱动摆动气缸右摆。

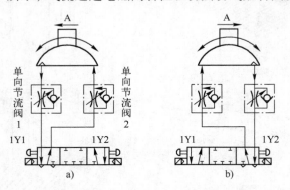

图 3-33　摆动气缸气动控制回路运行图

在双活塞杆气缸气动控制回路 B 中，若电磁阀线圈 2Y1 得电、电磁阀线圈 2Y2 失电，则电磁阀工作于左位，其气路走向如图 3-34a 所示，即双活塞杆气缸处于缩回状态；若电磁阀线圈 2Y2 得电、电磁阀线圈 2Y1 失电，则电磁阀切换到右位工作，其气路走向如图 3-34b 所示。注意，该电磁阀具有保持功能，即使在中途使当前处于控制状态的电磁阀线圈失电，双活塞杆气缸也依旧保持当前的工作执行状态。

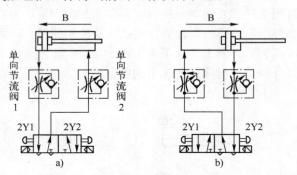

图 3-34　双活塞杆气缸气动控制回路运行图

在操作手单元中，平行气动手爪气动控制回路 C 和直线防转气缸气动控制回路 D 的工作运行要求和控制原理与搬运单元中气动手爪和薄型单活塞防转气缸的控制过程要求一样。因此，在此不再赘述，可参考图 3-12、图 3-13 及其分析过程。

依据图 3-32 操作手单元气动控制回路的原理图，并结合气动回路的运行过程要求，可绘制出操作手单元的气动控制回路安装连接图，如图 3-35 所示。

依据图 3-35 所示操作手单元气动控制回路的安装连接图，可进行操作手单元气动控制回路的连接。基本的气路连接方法和调试过程在搬运单元中已经详细介绍，下面仅针对操作手单元中摆动气缸气动控制回路的调试进行介绍。

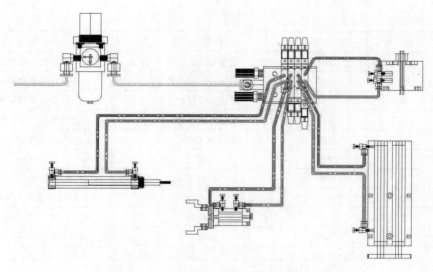

图3-35 操作手单元的气动控制回路安装连接图

进行摆动气缸控制回路的调试与无杆气缸控制回路的调试相类似，但摆动气缸的输出转轴上安装有转动模块等部件，由于其转动半径较大，所以调试时要特别注意摆动气缸的运行范围和突然动作，避免伤害操作人员或者机械装置强烈碰撞等事故的发生。同时，控制摆动气缸的是双电控三位五通电磁阀，在都没有电磁控制信号时阀体处于中位封闭式工作状态，摆动气缸输出转轴被限制转动，此时尽量不要用手去左右搬动其上的转动装置。摆动气缸输出转动轴的力臂较大，对调试人员来说好像用很小的力就可使其转动，但是实际上摆动转轴却承受很大的反抗扭矩，对气缸以及回路系统都会造成不利影响。

## 3.2.4 操作手单元电气系统分析、安装与调试

操作手单元中的电气系统也是安装在电气控制板上的，其供电电源、操作面板信号设置、PLC的I/O端口功能性划分等内容与搬运单元介绍的一样，具体内容可参考搬运单元中的相关介绍。下面主要就控制操作手单元设备运行的特定电气系统进行分析介绍。

在操作手单元中，气动手爪、直线防转气缸和双活塞杆气缸工作运动行程位置的检测与搬运单元中一样，采用的是双线制磁感应式接近开关，即磁性开关。而摆动气缸左右摆动限位检测是依靠安装在限位防护板上的两电感式接近开关实现的，用于直接对随摆动气缸转动的双活塞杆气缸的金属侧壁进行到位检测。此处选用的电感式接近开关为三线制的传感器，分别为棕色的电源线、蓝色的接地线和黑色的信号线。

操作手单元中所需要PLC的I/O点数为14点输入和9点输出，因此选用S7-200 CPU 226 CN DC/DC/DC的PLC，其I/O点数为24/16，完全可以满足控制I/O点数的需要。操作手单元的I/O地址分配表如表3-2所示。

表3-2 操作手单元的I/O地址分配表

| 序 号 | 地 址 | 设备符号 | 设备名称 | 设备功能 |
|---|---|---|---|---|
| 1 | I0.0 | B1 | 电感式接近开关 | 摆动气缸左转限位 |
| 2 | I0.1 | B2 | 电感式接近开关 | 摆动气缸右转限位 |

| 序　号 | 地　址 | 设备符号 | 设备名称 | 设备功能 |
|---|---|---|---|---|
| 3 | I0.2 | 2B1 | 磁感应式接近开关 | 双活塞杆气缸缩回限位 |
| 4 | I0.3 | 2B2 | 磁感应式接近开关 | 双活塞杆气缸伸出限位 |
| 5 | I0.4 | 3B1 | 磁感应式接近开关 | 气动手爪张开限位 |
| 6 | I0.5 | 4B1 | 磁感应式接近开关 | 直线防转气缸上升限位 |
| 7 | I0.6 | 4B2 | 磁感应式接近开关 | 直线防转气缸下降限位 |
| 8 | I2.0 | SB1 | 按钮 | 开始 |
| 9 | I2.1 | SB2 | 按钮 | 复位 |
| 10 | I2.2 | SB3 | 按钮 | 特殊（手动单步控制） |
| 11 | I2.3 | SA1 | 切换开关 | 手动（0）/自动（1）切换 |
| 12 | I2.4 | SA2 | 切换开关 | 单站（0）/联网（1）切换 |
| 13 | I2.5 | SB4 | 按钮 | 停止 |
| 14 | I2.6 | KA | 继电器触头 | 上电信号 |
| 15 | Q0.0 | 1Y1 | 电磁阀 | 控制摆动气缸左转 |
| 16 | Q0.1 | 1Y2 | 电磁阀 | 控制摆动气缸右转 |
| 17 | Q0.2 | 2Y1 | 电磁阀 | 控制双活塞杆气缸缩回 |
| 18 | Q0.3 | 2Y2 | 电磁阀 | 控制双活塞杆气缸伸出 |
| 19 | Q0.4 | 3Y1 | 电磁阀 | 控制气动手爪松开 |
| 20 | Q0.5 | 3Y2 | 电磁阀 | 控制气动手爪夹紧 |
| 21 | Q0.6 | 4Y1 | 电磁阀 | 控制直线防转气缸下降动作 |
| 22 | Q1.6 | HL1 | 绿色指示灯 | 开始指示 |
| 23 | Q1.7 | HL2 | 蓝色指示灯 | 复位指示 |

图 3-36 所示为操作手单元 PLC I/O 接线原理图。图中的输入和输出端与任务 3.1 单元基本相同，可以结合上一单元，自己分析本单元各端口的连接。

当进行磁感应式接近开关接线时，将蓝色接地线连接到 I/O 转接端口模块底层的 0V 公共端口，棕色信号线连接到端口模块输入端上层对应信号的输入端口。电磁阀连接时，将电源线的红色线连接到 I/O 转接端口模块的上层对应的信号输出接口上，黑色线连接到输出端口底层的接地端口，再将插头直接插到电磁阀插座上即可。以上器件具体调试方式在搬运单元中已经详述。

当对电感式接近开关接线时，将棕色线接到 I/O 转接端口模块输入端的 24V 电源接口上，蓝色线接到 I/O 转接端口模块输入端 0V 接口上，黑色线接到 I/O 转接端口模块输入端对应的信号接口上。

注意：接线时不能将 3 根线的极性接错，不能将黑色信号线直接连接到 +24V 上，否则会使电感式接近开关烧毁。

当转动模块转动到行程位置时，电感式接近开关检测到双活塞杆气缸金属侧壁，接近开关后部的 LED 状态指示灯亮，如图 3-37a 所示，输出信号为“1”，这说明电感式接近开关安装的位置合适。若电感式接近开关 LED 状态指示灯不亮，则可能是气缸的金属侧壁不在接近开关的检测范围之内，此时应松开接近开关的安装固定螺母，调整并缩小电感式接近开关

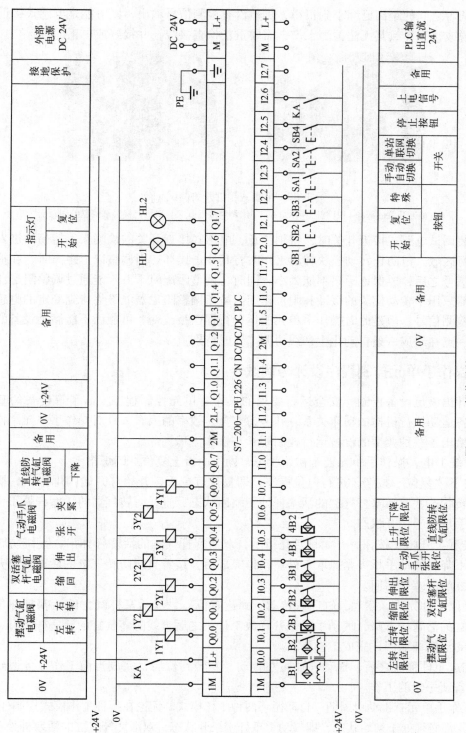

图3-36 操作手单元PLC I/O接线原理图

与双活塞杆气缸侧壁的间距，如图3-37b所示，直到其LED状态指示灯稳定显示，再锁紧螺母。若两者之间的距离已缩小到很小，仍然没有检测信号输出，则可能是电感式接近开关的接线松脱或错误导致其无法检测工作，需要重新检查接线，并接好或更正即可。

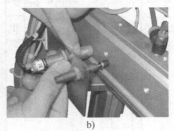

图3-37 电感式接近开关调试
a) 接近开关后部的LED状态指示灯亮 b) 调整接近开关与双活塞杆气缸侧壁的间距

在安装调试电感式接近开关时，特别注意，电感式接近开关的检测头不能超出进入转动模块的运行区域，以防止转动模块转动工作时将其冲击损坏。当调整以上距离时，在检测到稳定有效信号之后，要保证距离不能太小。同时，调整距离时千万不能通过调整阻尼器来实现，阻尼器只用于转动模块的缓冲和限位作用。虽然调整阻尼器能最终得到稳定的电感式接近开关的检测信号，但是此时操作手单元的运行行程已被改变，可能已不能满足设备的位置要求，这一点在组成一条自动化生产线协调工作时特别重要。

## 3.2.5 操作手单元控制程序设计与调试

要设计出满足设备控制、安全运行要求的操作手单元控制程序，需了解设备的基本结构，分析各运动执行机构的动作关系，并考虑安全、效率的因素。针对操作手单元结构的特点，下面给出了一种典型的设备运行控制要求与操作流程。

1）系统上电，操作手单元处于初始状态，操作面板上复位灯闪烁指示。

2）按下"复位"按钮，进行复位操作，即复位灯熄灭，开始灯开始闪烁指示，摆动气缸处于左转状态，双活塞杆气缸的活塞杆处于缩回状态，直线防转气缸的活塞杆处于上升状态，气动手爪处于松开状态。

3）按下"开始"按钮，开始灯常亮指示，双活塞杆气缸的活塞杆伸出，直线防转气缸的活塞杆下降，气动手爪夹紧抓取工件。动作完成后，接着直线防转气缸的活塞杆上升，双活塞杆气缸的活塞杆缩回。

4）提取工件完成，摆动气缸向右转动。到达右位后，双活塞杆气缸的活塞杆伸出，直线防转气缸的活塞杆下降，气动手爪张开释放工件。之后直线防转气缸的活塞杆上升，双活塞杆气缸的活塞杆缩回，完成工件释放。

5）完成工件释放之后，摆动气缸向左转动。左转到位后，完成当前工作任务回到初始状态，准备新一轮的工作。

6）操作手单元有手动单周期、自动循环两种工作模式。无论在哪种工作模式控制任务中，操作手单元都必须处于初始状态，即气动手爪处于松开状态，双活塞杆气缸的活塞杆处于缩回状态，直线防转气缸的活塞杆处于缩回的状态，摆动气缸处在左转限位位置，否则不允许起动。这两种工作模式的操作运行特点与前面搬运单元一样，可见搬运单元的对应内容。

图 3-38 所示为操作手单元的控制工艺流程图，它满足以上所列典型的运行控制要求与操作流程。注意，此流程图仅给出了主要的控制内容，具体细节在此没有进行详细说明，由读者自己补充。

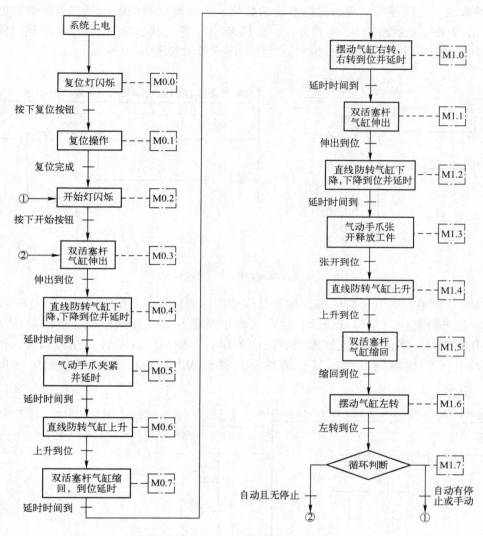

图 3-38　操作手单元的控制工艺流程图

根据操作手单元的控制工艺流程图，使用置位/复位指令的顺序控制梯形图编程的方法又称为以转换为中心的编程方法。实现转换需满足以下条件。

1）该转换的前级步（位元件）为活动步。

2）转换条件满足（如 I0.0 为 ON）。

由于电路接通时间只有一个扫描周期，所以需要用具有记忆功能的电路保持它引起的变化，采用置位/复位指令来实现记忆功能。当转换电路接通时，应执行以下两个操作。

1）将需转换的所有后续步变为活动步，即将后续步的存储器位置为 ON 的状态，并保持，因此用具有保持功能的置位（S）指令来完成。

2）将已转换的所有前级步变为不活动步，即将前级步的存储器位置设置为 OFF 状态，并保持，因此用具有保持功能的复位（R）指令来完成。

图 3-39 ~ 图 3-47 所示为采用置位/复位指令设计的操作手单元顺序控制程序。

在接收到上电信号后，开始进行系统初始化，电磁阀线圈均断电复位，将中间继电器 M0.1 ~ M1.7 和停止状态位 M2.0 均复位，置位 M0.0。停止状态位 M2.0 的状态通过停止按钮 I2.5 和开始按钮 I2.0 分别进行控制。具体程序梯形图如图 3-39 所示。

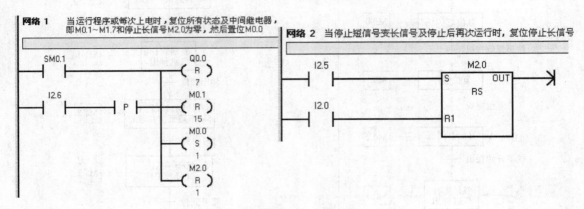

图 3-39　程序梯形图——系统初始化

在 M0.0 接通后，复位灯闪烁，按下复位按钮，置位 M0.1 并复位 M0.0；在 M0.1 导通后，开始进行复位，复位灯熄灭，执行气动手爪张开，张开到位后，直线防转气缸上升，上升到位后，双活塞杆气缸缩回，缩回到位后，摆动气缸左转，左转到位，待各气缸的磁性开关均检测到各气缸复位完成后，置位 M0.2 并复位 M0.1。程序梯形图如图 3-40 所示。

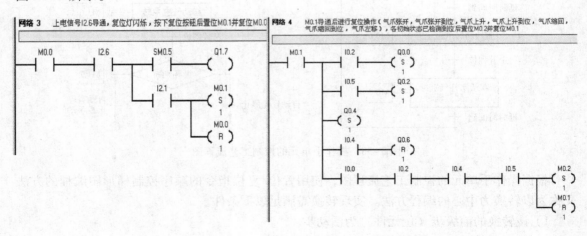

图 3-40　程序梯形图——复位灯闪烁、执行复位操作

在 M0.2 导通后，开始灯闪烁，同时复位双活塞杆气缸缩回和气动手爪张开的电磁阀线圈，按下开始按钮，置位 M0.3 并复位 M0.2；M0.3 接通后，双活塞杆气缸伸出，伸出到位，置位 M0.4 并复位 M0.3。程序梯形图如图 3-41 所示。

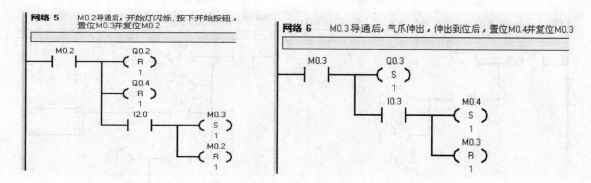

图 3-41 程序梯形图——系统启动、双活塞杆气缸伸出

M0.4 导通后，直线防转气缸下降，同时复位双活塞杆气缸伸出电磁阀线圈，下降到位延时 1s，延时时间到，置位 M0.5 并复位 M0.4；M0.5 接通后，气动手爪夹紧，夹紧到位延时 1s，延时时间到，置位 M0.6 并复位 M0.5。程序梯形图如图 3-42 所示。

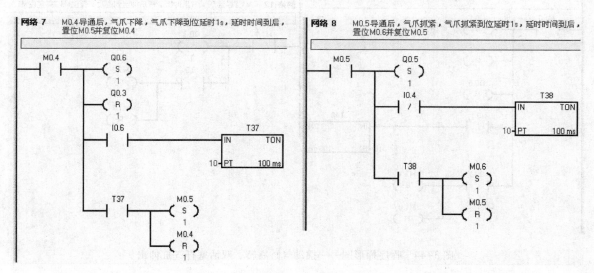

图 3-42 程序梯形图——直线防转气缸下降、气动手爪夹紧

M0.6 导通后，直线防转气缸上升，上升到位，置位 M0.7 并复位 M0.6；M0.7 导通后，双活塞杆气缸缩回，同时复位摆动气缸左转电磁阀线圈，缩回到位延时，延时时间到，置位 M1.0 并复位 M0.7。程序梯形图如图 3-43 所示。

M1.0 导通后，摆动气缸右转，同时复位双活塞杆气缸缩回和气动手爪夹紧的电磁阀线圈，右转到位延时，延时时间到，置位 M1.1 并复位 M1.0；M1.1 导通后，双活塞杆气缸伸出，伸出到位，置位 M1.2 并复位 M1.1。程序梯形图如图 3-44 所示。

M1.2 导通后，直线防转气缸下降，同时复位双活塞杆气缸伸出和气动手爪夹紧的电磁阀线圈，下降到位延时，延时时间到，置位 M1.3 并复位 M1.2；M1.3 导通后，气动手爪放松，放松到位，置位 M1.4 并复位 M1.3。程序梯形图如图 3-45 所示。

M1.4 导通后，直线防转气缸上升，上升到位，置位 M1.5 并复位 M1.4；M1.5 接通后，

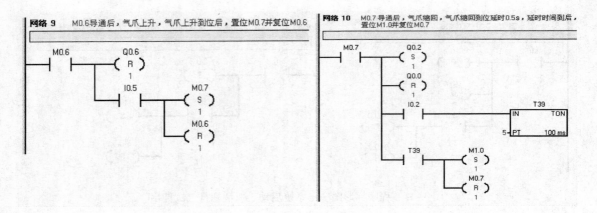

图 3-43　程序梯形图——直线防转气缸上升、双活塞杆气缸缩回

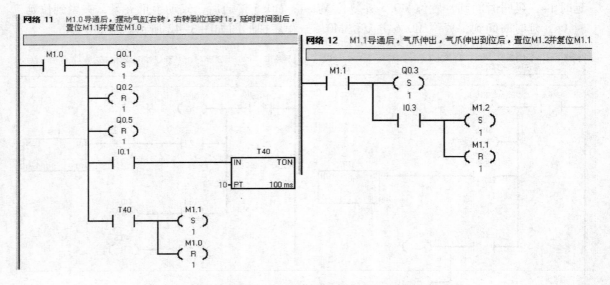

图 3-44　程序梯形图——摆动气缸右转、双活塞杆气缸伸出

双活塞杆气缸缩回，同时复位摆动气缸右转电磁阀线圈，缩回到位，置位 M1.6 并复位 M1.5。程序梯形图如图 3-46 所示。

　　M1.6 导通后，摆动气缸左转，同时复位双活塞杆气缸缩回和气动手爪放松的电磁阀线圈，左转到位，置位 M1.7 并复位 M1.6；M1.7 导通后，执行循环判断，当选择自动模式并且没有停止信号时，跳转到步 M0.3 中循环执行并复位 M1.7；当选择手动模式或者自动模式且有停止信号时，跳转到步 M0.2 执行并复位 M1.7。程序梯形图如图 3-47 所示。

　　在编写完操作手单元的控制程序后，必须先认真检查程序。在检查程序无误后，方可下载程序到 PLC 中运行程序，根据工艺流程进行安全、有序的调试。

　　通过本单元控制程序的编写与调试过程，对使用置位/复位指令编写顺序控制程序进行了一次实战训练，拓宽了编程思路，进一步掌握了设备调试的方法与技巧，培养了严谨细致的工作作风。

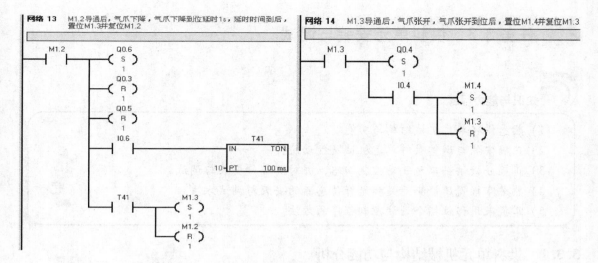

图 3-45　程序梯形图——直线防转气缸下降、气动手爪张开

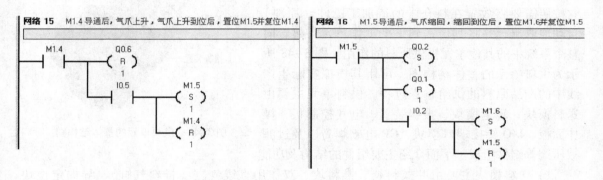

图 3-46　程序梯形图——直线防转气缸上升、双活塞杆气缸缩回

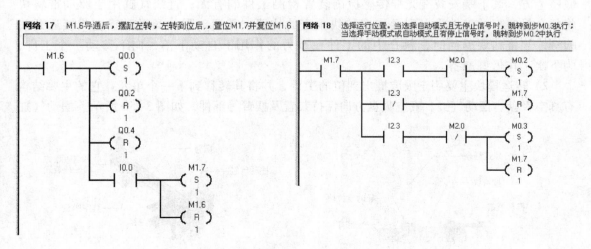

图 3-47　程序梯形图——摆动气缸左转、循环判断

## 任务 3.3   供料单元安装与调试

1）熟悉供料单元机械结构与功能。
2）正确安装与调整供料单元机械及气动元件。
3）正确分析供料单元气动控制回路，并对其进行安装与调试。
4）熟练掌握气压检测开关和光纤传感器的安装与调试方法。
5）掌握采用移位指令设计控制程序的方法。

### 3.3.1   供料单元机械结构与功能分析

供料单元配置是本自动化生产线中的起始单元，它按照需要将放置在料仓中的待加工工件（原料）自动地取出，并将其传送到下个工作单元，起着向整个系统中的其他单元提供原料的作用。图 3-48 所示为供料单元的整体结构图，可用其模拟实际生产线中的产品原料的供给输送过程。供料单元主要由送料模块、转运模块、报警装置、电气控制板、操作面板、I/O 转接端口模块、CP 电磁阀岛以及过滤减压阀等组件组成。下面介绍主要组件的结构及功能。

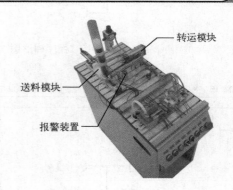

图 3-48   供料单元的整体结构图

1）送料模块主要由井式料仓、推料块、双作用直线气缸（推料气缸）、导向定位块及底座等组成，如图 3-49 所示。料仓是一个堆叠工件的管状塑料直筒，竖直安装在导向底座上方，其下端安装有光纤传感检测装置检测工件的有无；直线气缸用于驱动推料块将料仓最底部的工件推出到导向定位块预定的位置，其运动限位通过磁感应式接近开关检测。当推料块返回时，料仓中的工件在重力的作用下自动下落，向下移动一个工件，为下次工作做好准备。

2）转运模块主要用于吸取推出到位的工件，并将其转移到下一个单元。它的主要结构有真空吸盘、摆动气缸、真空吸盘方向保持装置及摆臂等部件，如图 3-50 所示。摆动气缸

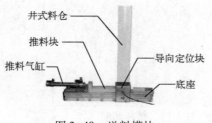

图 3-49   送料模块

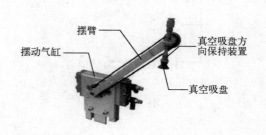

图 3-50   转运模块

是摆臂往复摆动的驱动装置，其转轴的最大转动范围为 0°～180°，可以根据实际需要进行调整，其摆动限位信号检测由磁感应式接近开关完成。真空吸盘用于吸取工件，吸盘内腔的负压（真空）是靠真空发生器产生。真空吸盘方向保持装置是使真空吸盘在摆臂转动的过程中始终保持竖直向下的状态，以保证被运送的工件在运送过程中不至于翻转，保持其吸合的密封性。

3）报警装置主要由蜂鸣器等组成，可通过继电器控制其工作。当料仓中被检测到没有工件时，通过蜂鸣器进行报警提示。同时，供料单元中还专门配备有吹气式真空发生器及对应的气压检测开关，用于向转运模块真空吸盘提供负压气源。

供料单元上除了具有以上介绍的组成模块外，同样还配备有 CP 电磁阀岛、过滤减压阀、I/O 转接端口模块、电气控制板以及操作面板等组件，其结构和功能都和搬运单元上的一样，不再赘述。

## 3.3.2　供料单元机械及气动元件安装与调整

供料单元中工件的推出采用普通的直线气缸驱动，工件装夹采用真空吸盘吸取的方式实现。摆动气缸与真空吸盘配合执行，完成将工件从供料口转运到下一工作单元的任务。

同样，供料单元的运动执行部分主要由气动执行元件构成，具体的机械及气动元件安装与调整步骤如下。图 3-51 为供料单元安装过程示意图。

1）I/O 转接端口模块、CP 电磁阀岛、真空发生器、过滤减压阀及标准 DIN 导轨等的安装方法与前面单元相同。

2）独立安装转运模块，如图 3-51a 所示。将连接板安装于摆动气缸输出轴这一侧面上并紧固，再将固定齿轮中心穿过输出转轴并固定安装在连接板上。用螺钉将摆臂与摆动气缸的转轴紧固在一起，再将真空吸盘与真空吸盘保持连接器固定在摆杆上方。安装完成后进行调整，往复摆动摆臂，观察同步带的运行情况，在确保真空吸盘始终处于竖直向下的状态后，才可以锁紧真空吸盘的紧固螺钉。安装时需注意，要考虑摆动气缸输出转轴的受力状况，不可让其承受太大的力度。

需要注意的是，在转运模块中使用的摆动气缸的回转角度在 0°～180°范围内任意可调，当需要调节回转角度或调整摆动位置精度时，应首先松开螺杆上的反扣螺母，通过旋入和旋出调节螺杆，从而改变回转凸台的回转角度，两调节螺杆分别用于左摆和右摆角度的调整。在调整好摆动角度后，应将反扣螺母与基体反扣锁紧，防止调节螺杆松动。

3）通过外直角铰链将连接支架安装于铝合金台面的稍靠右边的位置上，但此时还不可以进行定位紧固，需待推料模块安装完毕并进行位置配合后方可定位拧紧。最后，将上步中独立安装好的转运模块紧固安装于该连接支架之上，如图 3-51b 所示。

4）在铝合金台面的左边位置上进行送料模块的安装，如图 3-51c 所示。首先将 L 形支撑架与推料气缸连接固定，推料块直接安装到推料气缸的活塞杆前端，并用活塞杆上的螺母锁紧，然后将推料气缸整体安装固定到送料底座上；再将导向定位块根据位置需要安装于底座前端位置。将圆形料筒通过 U 形连接座安装于送料底座上，但需要进行位置调整，确保当推料气缸伸出时，推料块能完整送出一个工件；当推料气缸缩回时，推料块能完全退出料仓，并留足工件继续下落的空间。安装调整时必须要保证推料块、导向定位块、底座推料槽的平行，否则可能出现推料气缸驱动推料块运动时推料块撞击卡死工件的危险情况。

5）按照安装后送料模块和转运模块之间执行动作的配合情况进行两模块组件之间位置的调整，如图3-51d所示。确保转运模块的真空吸盘能准确地将送料模块推出的工件转运到铝合金台面右边外一定距离，为后续单元接收工件做好空间上的准备。再在面板上比较空旷的位置处安装报警装置，将蜂鸣器固定到支架上。

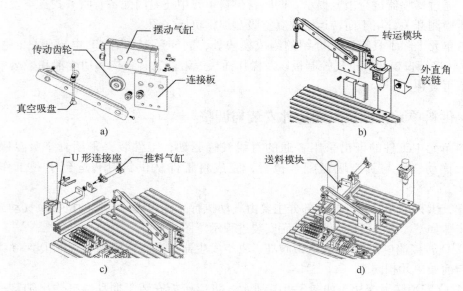

图3-51　供料单元安装过程示意图

6）在整体结构安装完成之后，根据各运动机构之间的运动空间要求，进行局部的位置调整与加固，调整好各模块之间的相对位置，防止发生干涉，以保证各模块安装稳固及各运动单元顺畅运行。

### 3.3.3　供料单元气动控制回路分析、安装与调试

图3-52所示为供料单元的气动控制回路原理图。A为摆动气缸的气动控制回路，驱动转运模块的左右转动；B为真空吸盘的气动控制回路，控制吸盘吸取和释放工件；C为推料气缸的气动控制回路，控制推料气缸推出工件。

在真空吸盘气动控制回路B中，若电磁阀线圈2Y1得电和电磁阀线圈2Y2失电，则电磁阀工作于左位，气路走向如图3-53a所示，此时真空吸盘内的气压与外界大气压相等，即真空吸盘处于释放状态。若电磁阀线圈2Y2得电和电磁阀线圈2Y1失电，则电磁阀切换到右位工作，高压气流通过真空发生器产生负压给真空吸盘，气路走向如图3-53b所示，即真空吸盘处于吸气状态。此时即使线圈2Y2也失电，真空吸盘也仍处于吸气工作状态，能有效防止因系统突然断电造成工件坠落事故的发生。

依据图3-52所示供料单元气动控制回路的原理图，并结合气动控制回路的运行过程要求，可绘制出供料单元的气动控制回路安装连接图，如图3-54所示。

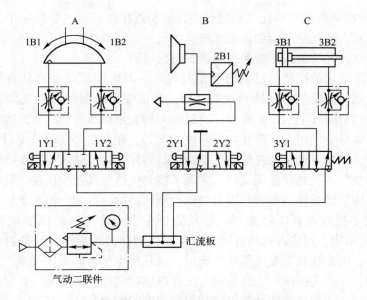

图 3-52　供料单元的气动控制回路原理图

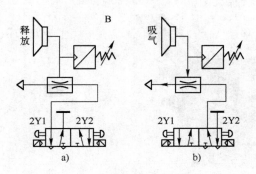

图 3-53　真空吸盘气动控制回路运行图

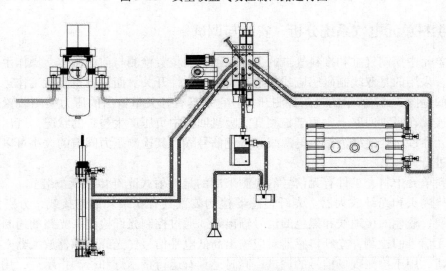

图 3-54　供料单元的气动控制回路安装连接图

依据图3-54所示的供料单元气动控制回路安装连接图，可进行供料单元气动控制回路的连接与调试。基本的气路连接和调试在搬运单元中已经具体介绍了，下面仅针对供料单元中新出现的不同执行元件的气动控制回路调试进行说明。

供料单元中所使用的摆动气缸的回转角度在0°~180°范围之内是任意可调的，调试人员可根据具体应用的需要进行回转角度的调整。当需要调节回转角度或调整摆动位置精度时，应首先松开调节螺杆上的反扣螺母，通过旋入和旋出调节螺杆，从而改变回转凸台的回转角度。两调节螺杆分别用于左摆和右摆角度的调整。在调整好摆动角度后，应将反扣螺母与基体反扣锁紧，以防止调节螺杆松动。摆动气缸的回转角度调试如图3-55所示。

进行真空吸盘气动控制回路调试时，先调节摆动气缸气动控制回路，将转动摆臂摆起到一定角度，接着用手动操作控制真空吸盘气动控制回路的电磁阀，使真空吸盘嘴部产生吸气负压，将工件用手托放至真空吸盘下，看其能否在手离开之后仍稳定地吸取住工件，如图3-56所示。若不能，则应首先检查吸取与工件接触面的密封性，看是否有漏气之处；也可能是吸力不够，应增加真空发生器吹气流量，使其产生足够的负压气流。还需进行真空吸盘释放功能的调试，当切换阀的工作位时，工件也应能立即释放下来。在对吸盘进行稳定吸住工件的调试同时，还需进行摆动气缸气动控制回路的配合调试，观察其摆动过程中工件是否一直处于竖直向下吸取状态。

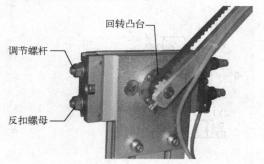

图3-55　摆动气缸回转角度调试

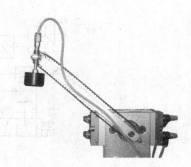

图3-56　真空吸盘吸力调试

## 3.3.4　供料单元电气系统分析、安装与调试

供料单元中摆动气缸和推料气缸的工作运动行程位置检测与前面搬运、操作手单元中介绍的一样，采用的是双线制磁感应式接近开关，即磁性开关。而对真空吸盘工作运行情况的检测采用的是图3-57所示的气压检测开关。它是具有开关量输出的压力检测装置，工作时将其并联连接在吸盘回路上，用于检测真空吸盘回路中负压产生与否的状况。气压检测开关为两线制元器件，连接线为棕色电源线和蓝色信号线，其检测压力阀值的大小可以通过自带调节旋钮进行调节。

对供料单元中料仓工件有无信号的检测采用的是对射式光纤传感检测装置。图3-58所示为光纤检测头和光纤放大器。光纤传感器检测装置具有3条外部连接线，分别为棕色的24V电源线、蓝色的接地线和黑色的信号输出线。通过控制光纤检测头光路的通断，即可实现工件有无信号的检测，光纤传感器对应输出高低电平信号。光纤传感器放大器上具有灵敏度调节旋钮，用于检测现场信号的调试；同时还具有运行指示灯和检测指示灯，用于进行其工作状态的指示。

图 3-57　气压检测开关

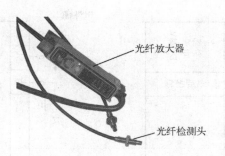

光纤放大器

光纤检测头

图 3-58　光纤检测头和光纤放大器

供料单元中所需要 PLC 的 I/O 点数为 13 点输入和 8 点输出，故选用 S7-200 CPU 226 CN DC/DC/DC 的 PLC，其 I/O 点数为 24/16，完全可以满足控制 I/O 点数的需要。供料单元的 I/O 地址分配表如表 3-3 所示。

表 3-3　供料单元的 I/O 地址分配表

| 序号 | 地址 | 设备符号 | 设备名称 | 设备功能 |
|---|---|---|---|---|
| 1 | I0.0 | B1 | 对射式光纤传感器 | 料仓物料有(0)/无(1)检测 |
| 2 | I0.1 | 1B1 | 磁感应式接近开关 | 检测摆动气缸左摆到位 |
| 3 | I0.2 | 1B2 | 磁感应式接近开关 | 检测摆动气缸右摆到位 |
| 4 | I0.3 | 2B1 | 气压检测开关 | 真空吸盘的负压检测 |
| 5 | I0.4 | 3B1 | 磁感应式接近开关 | 检测推料气缸缩回到位 |
| 6 | I0.5 | 3B2 | 磁感应式接近开关 | 检测推料气缸伸出到位 |
| 7 | I2.0 | SB1 | 按钮 | 开始 |
| 8 | I2.1 | SB2 | 按钮 | 复位 |
| 9 | I2.2 | SB3 | 按钮 | 特殊（手动单步控制） |
| 10 | I2.3 | SA1 | 开关 | 手动(0)/自动(1)切换 |
| 11 | I2.4 | SA2 | 开关 | 单站(0)/联网(1)切换 |
| 12 | I2.5 | SB4 | 按钮 | 停止 |
| 13 | I2.6 | KA | 继电器触头 | 上电信号 |
| 14 | Q0.0 | K1 | 继电器 | 控制料仓无工件时蜂鸣器报警 |
| 15 | Q0.1 | 1Y1 | 电磁阀 | 控制摆动气缸左摆动 |
| 16 | Q0.2 | 1Y2 | 电磁阀 | 控制摆动气缸右摆动 |
| 17 | Q0.3 | 2Y1 | 电磁阀 | 控制真空吸盘释放 |
| 18 | Q0.4 | 2Y2 | 电磁阀 | 控制真空吸盘吸取 |
| 19 | Q0.5 | 3Y1 | 电磁阀 | 控制推料气缸推出工件 |
| 20 | Q1.6 | HL1 | 绿色指示灯 | 开始指示 |
| 21 | Q1.7 | HL2 | 蓝色指示灯 | 复位指示 |

图 3-59 所示为供料单元 PLC I/O 接线原理图。与之前单元相比，本单元的不同之处为 PLC 输出端连接控制各气动执行元件的电磁阀线圈、工件缺失报警蜂鸣器控制继电器线圈等。

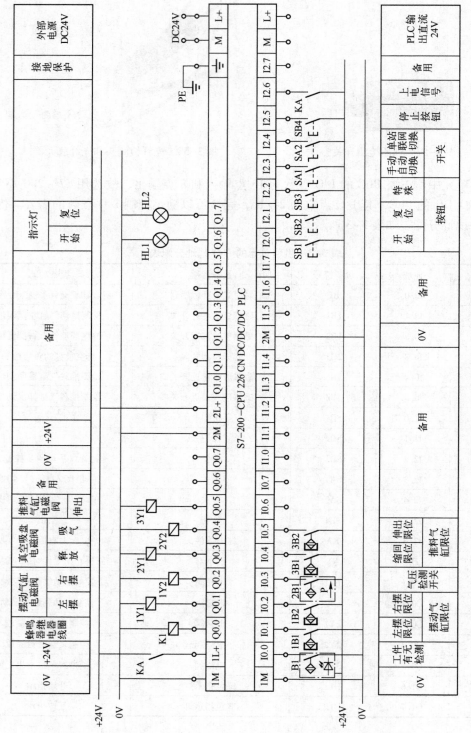

图 3-59  供料单元 PLC I/O 接线原理图

84

对于供料单元供电电源系统的连接与测试以及磁感应式接近开关和电磁阀的接线部分，可查看搬运单元的对应内容。在气压检测开关电气信号连接时，将棕色电源线连接到 I/O 转接端口模块输入端底层的 24V 电源端口上，蓝色信号线连接到 I/O 转接端口模块输入端上层对应信号的输入端口。在连接安装之后，需进行现场工作状况调试。起动设备电源和气源系统，用前面讲解的调试方法让真空吸盘吸取住工件并处于稳定状态，观察气压检测开关上输出信号的指示灯状态。

如图 3-60 所示，用小一字螺钉旋具调节气压检测开关上的调节旋钮，使其输出信号灯处于稳定常亮状态，此时 I/O 转接端口模块上对应的输入 LED 指示灯亮，说明负压信号检测有效。但是，当吸盘处于释放不工作状态时，气压检测开关上的信号指示灯应立即熄灭。因此，在调节以上旋钮时，应注意以上两种工作状态，设置选取合适的阀值气压。

光纤传感器为三线制元器件，其电气接线时应分别将棕色线接到 I/O 转接端口模块输入端的 24V 电源接口，蓝色线接到 0V 接口，黑色线接到对应的信号接口。当进行光纤传感器电气接线时，不能将 3 根线的极性接错，更不能将黑色信号线直接连接到 +24V 上，否则会使其烧毁。

**注意**：光纤在安装和使用过程中，不能将光纤折成"死弯"或使其受到其他形式的损伤，否则光纤将会被损坏无法进行光信号传输。

当进行光纤传感器安装时，只要将两光纤检测头对正固定，光纤检测头尾端的两条光纤分别插入放大器的两个光纤孔中即可。而当进行对射式光纤传感器安装时，光纤检测头安装位置的调节很重要。图 3-61 所示为进行料仓底部光纤检测头安装与调试的示意图，两边检测头必须正对到位并进行紧固。在正对到位后，光纤放大器上将会有检测信号输出，指示灯亮。对于在两光纤检测头安装无问题的情况下仍无法实现信号检测的情况，需要进行光纤放大器灵敏度的调节，以保证光路通、断时，其稳定运行指示灯都会亮，而检测指示灯会随光路的通、断而自动亮、灭。

图 3-60　气压检测信号调试　　　图 3-61　进行料仓底部光纤检测头安装与调试的示意图

同时，该光纤放大器上还设置有外接输出信号工作模式选择开关，用于设置输出信号逻辑电平的高、低关系。为使控制程序设计时符合通常的逻辑思维习惯，本设备单元中设置的工作模式为光路通（即无工件）时，输出信号为 24 V 高电平；光路断（即有工件）时，输出信号为 0 V 低电平。

## 3.3.5　供料单元控制程序设计与调试

针对供料单元的结构特点，下面给出一种典型的设备运行控制要求与操作运行流程。

1）系统上电，供料单元处于初始状态，操作面板上复位灯闪烁指示。

2）按下复位按钮进行复位操作，即复位灯熄灭，开始灯闪烁指示，摆动气缸处于左摆限位状态，推料气缸处于缩回状态，真空吸盘处于释放不工作状态。

3）按下开始按钮，等待工件。当料仓中没有工件时，蜂鸣器立即发出警报提示没有工件，开始灯继续闪烁，等待加入工件；当料仓中有工件时，开始指示灯常亮，摆动气缸右摆少许，推料气缸运动推出工件，工件到位后，推料气缸活塞杆缩回。

4）摆动气缸向左摆动真空吸盘吸取；待真空吸盘吸住工件后，摆动气缸右摆转移工件，之后真空吸盘释放工件。

5）完成工件释放之后，摆动气缸向左摆动。左摆到位后，完成当前工作任务回到初始状态，准备新一轮的工作。

6）供料单元有手动单周期、自动循环两种工作模式。无论在哪种工作模式控制任务中，供料单元都必须处于初始复位状态，即摆动气缸处于左摆限位位置，推料气缸的活塞杆处于缩回的状态，真空吸盘处于释放不工作状态，否则不允许起动。这两种工作模式的操作运行特点与前面搬运单元一样，可参考搬运单元的对应内容。

图 3-62 所示为供料单元的控制工艺流程图，其满足以上所列典型的运行控制要求与操作运行流程。注意，此流程图仅给出了主要的控制内容，具体细节在此没有作详细说明，可由读者自己补充。

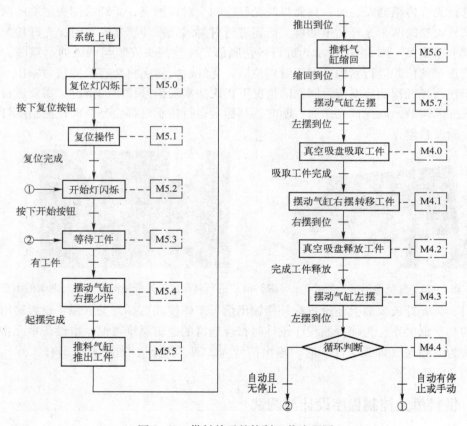

图 3-62  供料单元的控制工艺流程图

根据供料单元的控制工艺流程图，可进行控制程序的编写设计。本任务主要探讨如何使用移位指令来实现本单元顺序控制梯形图编程。

从图 3-62 所示的供料单元控制工艺流程图中可知，整个工艺周期由 13 个工作状态组成，如果采用移位指令进行本单元的控制程序设计，就必须以字移位指令才可满足状态位的需求。因此，本单元中采用字左移位指令来设计编写控制程序，字左移位指令中定义数据输入/输出的数据存储器单元均为字 MW4，每次左移的数据长度为 1。每当移位条件满足（即指令 EN 端信号为 ON）时，字左移位指令就将字 MW4 中各位依次左移一位，指令自动对每个移出位进行补 0 处理。如图 3-63 所示，每一次移位时，M5.0 位左移到 M5.1 位，M5.1 位左移到 M5.2 位，依次类推，最后 M4.7 位左移溢出，而 M5.0 位补 0 处理。

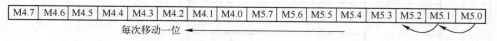

图 3-63　字 MW4 左移位工作过程

由于控制工艺流程中每一运行状态都对应于字 MW4 中的每一位，所以当采用字左移位指令进行本单元控制程序编程时，还必须在程序中的开始处进行初始化处理。必须预先将 1 送到 MW4 的首位（即 M5.0）中，同时将字 MW4 的其他各位进行清零处理，以保证控制程序在运行执行过程当中有且仅有一个运行状态处于工作激活状态。

当第一次移位条件满足时，产生第一次移位，M5.1 位为 1，MW4 的其他位均为 0，即此时 M5.1 位对应的复位灯闪烁状态处于激活工作状态，而控制工艺流程中其他的状态为非工作状态；待按下复位按钮后，又满足第二次移位条件时，产生第二次移位，M5.2 位为 1，MW4 的其他位均为 0，即此时 M5.2 位对应的复位操作状态处于激活工作状态，而控制工艺流程中其他的状态为非工作状态。依次下去，即可完成整个工艺流程任务。但是在所有流程完成后，再返回开始进行新的循环时，需根据实际情况进行 MW4 新值的设定，以便决定下一次重新开始时的激活工作状态。使用字左移位指令来实现供料单元控制程序设计的具体参考程序如图 3-64 所示。

接收到上电信号后开始进行初始化，用传送指令将 1 状态位送入 MW4 字中，使 M5.0 导通，并复位各电磁阀线圈和停止状态位 M2.0。停止状态位 M2.0 的状态通过停止按钮 I2.5 和开始按钮 I2.0 分别进行控制。在 M5.0 导通后，复位指示灯闪烁，按下复位按钮，进入复位操作，程序梯形图也如图 3-64 所示。

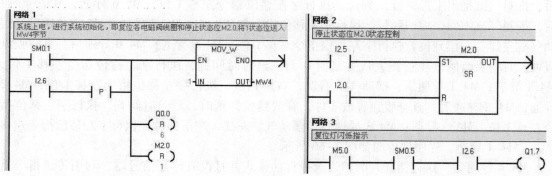

图 3-64　程序梯形图——系统初始化

进入字左移位指令控制网络中，待复位按钮和上电开关接通时，字左移位指令左移 1 位，M5.1 导通；M5.1 导通后，开始进行复位操作，复位灯熄灭，摆动气缸左摆，吸盘释放，待各气缸的磁性开关均检测到各气缸复位完成后，字左移位指令左移 1 位，M5.2 导通；M5.2 导通后，开始灯闪烁；按下开始按钮，字左移位指令左移 1 位，M5.3 导通。程序梯形图如图 3-65 所示。

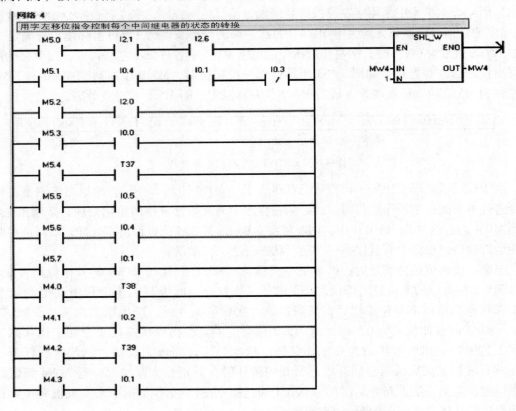

图 3-65　程序梯形图——执行字左移位指令控制网络

M5.3 导通后，判断料仓有无工件，若无工件，则蜂鸣器报警，等待工件；若有工件，则程序顺序执行字左移位指令左移 1 位，M5.4 导通；M5.4 导通后，摆动气缸右摆并延时0.5s，延时时间到，T37 常开闭合，执行字左移位指令左移 1 位，M5.5 导通；M5.5 导通后，推料气缸推出工件，推出到位，执行字左移位指令左移 1 位，M5.6 导通；M5.6 导通后，推料气缸缩回，缩回到位，执行字左移位指令左移 1 位，M5.7 导通；M5.7 导通后，摆动气缸左摆，左摆到位，执行字左移位指令左移 1 位，M4.0 导通；M4.0 导通后，真空吸盘吸取，真空吸盘的气压检测完成并延时 0.5s，延时时间到，执行字左移位指令左移 1 位，M4.1 导通；M4.1 导通后，摆动气缸右摆，右摆到位，执行字左移位指令左移 1 位，M4.2导通；M4.2 导通后，真空吸盘释放工件，释放到位并延时，延时时间到，执行字左移位指令左移 1 位，M4.3 导通；M4.3 导通后，摆动气缸左摆，左摆到位，执行字左移位指令左移1 位，M4.4 导通。程序梯形图如图 3-66 所示。

M4.4 导通后，执行循环判断，当选择自动模式并且没有停止信号时，利用传送指令重新赋值跳转到 M5.3 中循环执行；当选择手动模式或者自动模式且有停止信号时，则跳转到M5.2 执行。程序梯形图如图 3-67 所示。

在编写完成供料单元的控制程序后，必须先认真检查程序，在检查程序无误后，方可下载程序到 PLC 中运行程序，然后进行现场设备的运行调试。

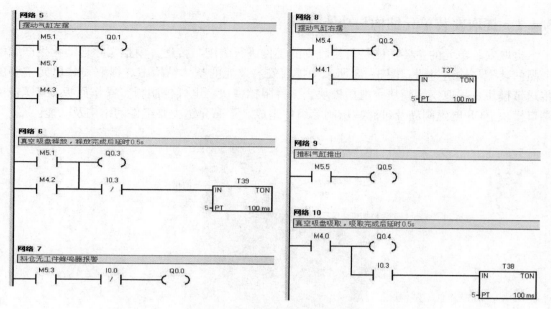

图 3-66　程序梯形图——顺序执行相应工序

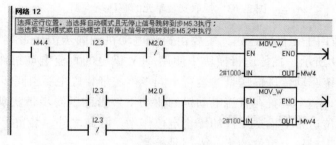

图 3-67　程序梯形图——运行循环判断

　　在调试运行过程中，应对照供料单元的控制工艺流程图，认真观察设备运行情况，若出现故障，则应及时采取措施，如急停、切断执行机构控制信号、切断气源或切断总电源，以避免造成设备损坏。

 **任务 3.4　提取安装单元安装与调试**

 **知识与能力目标**

> 1）熟悉提取安装单元结构与功能，并正确安装与调整。
> 2）正确分析提取安装单元气动控制回路，并对其进行安装与调试。
> 3）熟练掌握直流电动机控制与调试方法。
> 4）熟练掌握镜反射式和漫反射式光电接近开关的安装与调试方法。
> 5）掌握采用模块化编程设计控制程序的方法。

### 3.4.1 提取安装单元结构与功能分析

提取安装单元的主要功能是对接收到的工件进行装配与传送，模拟实际自动化生产线中产品的装配与输送过程。图 3-68 所示为提取安装单元的整体结构图。提取安装单元主要由传送带模块、提取安装模块、滑槽模块、工件阻挡模块、电气控制板、操作面板、I/O 转接端口模块、CP 电磁阀岛及过滤减压阀等组件组成。下面介绍主要组件的结构及功能。

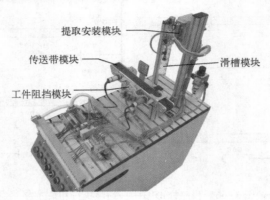

图 3-68　提取安装单元的整体结构图

1）传送带模块用于工件的运送，主要由直流电动机、同步传送带装置和终端定位支架等组成，如图 3-69 所示。在传送带模块中使用 24 V 供电的直流电动机作为模块的动力源，通过同步带传动系统驱动传送输送带的运行。同步传送带装置主要由同步带、同步轮及皮带张紧调节装置组成，整个装置在直流电动机的驱动下，借助于同步带实现工件的带上输送。终端定位支架起到传送带上输送工件的停止定位作用。除此之外，装置上还装有两个光电检测装置，用于传送带模块上工件的出、入信号检测。

2）提取安装模块用于吸取滑槽中的工件盖并装配到待装配的工件上。该模块主要由导杆气缸、直线气缸、真空吸盘及组件等组成，如图 3-70 所示。三者协调运行，能有效实现工件盖的吸取提升、水平搬运及下降装配等任务。同样，模块上配备有磁性开关和气压检测开关等传感检测元件，用于其各种执行动作状态的检测。

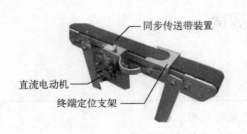

图 3-69　传送带模块

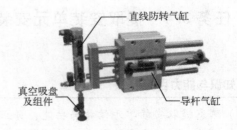

图 3-70　提取安装模块

3）工件阻挡模块用于阻止与定位传送带上运行的待装配工件，为后续的装配提供准确的位置保证。它主要由叶片式摆动气缸、阻挡条、固定块及磁感应式接近开关组成，如图 3-71 所示。该摆动气缸的转轴转动范围为 0°～90°，转轴驱动阻挡条拦截传送带上待装配工件，为接下来的装配工作做准备。磁感应式接近开关用于摆动气缸转动行程位置的检测。

4）滑槽模块用于存放装配工件盖的装置。它由一个平滑的金属滑槽和支架组成，如图3-72所示。

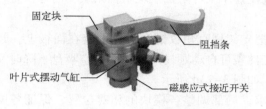

图3-71　工件阻挡模块　　　　　　　　　　图3-72　滑槽模块

提取安装单元上除了装有以上介绍的组件模块外，同样还配备有CP电磁阀岛、过滤减压阀、真空发生器及气压检测开关等气动元件。同样，提取安装单元上也配备有I/O转接端口模块、电气控制板以及操作面板等组件，它们的结构和功能都与搬运单元上的一样，在此不再赘述。

## 3.4.2　提取安装单元机械及气动元件安装与调整

如前所述，在提取安装单元中待装配工件的输送是通过直流电动机驱动同步传送带装置实现的，而传送带上待装配工件的阻挡定位与装配放行由工件阻挡模块执行。装配工件的吸取与装配动作的实现都是依靠提取安装模块完成的。滑槽模块为设备单元提供工件盖部件。下面按照各功能模块进行具体的机械及气动元件的安装与调整，步骤如下。图3-73为提取安装单元的安装示意图。

1）I/O转接端口模块、CP电磁阀岛和真空发生器等组件的安装可参照前面单元相关内容的介绍。

2）传送带模块的安装与调整，如图3-73a所示。首先，通过连接固定板将直流电动机与主动小同步轮、驱动传送带运行的大同步轮与从动小同步轮分别对轴连接安装于连接固定板的两侧，通过同步带实现两小同步轮之间传动系统的连接。两小同步轮安装轴需要较高的平行度，否则长期运行时很容易发生同步带跑偏磨损断裂。其次，将传送工件的传送同步带套装在一横向支撑杆上，接着将大同步齿轮与传送带张紧轮配合一同通过连接固定板紧固于横向支撑杆上。在横向支撑杆两端进行限位侧板的安装，并适当调整它们之间的位置，使传送带保持适量的张紧状态，确保传送带能顺畅运行，不会出现卡死与跳齿的情况。最后，将终端定位支架安于传送带末端，并紧于横向支撑杆上。

3）将独立安装好的传送带模块通过固定支架杆连接安装于铝合金台面的中间位置上，但为了保证提取安装模块和滑槽的安装空间与后续运行配合，安装传送带模块时不要立即锁紧，如图3-73b所示，应在传送带模块中部进行工件阻挡模块的安装，通过直角连接侧板将摆动气缸连接在传送带模块的横向支撑上，再将阻挡条等安于摆动气缸之上即可。但需注意的是，摆动气缸的摆动范围应正对所要求的阻挡与放行的工作区间，要紧固阻挡条且其安装位置要略高于传送带，以避免当其阻挡工件时与传送带发生摩擦干涉。

4）当提取安装模块独立安装时，将 L 型连接板套进直线气缸活塞杆，并用螺母锁紧，再将真空吸盘安装到直线气缸活塞杆前端，并锁紧；将 L 型连接板整体竖直固定到导杆气缸的导杆前端；将导杆气缸通过连接板固定到支撑杆上，将支撑杆安装到面板上。但当进行支撑杆安装定位时，必须根据工件阻挡模块的安装位置，进行提取安装模块在面板上安装位置的调整，保证导杆气缸伸出之后，真空吸盘处于工件阻挡模块阻挡条正上前方位置，再锁紧固定支撑杆的螺钉即可，如图 3-73c 所示。

5）将滑槽倾斜安装固定到支架上，再把支架用直角铰链和螺钉固定在面板上，暂不锁紧螺钉；调整滑槽的倾斜度与高度，确保工件盖可自动顺畅滑落，而真空吸盘下降时又能准确吸取到工件盖，再锁紧固定滑槽的螺钉，如图 3-73d 所示。

6）根据各运动机构之间的运动空间要求，局部调整各模块的相对位置，保证各模块安装稳固，防止发生干涉，再进行加固处理，特别是提取安装模块与传送带模块和滑槽模块之间的位置关系要定位准确。

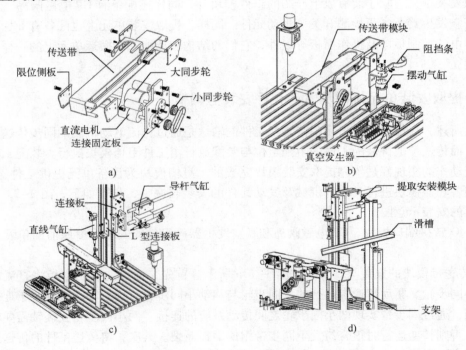

图 3-73　提取安装单元的安装示意图

### 3.4.3　提取安装单元气动控制回路分析、安装与调试

图 3-74 所示为提取安装单元的气动控制回路原理图。在图 3-74 中，A 为导杆气缸气动控制回路，控制提取安装模块的前后运动；B 为真空吸盘气动控制回路，用于实现吸取或释放滑槽中的工件盖；C 为直线气缸气动控制回路；D 为摆动气缸气动控制回路，用于驱动阻挡条拦截待装配的工件。

在提取安装单元中，各气动控制回路的工作运行要求和控制原理可参考前面相关单元中气动控制回路的运行图及其分析过程。

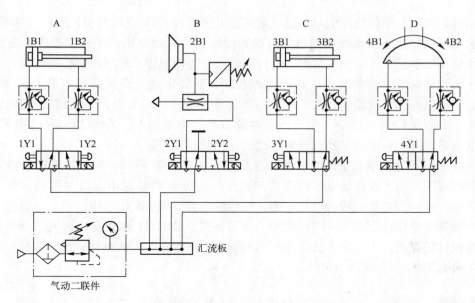

图 3-74　提取安装单元的气动控制回路原理图

依据图 3-74 提取安装单元的气动控制回路原理图，结合气路回路的运行控制过程要求，可绘制出提取安装单元气动控制回路安装连接图，如图 3-75 所示。

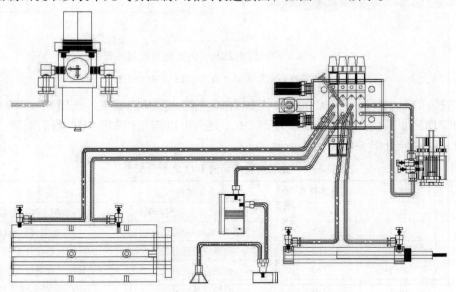

图 3-75　提取安装单元气动控制回路安装连接图

## 3.4.4　提取安装单元电气系统分析、安装与调试

提取安装单元中安装在电气控制板上的电气系统、操作面板的硬件系统以及各电气接口信号的功能划分均与搬运单元相同，具体可以参照搬运单元中的相关内容。在此，主要就控制提取安装单元设备运行特定的电气系统进行分析介绍。

在提取安装单元中传送带模块的起始和终点位置上分别安装有两个光电接近开关。起始位置处使用的是镜反射式光电接近开关，用于检测待装配工件的到来情况，为后续的传送带直流电动机起动运行提供检测信号。镜反射式光电接近开关为三线制的传感器，接线线路分别为棕色电源线、蓝色接地线和黑色信号线。而终点位置处使用的是漫反射式光电接近开关，用于检测已装配工件的到位情况，为传送带直流电动机停止运行提供检测信号。

对于驱动传送带工作的直流电动机起停控制，需要由电气控制系统中的 PLC 来实现。由于直流电动机的工作电流比较大，而 PLC 输出端的驱动能力有限，不能满足其驱动要求，所以，为了有效保护 PLC 的输出端口，在本设备单元中采用 PLC 驱动控制一继电器线圈，再通过继电器常开触点的通断实现直流电动机起停的间接控制。

图 3-76a 所示为该单元中使用的继电器及安装支座，图 3-76b 为本单元对应的直流电动机控制原理图。为了避免继电器断电瞬间高压电动势对 PLC 输出端口的影响，继电器线圈上并联有一反向二极管构成的保护电路，实现继电器线圈的断电放电保护；同时为了防止 A1 和 A2 两端子电源线路接反，造成保护二极管烧毁，故在 A1 端接有一顺向二极管，实现接线电源极性的保护；为了能有效反映出继电器的工作状态，方便电气系统的调试，安装支座上还配备有工作信号 LED 指示灯。

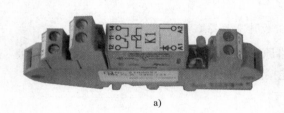 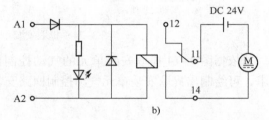

图 3-76　直流电动机继电器及安装支座与控制原理图

a) 继电器及安装支座　b) 直流电动机控制原理图

提取安装单元中所需要 PLC 的 I/O 点数为 16 点输入和 9 点输出，选用 S7 - 200 CPU 226 CN DC/DC/DC 的 PLC，其 I/O 点数为 24/16，完全可以满足控制 I/O 点数的需要。提取安装单元的 I/O 地址分配表如表 3-4 所示。

表 3-4　提取安装单元的 I/O 地址分配表

| 序号 | 地址 | 设备符号 | 设备名称 | 设备功能 |
|---|---|---|---|---|
| 1 | I0.0 | B1 | 镜反射式光电接近开关 | 待装配工件到位检测 |
| 2 | I0.1 | B2 | 漫反射式光电接近开关 | 已装配工件到位检测 |
| 3 | I0.2 | 1B1 | 磁感应接近开关 | 导杆气缸导杆缩回限位 |
| 4 | I0.3 | 1B2 | 磁感应接近开关 | 导杆气缸导杆伸出限位 |
| 5 | I0.4 | 3B1 | 磁感应接近开关 | 直线气缸活塞杆上升限位 |
| 6 | I0.5 | 3B2 | 磁感应接近开关 | 直线气缸活塞杆下降限位 |
| 7 | I0.6 | 4B1 | 磁感应接近开关 | 摆动气缸转轴放行限位 |
| 8 | I0.7 | 4B2 | 磁感应接近开关 | 摆动气缸转轴拦截限位 |
| 9 | I2.0 | SB1 | 按钮 | 开始 |
| 10 | I2.1 | SB2 | 按钮 | 复位 |
| 11 | I2.2 | SB3 | 按钮 | 特殊（手动单步控制） |
| 12 | I2.3 | SA1 | 切换开关 | 手动(0)/自动(1)切换 |

| 序号 | 地址 | 设备符号 | 设备名称 | 设备功能 |
|------|------|----------|----------|----------|
| 13 | I2.4 | SA2 | 切换开关 | 单站(0)/联网(1)切换 |
| 14 | I2.5 | SB4 | 按钮 | 停止 |
| 15 | I2.6 | KA | 继电器触头 | 上电信号 |
| 16 | I2.7 | 2B1 | 气压检测开关 | 真空吸盘的负压检测 |
| 17 | Q0.0 | K1 | 继电器 | 控制直流电动机起动 |
| 18 | Q0.1 | 1Y1 | 电磁阀 | 控制导杆气缸导杆缩回 |
| 19 | Q0.2 | 1Y2 | 电磁阀 | 控制导杆气缸导杆伸出 |
| 20 | Q0.3 | 2Y1 | 电磁阀 | 控制真空吸盘释放 |
| 21 | Q0.4 | 2Y2 | 电磁阀 | 控制真空吸盘吸取 |
| 22 | Q0.5 | 3Y1 | 电磁阀 | 控制直线气缸活塞杆下降 |
| 23 | Q0.6 | 4Y1 | 电磁阀 | 控制摆动气缸转出拦截工件 |
| 24 | Q1.6 | HL1 | 绿色指示灯 | 开始指示 |
| 25 | Q1.7 | HL2 | 蓝色指示灯 | 复位指示 |

图 3-77 所示为提取安装单元 PLC I/O 接线原理图。依据前面单元的知识，读者可以自己分析及连接各端口。

提取安装单元供电电源系统的连接与测试可查看前几个单元对应的内容，在进行镜反射式光电接近开关接线时，棕色电源线连接到 I/O 转接端口模块输入端的 +24V 接口，蓝色接地线连接到接地接口，黑色信号线连接到对应信号接口即可。在检测元器件机械安装定位时要注意的是，必须确保光电接近开关发射与接收本体垂直正对反射镜的中心，并且在通电情况下进行两者之间位置的调整，在不产生机械干涉的前提下，确保其具有稳定可靠的检测效果。

如图 3-78 所示，对于镜反射式光电接近开关的调试，当没有出现检测物体时，接近开关后面的 LED 指示灯为熄灭状态；而当检测物体处于其测量范围内时，LED 指示灯为常亮状态。但是，如果没有工件时 LED 指示灯也为点亮状态，就需要重新调整光电接近开关本体与反射镜之间的距离与角度，特别是一定要保证前述的垂直角度状态。如果出现当有工件处于其测量范围内时 LED 指示灯也不亮，就可能是因为接线出错或接触不良，需要检查线路并重新进行调试；也有可能是其安装位置不合理导致的，如待检测工件与光电接近开关本体之间的距离太小，就需要重新调整它们之间的距离，直到 LED 指示灯稳定显示为止。

漫反射式光电接近开关与镜反射式光电接近开关的电气接线关系一样，但其检测原理和调试的方法却不相同。如图 3-79 所示，对于漫反射式光电接近开关的调试，当工件被放置于光电接近开关的检测位置上时，正常状态有信号输出，其后部的 LED 指示灯会亮。但是如果 LED 指示灯不亮，可能是接近开关的检测距离太小和灵敏度不够，就需要用小一字螺钉旋具调节其后端的灵敏度调节旋钮，适当增加灵敏度；也有可能是接线出错或接触不良，就需要检查线路并重新进行调试。当检测位置处没有工件而此时 LED 指示灯也亮时，说明该接近开关的检测范围太大和灵敏度过高，需要调节其后端的灵敏度调节旋钮，适当降低灵敏度。

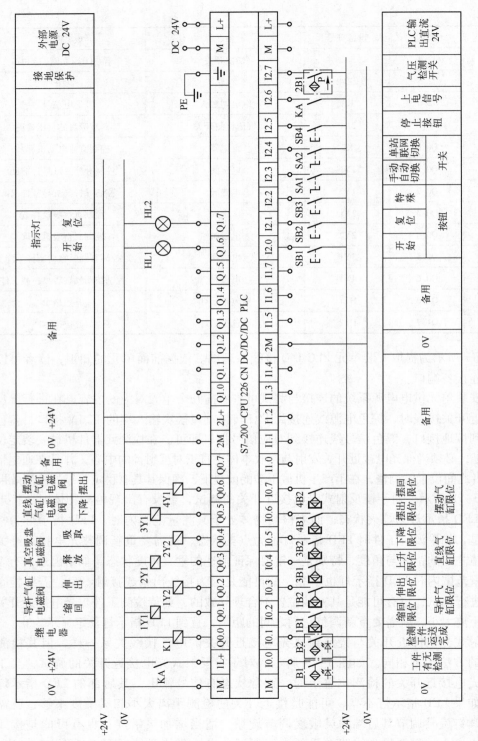

图 3-77 提取安装单元 PLC I/O 接线原理图

96

图 3-78　镜反射式光电接近开关调试示意图

图 3-79　漫反射式光电接近开关调试示意图

进行直流电动机线路安装连接时，首先将控制直流电动机的继电器及支座安装定位于标准 DIN 导轨上，将控制继电器线圈的 A1 端子连接到 I/O 转接端口模块对应的输出端口上，A2 端子连接到 0V 公共端上。此处线路连接一定要注意 A1 和 A2 两端子的连接线路不能接反，否则，由于电源极性保护二极管的保护作用，继电器线圈电路将无法接通。

接着将继电器的常开触头的一端（11）连接到 I/O 转接端口模块的 24V 公共电源端上；将直流电动机的两电源线中的一条连接到 0V 接口上，另一条连接到继电器常开触头的另一端（14）上。连接完毕，还必须进行直流电动机转向的测试。当继电器通电工作时，若直流电动机转向满足要求，则说明直流电动机线路连接正确；当继电器通电工作时，若直流电动机转向与要求转向相反，则说明直流电动机两电源线接反，应该按照以上的连接方式将直流电动机两条线路的连接关系对调。

## 3.4.5　提取安装单元控制程序设计与调试

通过对提取安装单元的工作流程、生产工艺以及其结构特点的分析，下面给出一种典型的设备运行控制要求与操作运行流程。

1）系统上电，提取安装单元处于初始状态，操作面板上复位灯闪烁指示。

2）按下复位按钮，进行复位操作，即复位灯熄灭，开始灯闪烁指示，电动机处于停止状态，导杆气缸导杆处于缩回状态，真空吸盘处于释放状态，直线气缸活塞杆处于缩回状态，摆动气缸转轴处于放行工件状态。

3）按下开始按钮，当传送带起始处没有待装配工件时，开始灯继续闪烁，等待新的待装配工件到来；当有待装配工件时，开始指示灯常亮，电动机起动运行，同时摆动气缸转轴摆出拦截工件；拦截工件完成后，电动机停止运行。

4）直线气缸活塞杆下降，真空吸盘吸取工件盖；完成吸取，即吸住工件盖之后，直线气缸活塞杆上升，完成工件盖吸取过程。

5）导杆气缸的导杆向前伸出到位，直线气缸活塞杆下降，真空吸盘释放工件盖，完成释放，即完成工件盖释放的装配动作。

6）完成工件盖释放装配之后，直线气缸活塞杆上升，导杆气缸的导杆向后缩回，缩回到位后，摆动气缸转轴转回放行已装配工件。

7）摆动气缸转轴转回到位，电动机起动运行；待传送带终点处漫反射式光电接近开关检测到已装配工件到达后，电动机停止运行。再等待该已装配完成的工件被移走后，完成本次任务。

8）同样，提取安装单元有手动单周期、自动循环两种工作模式。无论在哪种工作模式控制任务中，提取安装单元必须处于初始复位状态方可允许起动。这两种工作模式的操作运行特点与前面搬运单元一样，可参考搬运单元的对应内容。

图3-80所示为提取安装单元的控制工艺流程图，其满足以上所列典型的运行控制要求与操作运行流程。

**注意：** 此流程图仅给出了主要的控制内容，具体细节在此没有进行详细说明，可由读者自己补充。

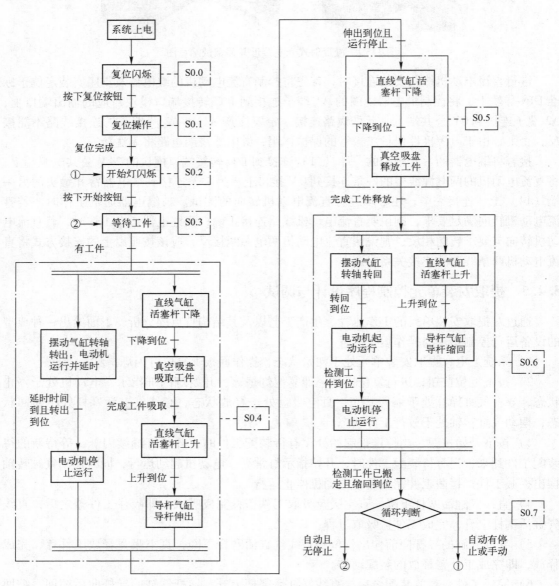

图3-80  提取安装单元的控制工艺流程图

98

根据提取安装单元的控制工艺流程图，可编写出对应的控制程序。为了更方便地进行程序的设计与管理，本单元中采用模块化的编程思想进行控制程序的设计。具体方法是将一个复杂的控制程序分解成较小且易于管理的程序段（即子程序），通过直接调用这些子程序来控制设备的运行。由于该编程思想有利于培养良好的程序开发习惯，有利于复杂程序的管理与调试，极大缩短了开发周期和成本，所以在自动化控制程序开发中得到普遍使用。下面对子程序的功能以及具体的使用进行简单的介绍。

子程序用于为程序分段和分块，使其成为较小的、更易管理的块，是具有特定功能并且可以多次重复使用的程序段。在进行程序调试和维护时，通过使用较小的程序块，有利于对这些区域和整个程序进行简单调试和故障定位排除。只在需要时才调用程序块，可以更有效地使用 PLC，因为所有的程序块可能无须执行每次扫描。子程序在使用时必须执行 3 个任务：即建立子程序、在子程序局部变量表中定义参数（若有）以及从适当的程序（主程序或另外的子程序）中调用子程序。

在 STEP7 – MicroWIN 编程软件中有 3 种建立子程序的途径。第一种，在"编辑"菜单中选择"插入"→"子程序"；第二种，用鼠标右键单击"程序编辑器"窗口，并从弹出的菜单中选择"插入"→"子程序"；第三种，在"指令树"中用鼠标右键单击"调用子程序"下的"▆▆"图标，并从弹出菜单中选择"插入"→"子程序"。子程序新建完成之后，在程序编辑器底部会出现一个代表新建子程序的新标记 SBR_x，同时程序编辑器当前显示更改为该新建子程序的程序编辑窗口。

若子程序无定义参数（IN、OUT 或 IN_OUT）和引用局部内存 L，可在主程序或者其他子程序中直接调用。

若子程序有定义参数（IN、OUT 或 IN_OUT）和引用局部内存 L，子程序中则包含交接的参数，最多可向子程序交接 16 个参数或从子程序交接 16 个参数。每个子程序都有一个独立的局部变量表，配备 64B 的 L 内存地址。这些局部变量表允许定义具有范围限制的参数。参数必须在所选择子程序的局部变量表中定义，必须包含一个符号名（最多为 23 个字符）、一个变量类型和一个数据类型。在局部变量表中的符号可自行定义符号名称，但是不可重复同名；可选择定义参数的变量类型是交接至子程序（IN）、交接至或交接出子程序（IN_OUT）以及交接出子程序（OUT）；在数据类型中有 BOOL、BYTE、WORD、INT、DWORD、DINT、REAL 和 STRING 可选。根据所选择参数数据类型，局部变量表在 L 内存地址区中自动为所有相应类型的局部变量指定内存地址，在不同子程序中可重复使用内存地址 L。图 3-81 所示为在子程序 2 局部变量表内定义参数示意图，LB0、LW1、LW3 和 L5.0 分别是参数变量类型 IN、IN_OUT、OUT、OUT 的局部内存地址。若要增加参数条目，将光标放在希望增加的变量类型区域上（IN、IN_OUT 或 OUT），单击鼠标右键，在弹出的菜单中选择"插入"→"下一行"选项，则就会在当前条目的下方会显示所选类型的另一个参数条目。

**注意：** 如果子程序中仅引用参数和局部内存，则可移动子程序。为了移动子程序，应避免使用任何全局变量/符号（I、Q、M、SM、AI、AQ、V、T、C、S 和 AC 内存中的绝对地址）。

建立子程序和定义调用参数后，在 STEP 7 – Micro/WIN 编程软件中自动生成子程序调用指令。根据局部变量表中对该子程序的说明，子程序调用指令包含所定义的输入、输出参数正确的类型和条目将出现在指令树中。当调用子程序时，在程序编辑器窗口中打开所需的

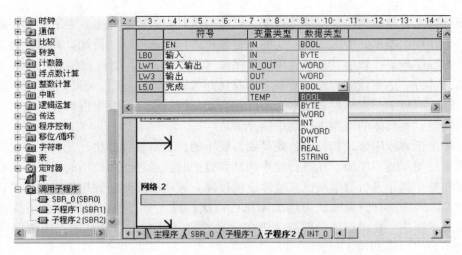

图 3-81　在子程序 2 局部变量表内定义参数示意图

主程序或其他子程序，选择指令树中"调用子程序"文件夹下所需的子程序并直接拖拽到程序编辑区即可；或将光标放在程序编辑器区相关网络单元上，然后用鼠标双击指令树中的"调用子程序"文件夹下所需的子程序。若是调用有参数的子程序，需要为每个参数指定有效操作数。有效操作数可以是内存地址、常数以及子程序调用指令被放置程序中的局部变量（并非被调用子程序内的局部变量）。图 3-82 所示为子程序的调用示意图，MB0、VW0、VW2 和 M1.0 分别为图 3-81 所示子程序 2 中局部变量表的内存地址 LB0、LW1、LW3 和 L5.0 相对应的有效操作数。

　　注意：在主程序中，可以嵌套子程序（在子程序中放置子程序调用指令），最大嵌套深度为 8 层；但无法从中断例行程序嵌套子程序。

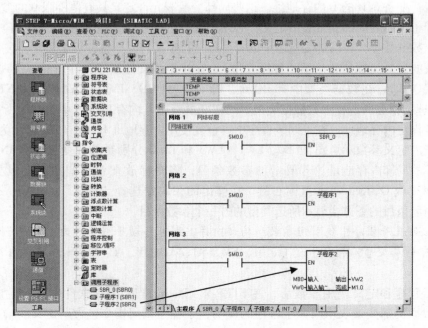

图 3-82　子程序的调用示意图

主程序可以由 9 个子程序组成，这 9 个子程序分别为初始化、复位操作、开始指示灯、待装配工件输送、提取工件盖、装配、已装配工件输送、提取装置返回和循环判断，如图 3-83 所示。

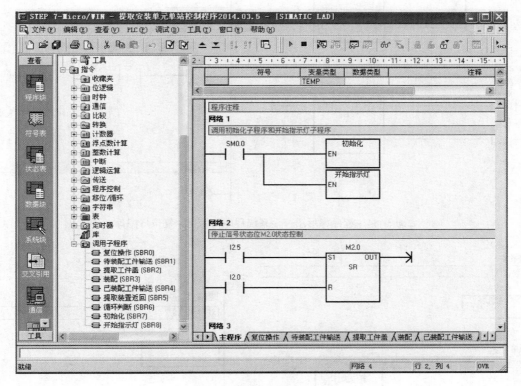

图 3-83　提取安装单元子程序

　　初始化子程序的主要任务是系统上电时，进行系统初始化。复位操作子程序是执行复位操作，复位完成，装置处于准备状态。开始指示灯子程序主要任务是处理开始指示灯闪烁和常亮的状态。待装配工件输送子程序则是将待装配工件输送到装配位置上。提取工件盖子程序、装配子程序等执行完成工件盖吸取、装配等动作。提取装置返回子程序是将执行完装配任务的装置复位返回。已装配工件输送子程序则是将已装配工件输送到完成位置。而循环判断子程序主要是判断手动模式与自动模式及停止状态位。由于步进指令执行时，程序扫描只扫描当前步，所以在不同的步中可以重复使用中间继电器 M，具体的程序如图 3-84 ~ 图 3-93 所示。

　　首先，直接调用初始化子程序和开始指示灯子程序，进行系统程序初始化；同时，停止按钮 I2.5 和开始按钮 I2.0 实现停止状态位 M2.0 的状态控制。初始化完成后程序进入步 S0.0 中，上电信号 I2.6 已导通，复位指示灯 Q1.7 闪烁，等待复位按钮按下；按下复位按钮 I2.1 后，启动步 S0.1。具体可以根据程序注释，自己学会进行程序分析。程序梯形图如图 3-84 所示。

　　进入步 S0.1 中，调用执行复位操作子程序。子程序执行完成后，M0.1 导通，启动步 S0.2 并复位 M0.1。进入步 S0.2 中，开始指示灯 Q1.6 闪烁（由于程序中 Q1.6 具有多次输出情况，所以 Q1.6 输出情况在开始指示灯子程序中体现），等待开始按钮按下；当按下开始按钮 I2.0 后，启动步 S0.3。程序梯形图如图 3-85 所示。

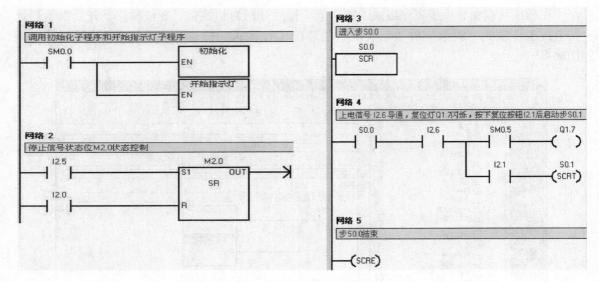

图 3-84　程序梯形图——系统程序初始化、复位灯闪烁

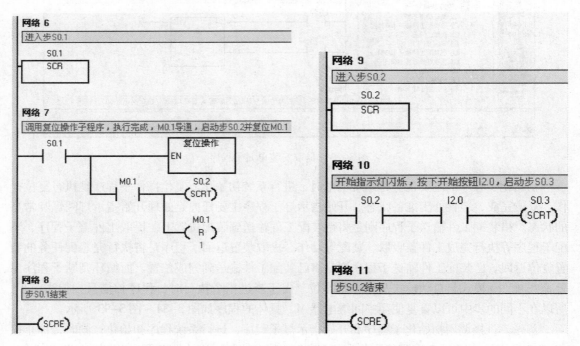

图 3-85　程序梯形图——复位操作、等待开始按钮按下

　　进入步 S0.3 中，进行工件位置状态的检测；当检测到工件输入位置有工件且工件输出位置无工件，启动步 S0.4。进入步 S0.4 中，调用提取工件盖子程序和待装配工件输送子程序。由于两个子程序处在同一个状态中，因此不能共用中间继电器，防止产生互相干扰。提取工件盖子程序执行完成后，M0.4 导通；待装配工件输送子程序执行完成后，M0.7 导通。当 M0.4 和 M0.7 均导通后，启动步 S0.5 并复位 M0.4 和 M0.7。程序梯形图如图 3-86 所示。

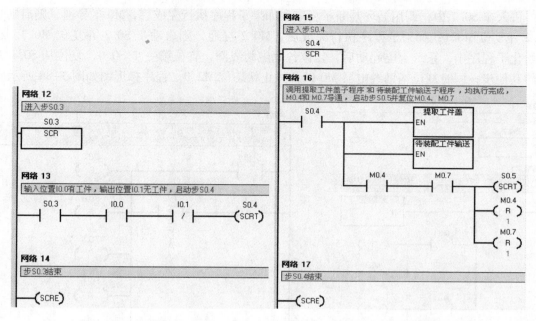

图 3-86    程序梯形图——检测有无工件、提取工件盖和输送待装配工件

　　进入步 S0.5 中，调用装配子程序，执行工件盖装配动作；当子程序执行完成后，M0.2 导通，启动步 S0.6 并复位 M0.2。进入步 S0.6 中，调用已装配工件输送子程序和提取装置返回子程序。当已装配工件输送子程序执行完成后，工件输出位置检测到已装配工件到位时，M0.3 导通；当提取装置返回子程序执行完成后，M0.6 导通。当 M0.3 和 M0.6 均导通后，启动步 S0.7 并复位 M0.3 和 M0.6。程序梯形图如图 3-87 所示。

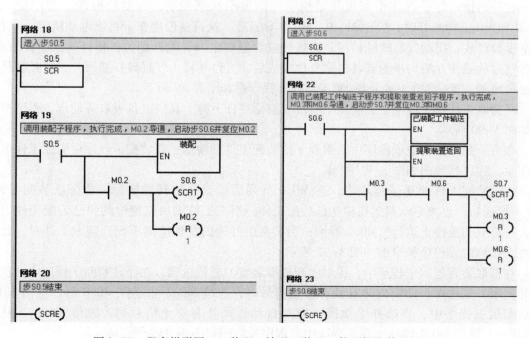

图 3-87    程序梯形图——装配、输送已装配工件和提取装置返回

103

进入步 S0.7 中，调用循环判断子程序。如果子程序执行完成后，M0.1 导通，则启动步 S0.2 并复位 M0.1；如果子程序执行完成后，M0.2 导通，则启动步 S0.3 并复位 M0.2。在初始化子程序中，系统上电起动后，复位各电磁阀线圈，置位第一步 S0.0，复位从 S0.1 开始的其他步；同时复位辅助继电器 M0 以及停止状态位 M2.0。程序梯形图如图 3-88 所示。

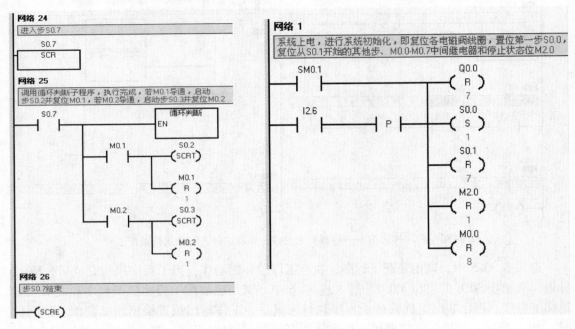

图 3-88　程序梯形图——循环判断、初始化子程序

在开始指示灯子程序中实现开始指示灯的显示状态控制。在复位操作子程序中，当 M0.0 和 M0.1 均断开时，置位 M0.0；M0.0 导通后，执行复位操作，直流电动机停止运行，真空吸盘释放，摆动气缸转轴转回，直线气缸活塞杆上升，上升到位，导杆气缸导杆缩回，待各气缸的磁性开关均检测到各气缸复位完成后，复位导杆、气缸导杆缩回，真空吸盘释放电磁阀线圈，置位 M0.1 并复位 M0.0。程序梯形图如图 3-89 所示。

在提取工件盖子程序中，实现了直线气缸活塞杆下降、真空吸盘吸取等动作，程序梯形图如图 3-90 所示。

在待装配工件输送子程序中，实现了待装配工件的输送；在装配子程序中完成工件盖装配作业。程序梯形图如图 3-91 所示。

在已装配工件输送子程序中，当 M0.0 导通后摆动气缸转轴转回，放行已装配工件；M0.1 导通后，直流电动机运行输送已装配工件；当在工件输出位置检测到已装配工件到位后，直流电动机停止运行，M0.2 导通；当又在工件输出位置检测不到已装配工件时，此时工件已被移走。程序梯形图如图 3-92 所示。

在提取装置返回子程序中，主要实现提取装置的复位过程。在循环判断子程序中，执行循环判断，当选择自动模式并且没有停止信号时，置位 M0.2 并复位 M0.0 后，返回 M0.2 的状态到主程序中；当选择手动模式或者自动模式且有停止信号时，置位 M0.1 并复位 M0.0 后，返回 M0.1 的状态到主程序中。程序梯形图如图 3-93 所示。

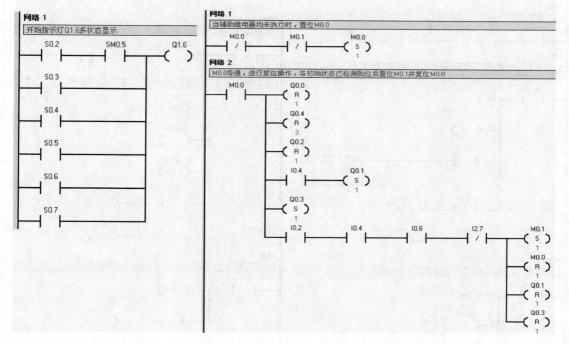

图 3-89　程序梯形图——开始指示灯子程序、复位操作子程序

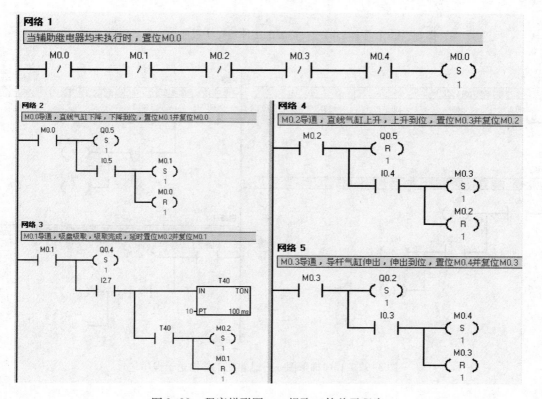

图 3-90　程序梯形图——提取工件盖子程序

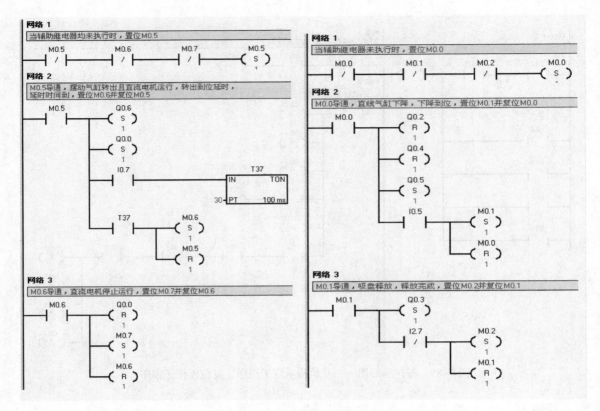

图 3-91　程序梯形图——待装配工件输送子程序、装配子程序

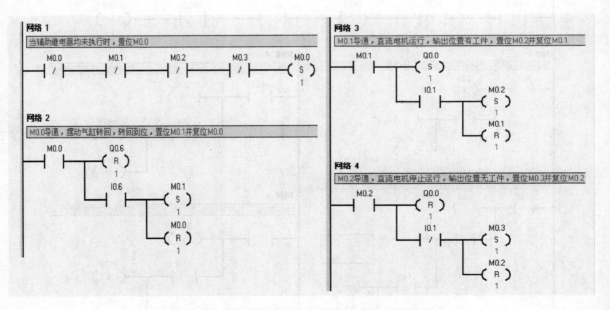

图 3-92　程序梯形图——已装配工件输送子程序

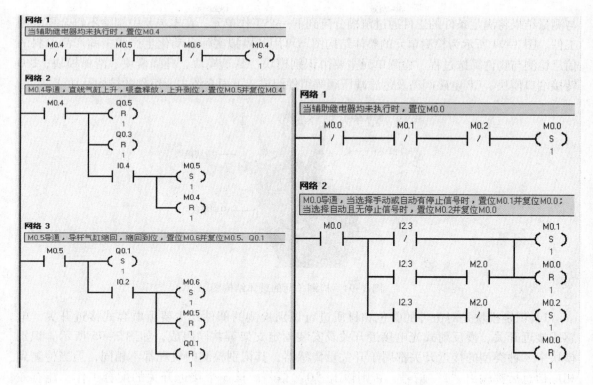

图 3-93　程序梯形图——提取装置返回子程序、循环判断子程序

编写完成提取安装单元的控制程序后，再次检查控制各模块程序是否会导致执行时机构之间发生冲突和冲撞、双电控电磁阀是否会两边同时得电，在检查程序无误后，方可下载程序到 PLC 中运行程序，进行现场设备的运行调试。在调试运行过程中，可根据控制工艺流程图，检查运行时的工作状况，当发生事故、机构相冲突时，应及时采取措施，如急停、切断执行机构控制信号、切断气源或切断总电源，以避免造成设备损坏。

## 任务 3.5　检测单元安装与调试

### 知识与能力目标

1）熟悉检测单元结构与功能，并正确安装与调整。
2）正确分析检测单元气动控制回路，并对其进行安装与调试。
3）熟练掌握电容式接近开关的安装与调试方法。
4）正确分析直线位移传感器电气线路，并对其进行安装与调试。
5）掌握模拟量信号和信息编码处理的控制程序设计方法。

## 3.5.1　检测单元结构与功能分析

检测单元的主要任务是对上一单元提供的工件进行材料检测及高度尺寸测量，并根据检测与测量结果将满足条件的工件通过滑槽分流到下一个工作单元，在本单元中剔除不符合要求的工件。图 3-94 所示为检测单元的整体结构图，可用其模拟实际自动化生产线中的产品原料的信息检测与物件筛选过程。检测单元主要由识别模块、测量模块、升降模块、滑槽模块、I/O 转接端口模块、CP 电磁阀岛及过滤减压阀等组件组成，下面介绍主要组件的结构及功能。

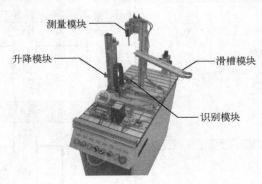

图 3-94　检测单元的整体结构图

1）识别模块是对工件的颜色和材质进行识别检测的部件，主要由电容式接近开关、电感式接近开关、漫反射式光电接近开关及安装固定支架等共同组成，如图 3-95 所示。识别模块中 3 种类型的接近开关都属于开关量传感器，其识别检测的机理都不相同，但当检测到相应信息后都输出 "1" 信号，否则输出 "0" 信号。该 3 个接近开关的配合工作，能有效实现红色金属、白色尼龙和黑色尼龙 3 种工件材质和颜色的识别检测功能。

2）测量模块用于测量工件的高度尺寸。它是由直线位移传感器及变送器、滑台气缸和传感器固定支架等组成，其结构如图 3-96 所示。在该模块中，直线位移传感器是一个导电塑料电位器，与电压变送器共同构成一个测量工件高度尺寸的传感检测装置。滑台气缸与直线位移传感器固定连接在一起，依靠滑台气缸的伸缩运动来驱动直线位移传感器测量杆进行位移测量。

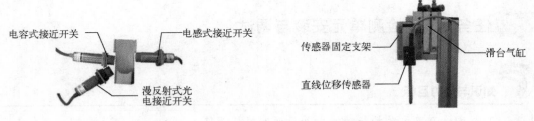

图 3-95　识别模块　　　　　　　　　　　　　　图 3-96　测量模块

3）升降模块的作用是在竖直方向上运送工件，为工件进行高度检测和分流准备。它主要由无杆气缸、直线气缸、工作平台、支架以及磁感应式接近开关等组成，其结构如图 3-97 所示。

4）滑槽模块由上滑槽与下滑槽两个滑槽组成，用于工件分流或者剔除不合格的工件，具体结构如图 3-98 所示。

检测单元上除了具有以上介绍的组成模块外，同样还配备有 CP 电磁阀岛和过滤减压阀等。另外，检测单元上也配备有 I/O 转接端口模块、电气控制板以及操作面板等组件，它们的结构和功能都和搬运单元介绍的一样，在此不再赘述。

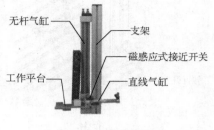

图 3-97　升降模块

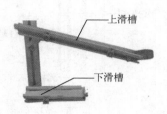

图 3-98　滑槽模块

## 3.5.2　检测单元机械及气动元件安装与调整

在检测单元中不同于前面介绍单元的是使用滑台气缸作为驱动直线位移传感器来检测工件的高度，因为滑台气缸具有优良的直进性及不回转精度，同时运行摩擦阻力小、工作平稳，能够保证直线位移传感器的测量杆平稳下降检测工件高度。按照各功能模块进行具体的机械及气动元件安装与调整的步骤如下。图 3-99 所示为检测单元的安装示意图。

1）电压变送器、I/O 转接端口模块、CP 电磁阀岛和过滤减压阀等模块的安装与前面单元相同，这里不再赘述。

2）独立进行升降模块的安装，如图 3-99a 所示。通过两连接块将无杆气缸安装固定在垂直升降支架的侧面上，将 L 形工作平台的侧面固定在无杆气缸的滑块上，同时平台的侧板也与升降支架槽中导向滑块连接在一起。再将直线气缸活塞杆套进工作平台的另一侧面安装孔中，用螺母将缸体前端与工作平台锁紧在一起。

3）在独立安装好升降模块之后，通过外直角铰链将升降支撑架垂直安装于铝合金台面中部靠左面的合适位置上，必须保证工作平台出口正对右面。将电容式接近开关、电感式接近开关、漫反射式接近开关分别固定到各自的支架上，让无杆气缸滑块连带工作平台一起降到最下行程位置上，再根据工作平台所处位置进行 3 个接近开关的安装位置选择和定位安装。要确保该 3 个接近开关之间彼此不出现干扰，并且与工作平台也不发生干涉，如图 3-99b 所示，完成识别模块的安装。

4）在进行测量模块安装时，先将测量支撑架通过直角铰链和螺钉垂直固定到升降模块右前方合适的面板位置上。将直线位移传感器与连接块竖直固定连接之后，再定位安装到滑台气缸侧面的滑台上，并锁紧。最后将测量与滑台整体装置通过连接板竖直安装到测量支撑架上，但不要锁紧螺钉；接着将工作平台上升到最高位置，此时在竖直方向上调整滑台气缸的位置，使直线位移传感器的检测探针距离工作平台约有一个工件高度以上，再锁紧连接板上的螺钉进行紧固定位。安装示意图如图 3-99c 所示。

5）在测量模块的支撑架上安装上滑槽，调整滑槽的位置与倾斜度。然后适当调整支撑杆的位置，以确保上滑槽与工作平台不发生干涉为宜，最后将下滑槽水平安装在上滑槽正下面的面板上即可，如图 3-99d 所示。

6）在对各模块机械及气动结构独立进行安装完毕之后，再次根据运动机构之间的运动空间要求，适当调整各模块之间的安装位置，使之配合合理，各运动模块之间运行顺畅，不会发生机械干涉等现象。

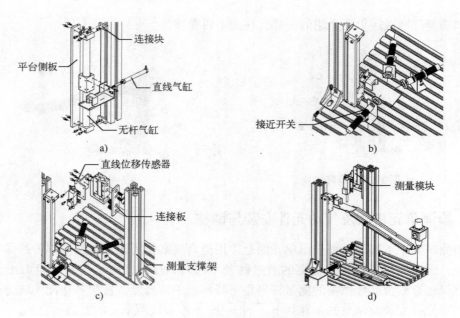

图 3-99　检测单元的安装示意图

**注意：**滑台气缸安装的高度要保证直线位移传感器的探针在初始状态不会与工件出现干涉，而且当直线位移传感器检测工件时，必须保证探针能插进入工件内部，具体操作可以根据实际情况灵活调整。

### 3.5.3　检测单元气动控制回路分析、安装与调试

图 3-100 所示为检测单元的气动控制回路原理图。图中 A 为无杆气缸气动控制回路；B 为滑台气缸气动控制回路，用来带动测量模块中直线位移传感器的上下运动；C 为双作用直线气缸气动控制回路，控制直线气缸推料动作。

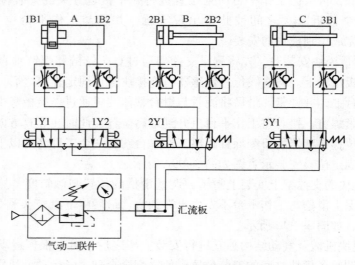

图 3-100　检测单元的气动控制回路原理图

在检测单元中，各气动控制回路的工作运行要求和控制原理与前面介绍的相关气动控制回路一样，可参考前面相关单元的分析过程。

依据图 3-100 检测单元气动控制回路原理图，结合气路回路的运行控制过程要求，可绘制出检测单元气动控制回路的安装连接图，如图 3-101 所示。具体的连接与调试，同样可以参照前面单元的相关介绍。

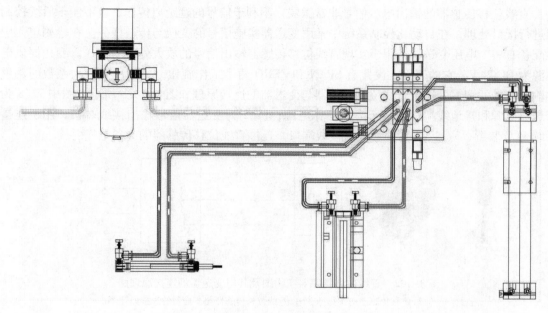

图 3-101　检测单元气动控制回路的安装连接图

## 3.5.4　检测单元电气系统分析、安装与调试

在检测单元中，磁性开关和电磁阀用于实现控制各气缸的工作运动，而电感式、电容式和漫反射式这 3 个光电接近开关构成的识别模块实现工件材质与颜色的识别检测功能。本单元中所使用的 3 个接近开关的电气连接线均为三线制形式，分别为棕色电源线、蓝色接地线和黑色信号线。黑色信号线直接负责提供给控制系统"1"或"0"的检测结果信号。

电容式接近开关对任何物体接近其检测范围内都能识别，用于检测判断工件的有和无；电感式接近开关仅当金属物质接近其检测范围时动作，用于识别金属与非金属材质工件；漫反射式光电接近开关当物体接近后反射回光线达到一定强度时动作，用于其识别黑色和非黑色工件。检测单元通过此 3 种类型的接近开关的组合检测信息，就可识别出红色金属、白色尼龙和黑色尼龙工件，其具体的识别检测结果信息表如表 3-5 所示。

表 3-5　识别模块具体的识别检测结果信息表

| 工件材质与颜色 | 接近开关类型 | | |
|---|---|---|---|
| | 电感式 | 电容式 | 漫反射 |
| 金属，红色 | 1 | 1 | 1 |
| 尼龙，白色 | 0 | 1 | 1 |
| 尼龙，黑色 | 0 | 1 | 0 |

本检测单元的另一个任务是进行工件高度尺寸的测量，用于判断工件尺寸是否合格。此任务的实现是依靠直线位移传感器来进行测量工作的，图3-102a所示为其实物图。该直线位移传感器实质上是一个导电塑料电位器，其工作时将测量杆的位移变化量转变为电阻值的变化量，再转变为电位器电压的变化量输出。直线位移传感器的电气连接线路为三线制形式，连接引线分别为棕色、红色和橙色，其中红色引线为电位器的中间抽头。

直线位移传感器的输出电压信号非常微弱，不利于信号的远距离传输，也不便于后续控制器进行接口处理，在自动化控制系统中常用变送器实施信号的变换与传送任务。在检测单元中也配备有一个电压变送器，用于实现直线位移传感器输出信号的放大处理与传送。变送器供电电源为 DC 24 V，它的表面上设置有 SPAN 和 ZERO 两个工作旋钮，分别用于放大系数的调整和输出信号的调零处理。直线位移传感器与变送器的连接原理如图3-102b所示。图中7、8为变送器电源和接地线端口，用于提供工作电源；1、2为变送器信号输出接线端口，用于连接后续 PLC 装置；3、4、5为信号输入接线端口，连接直线位移传感器的 3 条电气引线。

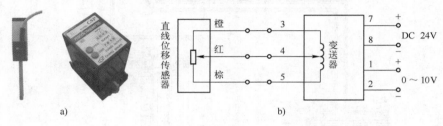

图3-102　直线位移传感器实物图及其与变送器的连接原理图

a）直线位移传感器的实物图　b）直线位移传感器与变送器的连接原理图

根据上述分析可知，本单元与前面所述的单元中采用的 PLC 型号不一样，具体为S7-200 CPU 224XP CN DC/DC/DC。该款 PLC 具有 14 点输入和 10 点输出开关量端口，同时还具有两路模拟量输入和一路模拟量输出端口。但是，仍然还缺少一个数字量输入端口，因此本单元中又另外扩展配备有 EM223 数字量模块，它具有 8 点输入和 8 点输出数字量端口，而多余出来的端口为以后检测单元的工艺流程变动和系统 I/O 通信功能的扩充时留做备用端口。因此，检测单元中所需 15 个开关量输入点、6 个开关量输出点以及 1 个模拟量输入端口。

由于 PLC 型号的改变，所以检测单元中各电气接口信号的功能划分与 CPU 226 时有所不同。PLC 的 I0.0 ~ I0.7 输入端口、Q0.0 ~ Q0.7 输出端口仍然分配给工作台面上设备的输入输出信号使用；EM223 的 I2.1 ~ I2.7 输入端口、Q2.0 ~ Q2.7 输出端口分配给本单元的I/O通信转换模块和系统扩充备用使用；PLC 的 I1.0 ~ I1.5 以及 EM223 的 I2.0 输入端口、Q1.0 和 Q1.1 输出端口分配给本单元的操作面板上按钮及指示灯信号使用。具体检测单元电气控制系统中 PLC 的 I/O 地址分配表如表3-6所示。

表3-6　具体检测单元电气控制系统中 PLC 的 I/O 地址分配表

| 序　号 | 地　址 | 设备符号 | 设备名称 | 设备功能 |
|---|---|---|---|---|
| 1 | I0.0 | B1 | 电容式光电接近开关 | 工件有（1）/无（0）检测 |
| 2 | I0.1 | B2 | 漫反射式光电接近开关 | 判断黑色（0）/非黑色（1）工件 |
| 3 | I0.2 | B3 | 电感式接近开关 | 金属工件检测 |
| 4 | I0.3 | 1B1 | 磁感应式接近开关 | 无杆气缸下降限位 |
| 5 | I0.4 | 1B2 | 磁感应式接近开关 | 无杆气缸上升限位 |

**112**

| 序 号 | 地 址 | 设备符号 | 设 备 名 称 | 设 备 功 能 |
|---|---|---|---|---|
| 6 | I0.5 | 2B1 | 磁感应式接近开关 | 滑台气缸上升到位 |
| 7 | I0.6 | 2B2 | 磁感应式接近开关 | 滑台气缸下降到位 |
| 8 | I0.7 | 3B1 | 磁感应式接近开关 | 直线气缸活塞杆推出到位 |
| 9 | I1.0 | SB1 | 按钮 | 开始 |
| 10 | I1.1 | SB2 | 按钮 | 复位 |
| 11 | I1.2 | SB3 | 按钮 | 特殊（手动单步控制） |
| 12 | I1.3 | SA1 | 切换开关 | 手动（0）/自动（1）切换 |
| 13 | I1.4 | SA2 | 切换开关 | 单站（0）/联网（1）切换 |
| 14 | I1.5 | SB4 | 按钮 | 停止 |
| 15 | I2.0 | KA | 继电器触头 | 上电信号 |
| 16 | Q0.0 | 1Y1 | 电磁阀 | 控制无杆气缸下降 |
| 17 | Q0.1 | 1Y2 | 电磁阀 | 控制无杆气缸上升 |
| 18 | Q0.2 | 2Y1 | 电磁阀 | 控制滑台气缸下降 |
| 19 | Q0.3 | 3Y1 | 电磁阀 | 控制直线气缸活塞杆伸出 |
| 20 | Q1.0 | HL1 | 绿色指示灯 | 开始指示 |
| 21 | Q1.1 | HL2 | 蓝色指示灯 | 复位指示 |
| 22 | AIW0 | PT | 位移传感器 | 工件高度尺寸测量 |

图 3-103 所示为检测单元 PLC I/O 接线原理图。由于扩展模块 EM223 在本次 I/O 地址分配中只用到了 I2.0 端口，其上连接有继电器 KA 的一个常开触头，所以在此原理图中没有体现出来，特此说明。

进行检测单元电气系统安装时，虽然 PLC 型号有所不同，但是检测单元中电气控制板上的供电电源系统、I/O 转接端口模块以及操作面板的硬件系统仍然与前面单元中一样，连接与测试可参考搬运单元中的对应内容。

本单元用到的磁感应式接近开关、电感式接近开关以及电磁阀的接线连接与调试过程及方法，还有漫反射式光电接近开关的连接方法，在前面设备单元中已详细说明，在此不再重复讲解。下面仅对电容式接近开关和直线位移传感器测量装置的连接与调试进行说明。

针对本单元的具体实际，介绍与说明漫反射式光电接近开关调试的一些要点和注意事项。漫反射式光电接近开关应尽量选择在其检测前方较少障碍物的位置上进行安装，以避免周围环境对它产生干扰导致误动作。当漫反射式光电接近开关调试时，将白色工件放置于检测平台位置上，LED 状态指示灯应亮，输出信号 "1"；将黑色工件放置于检测平台位置上，LED 状态指示灯应不亮，输出信号 "0"。如果黑色工件处于检测位置或者根本没有工件时，漫反射式光电接近开关 LED 状态指示灯依然亮，输出信号 "1"，就可能是因为其灵敏度太高，可调节旋钮减小其灵敏度；也有可能是周围有障碍物的干扰，可调整漫反射式光电接近开关的安装位置，直到在这种情况下 LED 状态指示灯不亮为止。

进行电容式接近开关接线时，将棕色电源线连接到 I/O 转接端口模块的 +24 V 接线口，蓝色接地线连接 0 V 接线口，黑色信号线接到对应的信号输入接线口。在接线时应注意的是，不要将其接线的对应关系接错，否则可能会烧坏接近开关。

进行电容式接近开关调试时，让被检测物体在其测量范围内，观察后端 LED 状态显示灯是否会亮。当有工件靠近时，其 LED 状态指示灯应亮，信号输出 "1"；如果其 LED 状态指示灯不亮，有可能是接线出错或接触不良，需要将其接线重新连接正确；也有可能是其检

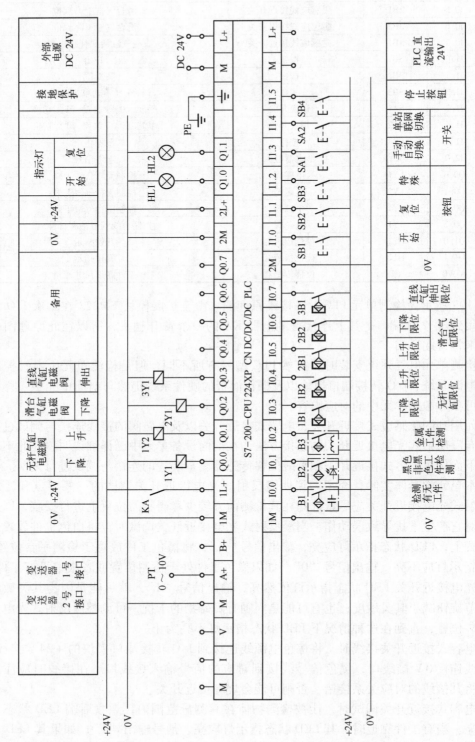

图 3-103　检测单元 PLC I/O 接线原理图

114

测灵敏度太低，可调节旋钮提高检测灵敏度，直到 LED 状态指示灯稳定显示为止。同样类似于漫反射式光电接近开关的调试，电容式接近开关的检测灵敏度也不能太高，以防止其对周围环境过于敏感而产生错误检测信号。

当连接工件高度尺寸的测量装置时，应先按照图 3-102 所示分别将直线位移传感器的输出信号线连接到电压变送器 INPUT 端，即棕色线接 5 号接口、红色线接 4 号接口和橙色线接 3 号接口。电压变送器工作电源 7 号和 8 号接线端口分别连接直流 24 V 电源正、负端，将变送器输出 1 号接线端口（"＋"端）和 2 号接线端口（"－"端）分别用导线连接到 PLC 模拟量输入通道口的 A＋和 M 端。需要注意的是，模拟信号传输过程中容易受到外界电磁干扰影响，以上线路连接时需要采用抗干扰能力好的屏蔽导线，并做好接线端头的保护处理。

在完成线路安装连接之后，需要进行电气性能调试。当直线位移传感器检测探针处于未受力的自由伸出状态时，此时用万用表测量变送器的输出电压值应该为 0 V，否则需要用小一字螺钉旋具调节变送器上的 ZERO 旋钮，实现输出信号调零处理，如图 3-104a 所示。当直线位移传感器检测探针处于受力的完全缩回状态时，即直线位移传感器工作于满行程测量状态，用万用表测量变送器此时的输出电压值应该为 10 V，否则需要调节变送器上的 SPAN 旋钮，实现输出信号放大系数的调节。在按先后顺序调好以上设置之后，硬件上就可满足直线位移传感器正式测量的工作条件了。硬件调节以上数据并不一定要求严格精确，因为在后续的 PLC 软件中还可以适当地进行数据的修正处理。

在完成硬件调试的基础之上，也可以结合 PLC 软件进行测量装置的调试。图 3-104b 所示为测试程序，将其下载到 PLC 中，运行并监控测试程序。当直线位移传感器检测探针自由伸出时，观察测试程序中的 AIW0 是否进行数据采集，如能采集到数据，即使在 0 附近微小的变化也可；当直线位移传感器检测探针完全缩回时，若观察采集到的数据达 32 000 以上，则说明模拟量检测电气回路安装连接调试完成。

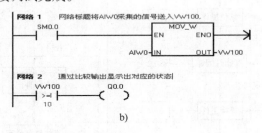

图 3-104　直线位移传感器测量装置调试
a）直线位移传感器测量装置调试　b）测试程序

当然，并不是一定要求直线位移传感器在按照以上调节的整个检测范围内使变送器对应输出 0～10 V 电压。在实际应用中，如果测量范围较小时，为了提高检测的分辨率，可以适当增大变送器的放大系数，让实际的测量范围与变送器 0～10 V 的输出电压对应，具体要根据使用者的实际情况进行分析处理。

## 3.5.5　检测单元控制程序设计与调试

针对检测单元结构特点，下面给出其典型的设备运行控制要求与操作运行流程。

1）系统上电，检测单元处于初始状态，操作面板上复位灯闪烁指示。

2）按下复位按钮，进行复位操作，即复位灯熄灭，开始灯闪烁指示，无杆气缸滑块处于下降限位状态，直线气缸处于缩回状态，滑台气缸处于缩回上升状态。

3）按下开始按钮，当没有待检测工件出现时，开始灯继续闪烁，等待待检测工件到来；当有待检测工件时，开始指示灯常亮，识别模块进行工件颜色和材质的检测识别。完成之后，无杆气缸上升将工件送到尺寸测量位置，为工件的高度尺寸测量做准备。

4）滑台气缸下降，带动直线位移传感器测量工件高度，分析计算测量结果并为后续工件分流处理提供依据。

5）对高度合格的工件，直线气缸活塞杆通过上滑槽将其分流到下一工作单元，完成后无杆气缸下降，并回到初始状态，等待新一轮的起动信号。

6）对高度不合格的工件，无杆气缸将工件放下，直线气缸活塞杆将工件推到下滑槽中剔除，并回到为初始状态，等待新一轮的起动信号。

7）同样，检测单元有手动单周期、自动循环两种工作模式。无论在哪种工作模式控制任务中，检测单元都必须处于初始复位状态方可允许起动。这两种工作模式的操作运行特点与前面搬运单元一样，可参考搬运单元的对应内容。

图3-105所示为检测单元的控制工艺流程图，其满足以上所列典型的运行控制要求与操作运行流程。

**注意：**此流程图仅是给出主要的控制内容，具体细节在此没有作详细说明，可由读者自己补充。

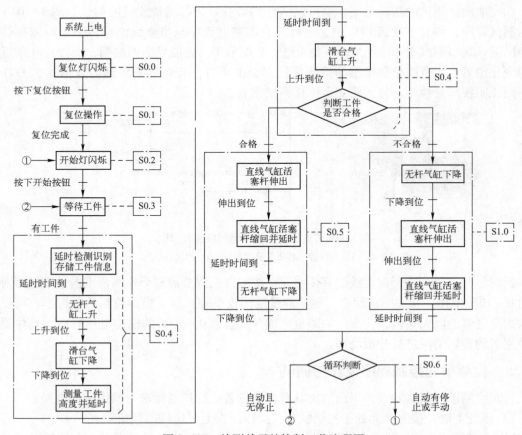

图3-105　检测单元的控制工艺流程图

**116**

根据检测单元的控制工艺流程图可编写出相应的控制程序。本单元采用模块化的编程思想进行控制程序设计。

在检测单元中，工件的高度数据采集利用直线位移传感器进行检测，首先编写一个测试程序如图3-106a所示，将程序下载到PLC中运行并监控，手动控制电磁阀使无杆气缸上升到检测位置，放上合格工件，手动调节电磁阀使滑台气缸下降，观察程序中MW5值的变化，记录最终稳定的状态值。对不合格工件采用同样的处理方法，测试程序如图3-106b所示。

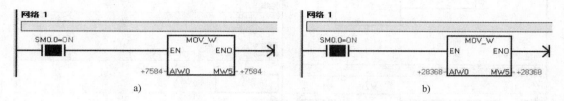

图3-106　高度数据采集测试程序

检测单元的工件材质与颜色判断，当工件到位时，漫反射式光电接近开关动作，即判断黑色/非黑色工件（I0.1）导通，同时金属工件检测（I0.2）无信号，这时工件为白色工件，再将白色工件的信息存储在地址V1002.0中，为整条生产线通信的信息传递做准备；当电感式接近开关动作时，即金属工件检测（I0.2）导通，工件为金属工件，将工件信息存储在地址V1002.1中；金属工件和白色工件检测出来，剩下就是黑色工件。工件信息存储表如表3-7所示。

表3-7　工件信息存储表

| 传感器状态 | | 工件材质与颜色 | 存储地址 |
| --- | --- | --- | --- |
| 金属工件检测（I0.2） | 判断黑色（0）/<br>非黑色（1）工件（I0.1） | | |
| 0 | 0 | 尼龙、黑色 | V1002.0 |
| 0 | 1 | 尼龙、白色 | V1002.0 |
| 1 | 1 | 金属、红色 | V1002.1 |

检测单元主程序可以由7个子程序组成，这7个子程序分别为初始化、复位操作、开始指示灯、工件信息和高度检测、合格工件、不合格工件、循环判断。

初始化、复位操作、开始指示灯和循环判断子程序的主要任务与提取安装单元的子程序一样，修改一下参数就可以使用。在下面程序讲解中没有具体说明该4个子程序，可参考提取安装单元中相应子程序的内容。工件信息和高度检测子程序的主要任务是检测和存储工件信息，检测高度是否合格；合格工件子程序的主要任务是将合格工件输送至下一单元并返回等待下一个工件的到来；不合格工件子程序的主要任务是将不合格工件进行淘汰同样返回等待下一个工件的到来。具体的程序如图3-107~图3-114所示。

首先，直接调用初始化和开始指示灯的子程序，进行系统初始化，同时，停止按钮I1.5和开始按钮I1.0实现停止状态位M2.0的状态控制。初始化完成后程序进入步S0.0中，上电信号I2.0导通，复位指示灯Q1.1闪烁指示，等待按下复位按钮；按下复位按钮，启动步S0.1；进入步S0.1，调用复位操作子程序，子程序执行完成后，M0.2导通；启动步S0.2并复位M0.2。程序梯形图如图3-107所示。

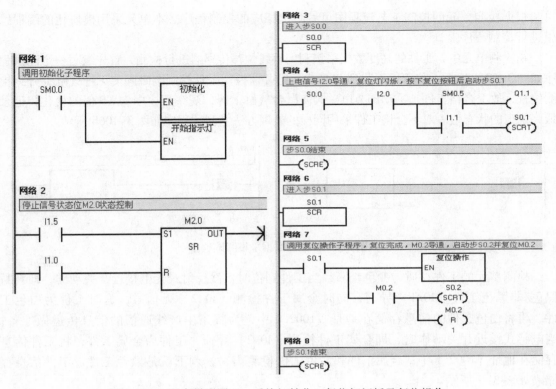

图 3-107　程序梯形图——系统初始化、复位灯闪烁及复位操作

　　进入步 S0.2，开始指示灯 Q1.0 闪烁（由于程序中 Q1.0 具有多次输出情况，因此 Q1.0 输出情况在开始指示灯子程序中体现），等待按下开始按钮；按下开始按钮，启动步 S0.3；进入步 S0.3，等待检测是否有工件到位；若有工件到位，启动步 S0.4；若没有工件到位，继续等待。程序梯形图如图 3-108 所示。

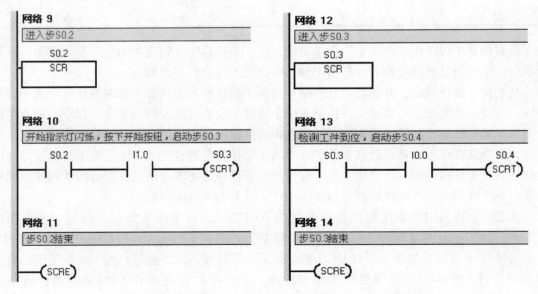

图 3-108　程序梯形图——等待按下开始按钮、工件到位检测

进入步 S0.4 中，调用工件信息和高度检测子程序，检测工件颜色和材质信息并进行存储；同时测量工件的高度，判断其是否合格。子程序执行完成后，若判断为合格工件，M0.6 导通，启动步 S0.5 并复位 M0.6；若判断为不合格工件，M0.7 导通，启动步 S1.0 并复位 M0.7。若进入步 S0.5，调用合格工件子程序，执行合格工件处理步骤，子程序执行完成后，M0.3 导通，启动步 S0.6 并复位 M0.3。程序梯形图如图 3-109 所示。

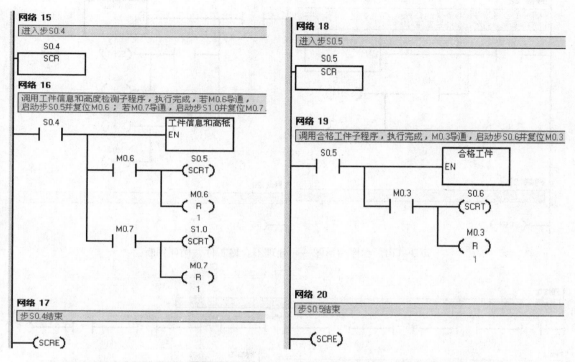

图 3-109　程序梯形图——检测判断工件信息和高度、处理合格工件

若进入步 S1.0 中，调用不合格工件子程序，执行不合格工件处理步骤，装置返回并淘汰不合格工件等待下一个工件到来，子程序执行完成后，M0.3 导通，启动步 S0.6 并复位 M0.3。进入步 S0.6 中，调用循环判断子程序，子程序执行完成后，如果 M0.1 导通，启动步 S0.2 复位 M0.1；如果 M0.2 导通，启动步 S0.3 复位 M0.2。程序梯形图如图 3-110 所示。

在工件信息和高度检测子程序中，实现了工件材质、颜色信息的检测及数据采集、判断工件高度是否合格。M0.0 导通，进行工件信息的存储；M0.1 导通后，无杆气缸将工件提升到检测高度的位置；M0.2 导通后，滑台气缸带动直线位移传感器检测工件高度。程序梯形图如图 3-111 所示。

M0.3 导通后，复位无杆气缸的电磁阀线圈，将采集到的工件高度数据存储到字 MW5 中，为后续判断工件是否合格做准备；M0.4 导通后，复位滑台气缸的电磁阀线圈；M0.5 导通后，将已存储在字 MW5 中的工件高度数据进行比较判断工件是否合格。如果为合格工件，置位 M0.6 并复位 M0.5；如果为不合格工件，置位 M0.7 并复位 M0.5。程序梯形图如图 3-112 所示。

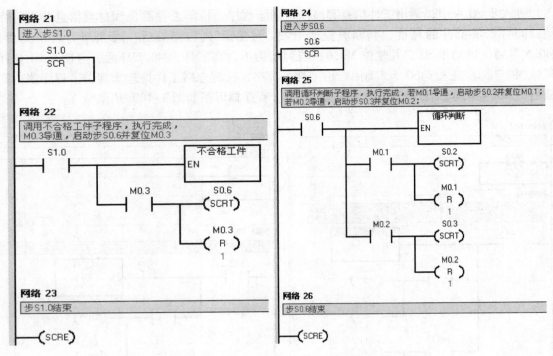

图 3-110　程序梯形图——处理不合格工件，循环判断

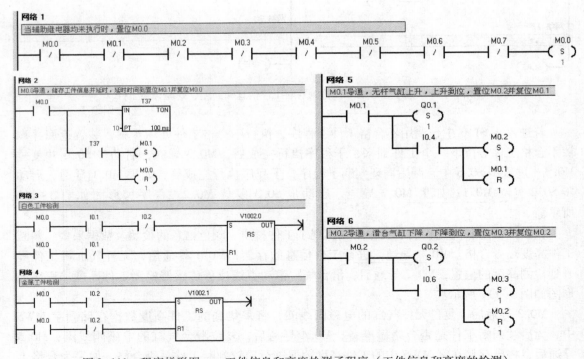

图 3-111　程序梯形图——工件信息和高度检测子程序（工件信息和高度的检测）

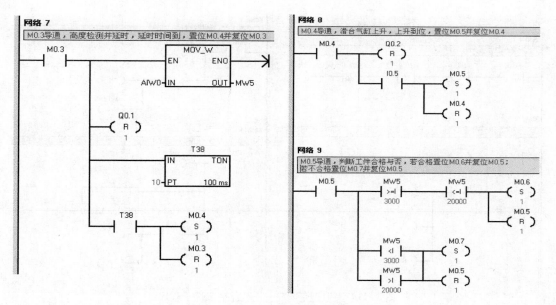

图 3-112　程序梯形图——工件信息和高度检测子程序（采集数据、判断工件是否合格）

在合格工件子程序中，将检测合格的工件送往下一单元，并复位各个气缸的工作状态。程序梯形图如图 3-113 所示。

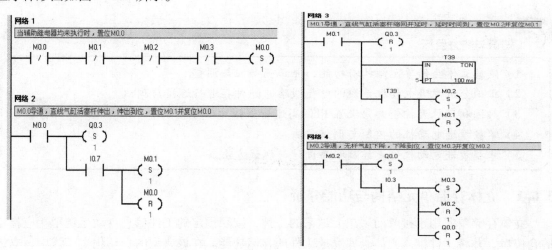

图 3-113　程序梯形图——合格工件子程序

在不合格工件子程序中，把不合格的工件剔除到下滑槽中，然后复位各执行气缸的状态。程序梯形图如图 3-114 所示。

在编写完成检测单元的控制程序后，应根据本单元的控制要求，认真检查各模块的控制程序，避免出现事故。在检查程序无误后，方可下载程序到 PLC 中运行程序，然后进行现场设备的运行调试。

通过本单元控制程序的编写与调试过程，读者可以对 PLC 怎样实现信息检测与编码处理、模拟量信号的采集与处理都进行了一次实战训练，进一步学习、巩固了 PLC 应用方法、训练了设备调试的方法与技巧，培养了严谨细致的工作作风。

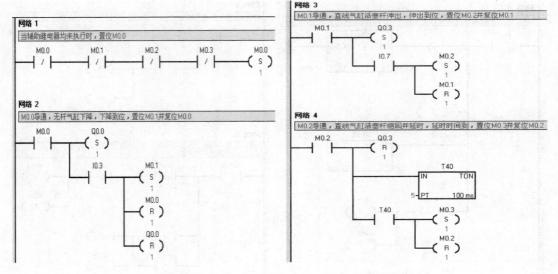

图 3-114　程序梯形图——不合格工件子程序

 **任务 3.6　立体存储单元安装与调试**

 **知识与能力目标**

> 1）熟悉立体存储单元结构与功能，并正确安装与调整。
> 2）正确分析步进电动机系统的电气线路，并对其进行连接与测试。
> 3）熟练利用位置控制向导配置 PLC 高速输出脉冲信号。
> 4）掌握步进电动机的控制与调试方法。
> 5）掌握步进电动机位置控制程序设计与调试方法。

### 3.6.1　立体存储单元结构与功能分析

立体存储单元用于接收前一单元送来的工件，按照预定的工件信息自动运送至相应指定的仓位口，并将工件推入立体仓库完成工件的存储功能。在该典型的自动化生产线中，立体存储单元作为最后一单元，模拟工业自动化生产过程中物件的分类存储功能。图 3-115 所示为立体存储单元的整体结构图。立体存储单元主要由直线驱动模块、工件推料装置、立体仓库、I/O 转接端口模块、电气控制板、操作面板、CP 电磁阀及过滤减压阀等组件组成。下面介绍主要组件的结构及功能。

1）直线驱动模块主要由步进电动机及驱动器、滚珠丝杠机构、滚珠丝杠螺母滑动块

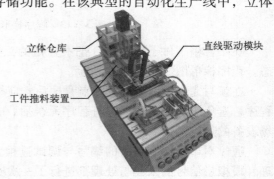

图 3-115　立体存储单元的整体结构图

122

和直线导向杆等部件组成，用于将步进电动机的旋转运动转换成滚珠丝杠螺母滑动块的直线往复运动，如图3-116a所示。立体存储单元中具有X轴方向和Y轴方向的两套直线驱动模块，它们相互呈90°垂直安装于铝合金工作台面上，共同构成一个X-Y平面运动系统，如图3-116b所示。在该两套直线驱动模块装置上均设有一个工作零点，安装有电感式接近开关进行零点位置检测，用于系统位置校正和参考点设置。同时，在丝杠机构的运动极限位置处均安装有运动行程保护开关，用以防止滚珠丝杠螺母滑动块移动过量而产生的机械性损坏。

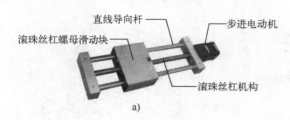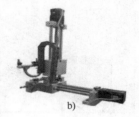

图3-116　直线驱动模块

2）工件推出装置由一个双作用直线气缸、推块和一个接收工件的工作平台（推块导槽）组成，整体安装固定在Y轴滚珠丝杠螺母滑动块的侧面上随着其在X-Y平面移动。它的主要功能是将放置在推块导槽的工件，通过直线气缸推动推块将工件推进对应的存储库位内，如图3-117所示。同样，为了保证推出装置的准确动作，在直线气缸上安装有磁性开关进行限位检测。

3）立体仓库是一个由4行4列共16个方格组成的镂空存储铁架，每个方格之间的距离分别为40 mm，用于分类存放不同的工件。立体仓库垂直安装在直线驱动模块X-Y平面的一侧，用于接收工件推料装置送出的工件，如图3-118所示。

图3-117　工件推出装置　　　　图3-118　立体仓库

立体存储单元上除了具有以上介绍的组成模块外，同样还配备有电磁阀、I/O转接端口模块、电气控制板以及操作面板等组件，它们的结构和功能都和搬运单元上的一样，在此不再赘述。

## 3.6.2　立体存储单元机械及气动元件安装与调整

立体存储单元的X-Y轴运动部分通过步进电动机驱动运行，在Z轴直线气缸工作配合下完成整个立体存储运行过程。下面介绍具体的机械及气动元件安装与调整步骤。图3-119所示为立体存储单元的安装示意图。

1）在标准导轨上依次安装I/O转接端口模块、步进电动机驱动器、CP电磁阀。然后将导轨用螺钉固定到铝合金面板下方的位置上，在面板的右上角安装过滤减压阀。

2）独立进行X轴方向上的直线驱动模块的安装，如图3-119a所示。首先，在丝杠上依次装入丝杠固定机端、轴承和丝杠轴套，使丝杠固定机端不动，将丝杠旋出；然后，在丝杠旋出端安装上联轴器，再套入步进电动机固定块，电动机输出转轴配合安装到联轴器的另一端，并用螺钉将电动机固定块连接紧固到步进电动机上；再将丝杠固定机端退回到紧贴电动机固定块的位置上，用螺栓将固定机端与电动机固定块锁紧连接，将直线导向杆两端分别安装在两端丝杠固定块机端上，在丝杠固定块上用紧固螺钉锁紧；最后，在两端丝杠固定块下分别安装对称的丝杠垫块，并用螺钉锁紧。

**注意**：将丝杠和直线导向杆安装到固定块机端时，要随时检测丝杠是否能够保持转动运行流畅。

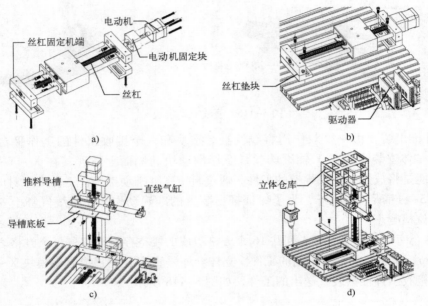

图 3-119　立体存储单元的安装示意图

3）在独立安装好 X 轴向直线驱动模块后，在铝合金台面中间偏下的位置上，借助两端的丝杠垫块用螺栓和 T 型螺母将其水平安装到工作台面上，如图 3-119b 所示。安装时应尽量保证丝杠螺母滑动块行程范围左右对称。

4）Y 轴方向上驱动装置的独立安装方式与 X 轴方向驱动装置的独立安装方式是相同的，但它不需要安装丝杠垫块。将直线气缸安装到推料导槽上，工件推块安装到直线气缸的活塞杆上，用螺钉锁紧工件推料导槽，将其安装到导槽底板上，最后将其整体安装定位到 Y 轴丝杠螺母滑动块的侧面上，如图 3-119c 所示。然后将 Y 轴方向上的驱动装置垂直定位到 X 轴方向丝杠螺母滑动块上，Y 轴丝杠的下固定机端与 X 轴丝杠螺母滑动块之间通过螺钉锁紧连接成一体。当对 X、Y 轴驱动装置进行配合安装时，必须保证二者的垂直度，且必须锁紧。

5）根据 X、Y 轴方向驱动装置的位置，在面板的相对位置上安装立体仓库，以立体仓库安装的位置不与驱动装置 X－Y 平面运动发生干涉为宜，如图 3-119d 所示。但要注意的是，必须保证立体仓库所有的仓位位于工件推料装置能到达的范围之内。

6）根据各运动机构之间的运动空间要求，局部调整各模块的相对位置，再进行加固处理，以保证各模块安装稳固，防止发生干涉。最后，在本单元设备上相应安装上气缸节流阀、磁感应式接近开关、电感式接近开关及行程保护开关等。

### 3.6.3　立体存储单元气动控制回路分析、安装与调试

图 3-120 所示为立体存储单元气动控制回路原理图。在本原理图中，只有一个控制直线气缸活塞杆伸出的气动控制回路。

根据图 3-120 立体存储单元气动控制回路原理图，结合气路回路的运行控制过程要求，可绘制立体存储单元气动控制回路的安装连接图，如图 3-121 所示。

立体存储单元的气动控制回路的运行分析、安装连接、调试方法及步骤与前面单元中介绍的一样。读者可以根据图 3-120 原理图和图 3-121 安装连接图，再参照前面单元的相关内容分步实施，完成本单元的气动控制回路安装与调试任务，保证其满足设备需要而正确可靠工作。

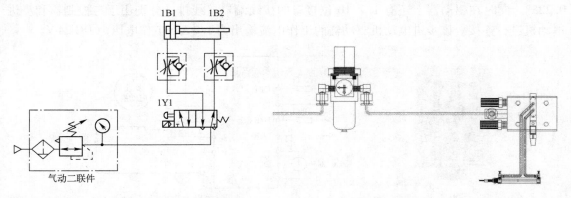

图 3-120　立体存储单元气动控制回路原理图　　　图 3-121　立体存储单元气动控制回路的安装连接图

### 3.6.4　步进电动机的使用

步进电动机运行受脉冲控制，其转子的角位移和转速严格与输入脉冲的数量和脉冲频率成正比，可以通过控制脉冲频率来控制电动机的转速，改变通电脉冲的顺序来控制步进电动机的运动方向。因此，在计算机控制领域中，步进电动机的应用极为普遍。

立体存储单元直线驱动模块的 X、Y 轴运行采用 Microtep 17HS101 两相混合式步进电动机进行驱动，其步距角为 1.8°，输出相电流为 1.7 A，驱动电压为 DC 24 V。该步进电动机的内部接线示意图和实物图如图 3-122 所示。

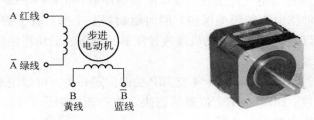

图 3-122　Microtep 17HS101 两相混合式步进电动机的内部接线示意图和实物图

步进电动机的控制指令不能形成连续的旋转磁场，为了使步进电动机能够旋转并步进，就要形成连续旋转磁场，这必须依靠变换器（即环形脉冲分配器）来实现。环形脉冲分配器把来自加、减电路的一系列进给脉冲指令转换成控制步进电动机定子绕组通、断电的电平信号。电平信号状态的改变次数及顺序要与进给脉冲的个数和方向对应。环形脉冲分配器输出的信号

仅仅是步进电动机要产生期望角位移的数字逻辑控制信号，一般是 TTL 输出电平，只有毫瓦（mW）数量级的功率，这样就需要经过功率放大后，再接到步进电动机相应的相上，才能带动步进电动机正常转动。大部分的步进电动机的控制都倾向采用硬件环形脉冲分配器，因此硬件环形脉冲分配器往往与功率放大器集成在一起，构成步进电动机的驱动装置。

立体存储单元中采用 SH－2H040Ma 步进电动机驱动器来控制驱动 Microtep 17HS101 步进电动机运行。该步进电动机驱动器集硬件环形脉冲分配器与功率放大器于一体，为 2/4 相混合型步进电动机驱动器，可以与之配套的电动机还有 17HS001、17HS111 和 23HS2001 等。此驱动器实物图如图 3-123a 所示，在驱动器上有 1 个 4 位的拨位开关（DIP1 ~ DIP4），通过 DIP1 和 DIP2 的不同组合（00、01、10）分别选择对应工作步距角为 0.9°、0.45°、0.225°。同时在驱动器上还有 1 个 10 位接口的接线端口接线排，分别用于与控制器和步进电动机进行连接。该步进电动机驱动器的工作电流输出为 1.7 A，工作电压为 DC 24 V。

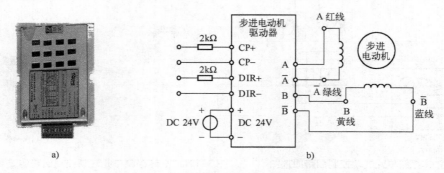

图 3-123　SH－2H040Ma 步进电动机驱动器实物图及其与步进电动机的电气的接线原理图

图 3-123b 所示为步进电动机 17HS101 与其配套驱动器 SH－2H040Ma 的电气接线原理图。将步进电动机相应相的接线端子连接到步进电动机驱动器的对应端子上即可。具体连接时，将步进电动机引出的接线（即红线、绿线、黄线、蓝线）分别对应连接到步进电动机驱动器的 A、$\overline{A}$、B、$\overline{B}$ 连接端子上。图中 CP + 与 CP - 为脉冲信号，脉冲的数量、频率和步进电动机的位移、速度成正比例；DIR + 和 DIR - 为方向信号，它的高低电平决定电动机的旋转方向。另外，驱动器的 CP +、DIR + 两端口引出接线上均串上一个 2 kΩ 的电阻，当驱动器与控制器 PLC 之间建立电气连接时，该电阻就会串联在 CP + 与 CP -、DIR + 和 DIR -两个电气回路中进行回路电流的限流保护。同时驱动器要工作，其上需要连接上 24 V 的直流工作电源。由此可以看出，步进电动机接收控制器的低压、低功耗控制信号为步进电动机输出两相脉冲功率电源。

如前所述，驱动器的侧面上有一个 4 位 DIP 功能设定开关，可以用来设置选择本驱动器的工作方式和工作参数。DIP1、DIP2 位置状态决定驱动器的细分步数。本节介绍的步进电动机驱动器的细分设置表如表 3-8 所示。

表 3-8　步进电动机驱动器的细分设置表

| DIP1 | DIP2 | 步/转 | 角度/步 |
|---|---|---|---|
| 0 | 0 | 400 | 0.9 |
| 0 | 1 | 800 | 0.45 |
| 1 | 0 | 1600 | 0.225 |

下面以该步进电动机控制直线驱动模块移动一个仓位间距 40mm 为例，介绍一种具体的测试操作步骤和控制实现方法。

1）按照图 3-123 所示完成步进电动机与驱动器之间的所有电气连接，同时将 CP + 串电阻后与 PLC 的 Q0.0 端口相连，DIR + 串电阻后与 PLC 的 Q0.2 端口相连，而 CP -、DIR - 均与 PLC 输出端口的公共端 1M 相连。

2）设置步进电动机驱动器上的拨码开关，使 DIP1 为 0、DIP2 为 1、DIP3 和 DIP4 都为 1 的状态，即每转的细分步数为 800 步/转，输出电流为 1.7A。

3）根据运动距离和设置情况计算控制脉冲的数量。本单元中滚珠丝杠的螺距为 4mm，步进电动机每工作一转，丝杠螺母滑动块运行 4mm，而上步中驱动器细分选择为 800 步/转，因此每步丝杠螺母滑动块移动的距离为 0.005mm。如果要移动一个仓位 40mm 的间距，需要的脉冲数就为 40/0.005 = 8000。

4）进行 S7 - 200 PLC 脉冲输出及位置控制程序的编写与下载，使 PLC 的 Q0.0 输出端口提供给步进电动机驱动器 8000 个脉冲信号即可。

在以上的 4 个步骤中，前面 3 步都比较简单，但是步骤 4）中进行 S7 - 200 PLC 的脉冲输出及位置控制程序的编写却比较麻烦。要顺利地编写出正确的脉冲输出及位置控制程序，就必须先学习了解 PLC 中脉冲输出及位置控制的相关内容，再进行步进电动机运行控制程序的编程。

S7 - 200 PLC 内置有两个 PTO/PWM 发生器，用于建立高速脉冲串（PTO）或脉宽调节（PWM）信号波形。这两个发生器分别指定给输出点 Q0.0 和 Q0.1。当 Q0.0 或 Q0.1 被设定为 PTO 或 PWM 功能时，其他操作均失效，当不使用 PTO 或 PWM 发生器时，则作为普通端子使用。通常在起动 PTO 或 PWM 操作之前，用复位指令 R 将 Q0.0 或 Q0.1 清零。

当 Q0.0 或 Q0.1 组态一个输出为 PTO 操作时，生成一个 50% 占空比脉冲串用于步进电动机或伺服电动机的速度和位置的开环控制。内置 PTO 功能提供脉冲串输出，脉冲周期与数量可更改。但在实际控制电动机时，应用程序还必须通过 PLC 内置 I/O 提供电动机运行方向和限位控制，确保电动机控制安全有效。

STEP7 - Micro/WIN 提供的位置控制向导可以帮助用户在很短的时间内全部完成 PWM、PTO 或位控模块的组态。向导可以生成位置指令，用户可以利用这些指令在其应用程序中为速度和位置提供动态控制。

当开环位控用于步进电动机的基本信息借助位置控制向导组态 PTO 输出时，需要用户提供一些基本信息，相关内容介绍如下。

**1. 最大速度（MAX_SPEED）和起动/停止速度（SS_SPEED）**

MAX_SPEED 是指允许操作速度的最大值，它应在电动机转矩能力的范围之内。驱动负载所需的转矩由摩擦力、惯性以及加速/减速时间决定。

SS_SPEED 的数值应满足电动机在低速时驱动负载的能力，若 SS_SPEED 的数值过高，则电动机会在起动时丢失脉冲，并且负载在试图停止时会使电动机超速；若 SS_SPEED 的数值过低，电动机和负载在运动的开始和结束时可能会摇摆或颤动。

图 3-124 所示为最大速度和起动/停止速度示意图。通常 SS_SPEED 值是 MAX_SPEED 值的 5% ~ 15%。

**2. 加速和减速时间**

加速时间 ACCEL_TIME 是指电动机从 SS_SPEED 速度加速到 MAX_SPEED 速度所需的时间。减速时间 DECEL_TIME 是指电动机从 MAX_SPEED 速度减速到 SS_SPEED 速度所需的时间。

图 3-125 所示为加速和减速时间示意图，加速时间和减速时间的默认设置都是 1000 ms。电动机可在小于 1000 ms 的时间内工作，但是电动机的加速和减速时间通常要经过测试来确定。测试时，需最先输入一个较大的值，然后逐渐减少这个时间值直到电动机开始失速为止，从而优化应用中的这些参数设置。

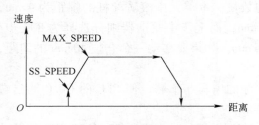
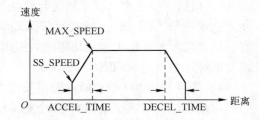

图 3-124　最大速度和起动/停止速度示意图　　　　图 3-125　加速和减速时间示意图

**3. 移动包络**

一个包络是一个预先定义的移动描述，它包括一个或多个速度，影响着从起点到终点的移动。一个包络由多段组成，每段包含一个达到目标速度的加速/减速过程和以目标速度匀速运行的一串固定数量的脉冲。

位置控制向导提供移动包络定义界面，应用程序所需的每一个移动包络均可在此界面中定义，而且支持最大达 100 个包络。定义一个包络包括以下几点：选择包络的操作模式；为包络的各步定义指标；为包络定义一个符号名。

（1）选择包络的操作模式

PTO 支持相对位置和单一速度的连续旋转这两种操作模式，如图 3-126 所示。相对位置模式是指运动的终点位置是从起点侧开始计算的脉冲数量。单一速度连续转动不需要提供终点位置，PTO 一直持续输出脉冲，直到有其他命令发出为止，比如到达位置原点要求停发脉冲，才停止脉冲输出。

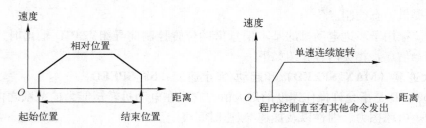

图 3-126　包络的操作模式

（2）定义包络各步的指标和包络符号名

包络中的步是指运动的一个固定距离，包括加速和减速时间内的距离。PTO 中每一包络最大允许 29 步，且每一步包括目标速度和结束位置或脉冲数目等几个指标。步的数目与包络中常速段的数目一致，图 3-127 所示为一步包络和两步包络示意图。

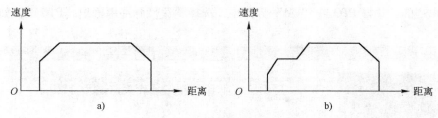

图 3-127　一步包络和两步包络示意图

a) 一步包络　b) 两步包络

STEP7 - Micro/WIN 软件的位置控制向导能自动处理 PTO 脉冲的单段管线和多段管线、脉宽调制、SM 位置配置和创建包络表。下面阐述如何使用位置控制向导编程，以实现前面所要求的步进电动机的位置控制。

1) 在 STEP7 - Micro/WIN 软件的命令菜单中选择"工具"→"位置控制向导"命令，向导就开始引导位置控制配置。在弹出的"位置控制向导"对话框中，选择配置"S7 - 200 PLC 内置 PTO/PWM 操作"单选按钮，如图 3-128 所示。

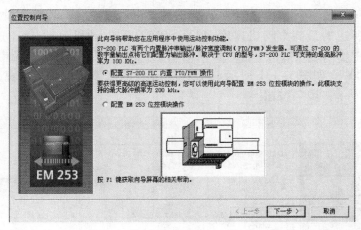

图 3-128　"位置控制向导"对话框

2) 单击"下一步"按钮，出现选择脉冲发生器界面，如图 3-129 所示。在前面的硬件电路连接中 CP + 已与 Q0.0 连接，因此选择"Q0.0"作为脉冲发生器。然后再单击"下一步"按钮。

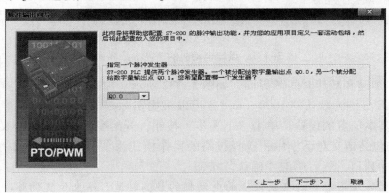

图 3-129　选择脉冲发生器界面

3）在出现的"选择 PTO 或 PWM"界面中，选择"线性脉冲串输出（PTO）"，如图 3-130 所示。

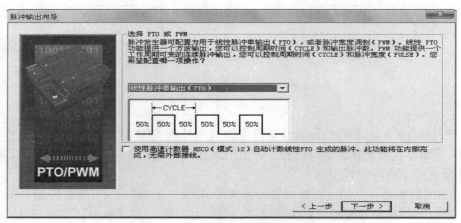

图 3-130  选择 PTO 或 PWM 界面

4）单击"下一步"按钮后，接下来在弹出的"电动机速度"界面中设定电动机的速度参数，包括前面所述的最高电动机速度 MAX_SPEED 和电动机起动/停止速度 SS_SPEED。在对应的文本框中输入这些数值。输入最高电动机速度为"10 0000"，把电动机起动/停止速度设定为"5000"，如图 3-131 所示。MIN_SPEED 的值不用设置，系统会经过算自动产生，完成后单击"下一步"按钮。

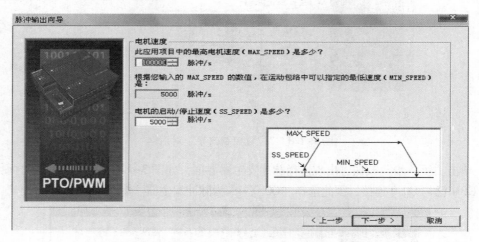

图 3-131  设定电动机的速度参数界面

5）进入"加速和减速时间"界面，如图 3-132 所示。加速时间 ACCEL_TIME 和减速时间 DECEL_TIME 分别为默认的 1000（ms），可以根据实际要求进行修改调整。至此，已完成了位置控制基本信息的设置。单击"下一步"按钮，开始配置运动包络定义参数。

6）在运动包络定义对话框中，选择包络的操作模式为"相对位置"，输入目标速度和结束位置的脉冲数目，然后单击"确认"按钮。

**注意**：目标速度不能超过之前设置的电动机的最高转速，结束位置的脉冲数就是上面步骤 3）中计算的位移脉冲数量。

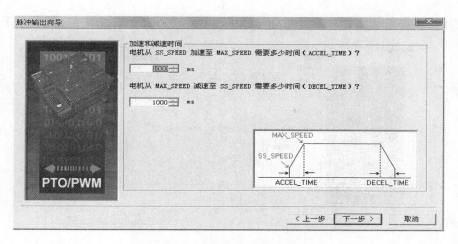

图3-132 "加速和减速时间"界面

上面计算出运动一个仓位的距离需要 8000 个脉冲,因此在操作模式选项中选择相对的位置控制,填写包络 0 中数据目标速度为"8000",结束位置为"8000",单击"绘制包络"按钮,即可绘制出运动包络图,如图 3-133 所示。

**注意:**这个包络只有 1 步,包络的符号名按默认定义为 Profile0_0,用户也可以在"为此包络定义符号名"文本框中直接修改成自己确定的包络符号名。

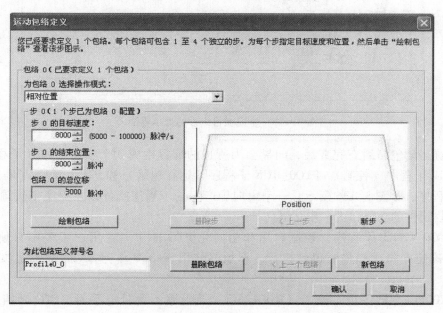

图3-133 "运动包络定义"对话框

7)单击"确认"按钮,向导会要求为运动包络指定 V 存储区地址(建议地址为 VB0 ~ VB69),可默认这一建议,也可自行键入一个合适的地址。图 3-134 所示是指定 V 存储区首地址为 VB0 时的界面,向导会自动计算地址的范围。

8)单击"下一步"按钮,出现图 3-135 所示的生成项目组件的提示界面,界面中提示已生成的项目组件名录及 PTO 配置地址等信息，单击"完成"按钮即可完成整个工作。

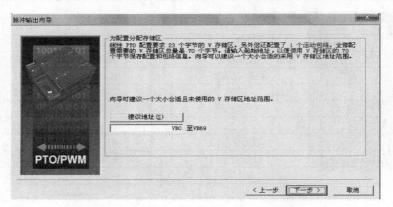

图 3-134　指定 V 存储区首地址为 VB0 时的界面

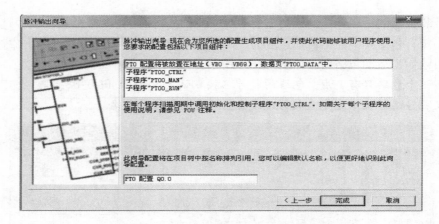

图 3-135　生成项目组件的提示界面

在设置运动包络组态完成后，向导会为所选的配置生成 3 个项目组件（子程序），即 PTO0_CTRL 子程序（控制）、PTO0_RUN 子程序（运行包络）和 PTO0_MAN 子程序（手动模式）子程序，如图 3-136 所示，一个由向导产生的子程序就可以在程序中被调用。下面对 3 个项目组件的功能作进一步介绍。

① PTO0_CTRL 子程序。控制启用和初始化 PTO 输出。在用户程序中只使用一次，并且需要确定在每次扫描时得到执行，即始终使用 SM0.0 作为 EN 的输入，如图 3-137 所示。

- I_STOP（立即停止）输入（BOOL 型）：当此输入为低电平时，PTO 功能会正常工作。当此输入变为高电平时，PTO 立即停止发出脉冲。
- D_STOP（减速停止）输入（BOOL 型）：当此输入为低电平时，PTO 功能会正常工作。当此输入变为高电平时，PTO 会产生将电动机减速至停止的脉冲串。
- Done（完成）输出（BOOL 型）：当完成位被设置为高时，它表明上一个指令已执行。
- Error（错误）参数（BYTE 型）：包含本子程序的结果。当完成位为高电平时，错误字节会报告无错误或有错误代码的正常完成。

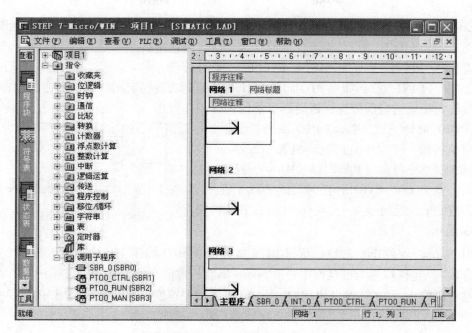

图 3-136　3 个项目组件

- C_Pos（DWORD 型）：如果 PTO 向导的 HSC 计数器功能已启用，那么此参数包含以脉冲数表示模块的当前位置；否则，当前位置将一直为 0。

② PTO0_RUN 子程序。命令 PLC 执行存储于配置、包络表的指定包络中的运动操作。运行这一子程序的梯形图如图 3-138 所示。

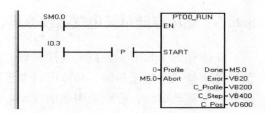

图 3-137　运行 PTO0_CTRL 子程序的梯形图　　　　图 3-138　运行 PTO0_RUN 子程序的梯形图

- EN 位：子程序的使能位。在"完成"（Done）位发出子程序执行已经完成的信号前，应使 EN 位保持开启。
- START 参数（BOOL 型）：包络执行的启动信号。对于在 START 参数已开启，且 PTO 当前不活动时的每次扫描，此子程序会激活 PTO。为了确保仅发送一个命令，一般用上升沿以脉冲方式开启 START 参数。
- Abort（终止）命令（BOOL 型）：当命令为 ON 时，位控模块停止当前包络，并减速至电动机停止。
- Profile（包络）（BYTE 型）：输入为此运动包络指定的编号或符号名。
- Done（完成）（BOOL 型）：当本子程序执行完毕时，输出为 ON。可用该完成位来限制 PTOx_RUN 子程序运行。

- Error（错误）（BYTE型）：输出本子程序执行结果的错误信息。无错误时输出 0。
- C_Profile（BYTE型）：输出位控模块当前执行的包络。
- C_Step（BYTE型）：输出目前正在执行的包络步骤。
- C_Pos（DINT型）：如果 PTO 向导的 HSC 计数器功能已启用，那么此参数包含以脉冲数作为模块的当前位置；否则，当前位置将一直为 0。

③ PTO0_MAN 子程序。将 PTO 输出置于手动模式。执行这一子程序允许电动机起动、停止和按不同的速度运行。但当 PTO0_MAN 子程序已启用时，除 PTO0 – CTRL 外任何其他 PTO 子程序都无法执行。运行这一子程序的梯形图如图 3–139 所示。

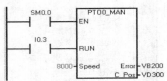

图 3–139　运行 PTO0_MAN 子程序的梯形图

- RUN（运行/停止）参数：运行 RUN 参数命令 PTO 加速至指定速度［Speed（速度）参数］。允许在电动机运行中更改 Speed 参数的数值。停用 RUN 参数命令 PTO 减速至电动机停止。当 RUN 已启用时，Speed 参数确定速度。速度是一个用每秒脉冲数计算的 DINT（双整数）值。可以在电动机运行中更改此参数。
- Error（错误）参数：输出本子程序执行结果的错误信息，无错误时输出为 0。
- C_Pos（DINT型）：如果 PTO 向导的 HSC 计数器功能已启用，那么此参数包含用脉冲数目表示的模块当前位置；否则，此数值始终为零。

由上述 3 个子程序的梯形图可以看出，为了调用这些子程序，编程时应预置一个数据存储区，用于存储子程序的执行时间参数以及存储区所存储的信息，可根据程序的需要直接调用。

### 3.6.5　立体存储单元电气系统分析、安装与调试

立体存储单元中安装在电气控制板上的电气系统、操作面板的硬件系统以及各电气接口信号排布与搬运单元相同，具体可以参照搬运单元中相关的内容。而 X、Y 两轴方向的滚珠丝杠直线驱动模块，分别采用前面 3.6.4 中介绍的两台 Microtep 17HS101 两相混合式步进电动机驱动。两相混合式步进电动机由 SH – 2H040Ma 驱动器来驱动，通过本单元中 PLC 发送的脉冲及换向信号实现步进电动机的控制运行。

为了有效检测定位直线驱动模块上滚珠丝杠螺母滑动块的移动位置，在 X 轴的左端和 Y 轴的下端均安装有一个电感式接近开关，用于两轴上对应滚珠丝杠螺母滑动块回到原点位置的检测，为步进电动机的运动位置控制提供参考原点。为了防止步进电动机使滚珠丝杠螺母滑动块产生运动过冲，避免其对滚珠丝杠传动系统造成机械性损坏，在 X 轴和 Y 轴的两行程终端上均安装有机械行程开关。该 4 个机械行程开关的常闭触点串联在一起，直接连接在步进驱动器直流 24 V 供电电源回路上，当滚珠丝杠螺母滑动块过冲时，直接以硬件的方式切断驱动器电源，从而使步进电动机紧急停止运行。

立体存储单元中所需要 PLC 的 I/O 点数为 11 点输入和 7 点输出，选用 S7 – 200 CPU 226 CN DC/DC/DC 的 PLC，其 I/O 点数为 24/16，完全可以满足控制 I/O 点数的需要。立体存储单元的 I/O 地址分配表如表 3–9 所示。

表 3-9　立体存储单元的 I/O 地址分配表

| 序　号 | 地　　址 | 设备符号 | 设备名称 | 设备功能 |
|---|---|---|---|---|
| 1 | I0.0 | B1 | 电感式接近开关 | X 轴反方向的原点左限位 |
| 2 | I0.1 | B2 | 电感式接近开关 | Y 轴反方向的原点下限位 |
| 3 | I0.2 | 1B1 | 磁感应式接近开关 | 直线推料气缸活塞杆缩回限位 |
| 4 | I0.3 | 1B2 | 磁感应式接近开关 | 直线推料气缸活塞杆伸出限位 |
| 5 | I2.0 | SB1 | 按钮 | 开始 |
| 6 | I2.1 | SB2 | 按钮 | 复位 |
| 7 | I2.2 | SB3 | 按钮 | 特殊（手动单步控制） |
| 8 | I2.3 | SA1 | 开关 | 手动（0）/自动（1）切换 |
| 9 | I2.4 | SA2 | 开关 | 单站（0）/联网（1）切换 |
| 10 | I2.5 | SB4 | 按钮 | 停止 |
| 11 | I2.6 | KA | 继电器触头 | 上电信号 |
| 12 | Q0.0 | CP1 + | X 轴步进电动机驱动器脉冲输出 | 控制 X 轴方向滚珠丝杠螺母滑动块的移动 |
| 13 | Q0.1 | CP2 + | Y 轴步进电动机驱动器脉冲输出 | 控制 Y 轴方向滚珠丝杠螺母滑动块的移动 |
| 14 | Q0.2 | DIR1 + | X 轴驱动器方向控制 | 控制 X 轴滚珠丝杠螺母滑动块的移动方向 |
| 15 | Q0.3 | DIR2 + | Y 轴驱动器方向控制 | 控制 Y 轴滚珠丝杠螺母滑动块的移动方向 |
| 16 | Q0.4 | 1Y1 | 电磁阀 | 控制直线推料气缸伸出推料 |
| 17 | Q1.6 | HL1 | 绿色指示灯 | 开始指示 |
| 18 | Q1.7 | HL2 | 蓝色指示灯 | 复位指示 |

图 3-140 所示为立体存储单元 PLC I/O 接线原理图，基本的电磁阀和传感器等的接线，读者可参照前面单元的分析进行接线。另外，在输出端的步进电动机方向控制和脉冲发生器线路上均串上一个阻值为 2 kΩ 限电流保护电阻。

下面针对立体存储单元中步进驱动系统的连接与调试进行介绍。

当进行步进电动机驱动系统电气线路连接时，先按照图 3-123 所示的电气接线关系，将 X 轴和 Y 轴上的步进电动机和驱动器连接好对应的相线电气线路。图 3-140 中 PLC 的输出端 Q0.0 ~ Q0.3 分别串有 2 kΩ 电阻后与对应的步进驱动器控制输入端 CP1 +、CP2 +、DIR1 + 和 DIR2 + 相连，而驱动器上的 CP1 -、CP2 -、DIR1 - 和 DIR2 - 均连接到输出端直流 24 V 电源的负端 0 V 上，即 PLC 输出端口 1M 公共端上。

**注意**：在连接驱动器供电电源时，供电线路中必须要串联上 4 个行程限位保护开关的常闭触点，用来防止滚珠丝杠螺母滑动块产生过冲。4 个行程限位保护开关的安装位置应该合理，一定要保证滚珠丝杠螺母滑动块到达行程终点位置前，能可靠的压下行程开关切断驱动器电源。

在步进电动机驱动系统硬件线路连接完成之后，还必须进行驱动系统的控制功能调试，特别是电动机旋转方向的控制测试。调试时，应先将 X 轴上的滚珠丝杠螺母滑动块人工调整到各自行程的中间位置，接着按照 3.6.4 中讲解的方法配置一个运动包络，再按图 3-141 所示的测试程序进行调试。

在图 3-141a 测试程序中首先有复位 Q0.2，即此时 DIR1 + 为低电平状态，调用 PTO0_MAN 手动模式子程序，按下起动按钮 SB1，观察 X 轴滚珠丝杠螺母滑动块的移动情况；在图 3-141b 测试程序中首先置位 Q0.2，即此时 DIR1 + 为高电平状态，调用 PTO0_MAN 手动模式子程序，同样按下起动按钮 SB1，再观察 X 轴滚珠丝杠螺母滑动块的移动情况。通过这

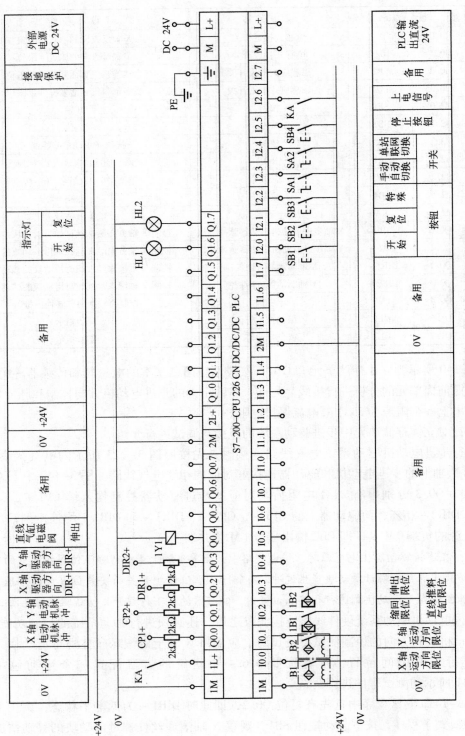

图 3-140　立体存储单元 PLC I/O 接线原理图

136

两小段调试程序，即可判断出 X 轴上步进电动机驱动系统是否工作正常以及其运行方向。同样，对于 Y 轴上步进电动机的调试方法也类似。

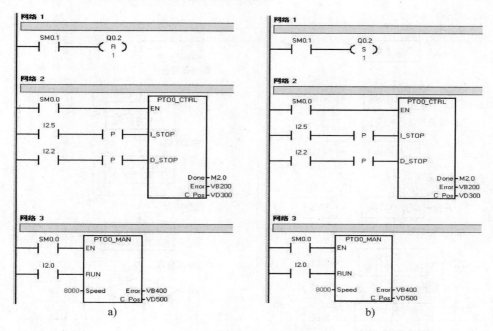

图 3-141　步进电动机测试程序

**注意：** 调试前一定要将 X、Y 轴上的两滚珠丝杠螺母滑动块人工调整到各自行程的中间位置，这是为了在运行方向不确定的情况下，两个方向均留有足够的运行调试空间。虽然行程极限位置处均装有硬件保护行程开关，但是在按下起动按钮 SB1 时，要时刻观察其运行情况，时刻准备好放松 SB1 按钮，防止硬件保护动作后再需人工调整才可继续进行调试。

### 3.6.6　立体存储单元控制程序设计与调试

针对立体存储单元的结构特点，下面给出其典型的设备运行控制要求与操作运行流程。

1）系统上电，立体存储单元处于初始状态，操作面板上复位灯闪烁指示。

2）按下复位按钮，进行复位操作，即复位灯熄灭，开始灯闪烁指示，直线气缸的活塞杆处于缩回状态，X、Y 轴丝杠螺母滑动块回归原点位置。

3）按下开始按钮，开始灯常亮指示，X 轴和 Y 轴的步进电动机共同驱动滚珠丝杠滑动块运行，使工作平台运动到等待工件的工作位置（从上到下第三层首格外部）上。

4）等待工件时间到，根据工件的计数情况自动选择存储仓位，到达规定的仓位后将工件推进该仓位。

5）将工件推进仓位后，直线气缸活塞杆缩回完成，X、Y 轴方向上的步进电动机驱动滚珠丝杠滑动块，使工作平台返回等待工件位置，等待新一轮的起动信号。

6）同样，立体存储单元有手动单周期、自动循环两种工作模式。无论在哪种工作模式控制任务中，立体存储单元必须处于初始复位状态方可允许起动。这两种工作模式的操作运行特点与前面搬运单元一样，可参考搬运单元的对应内容。

图 3-142 所示为立体存储单元的控制工艺流程图，其满足以上所列典型的运行控制要

求与操作运行流程。

　　**注意**：此流程图仅是给出了主要的控制内容，具体细节在此没有作详细说明，可由读者自己补充。

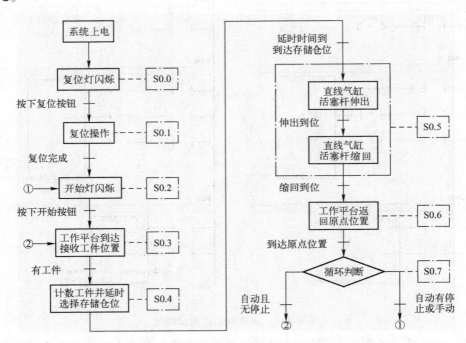

图 3-142　　立体存储单元的控制工艺流程图

　　根据图 3-142 所示立体存储单元的控制工艺流程图，可编写出其对应的控制程序。为了更方便地进行程序的设计与管理，本单元中采用模块化的编程思想进行控制程序设计。下面对子程序的功能以及具体的使用进行简单的介绍。

　　在立体存储单元主程序中，调用 PTOx_MAN 子程序，通过手动模式将工作平台移动到接收工件位置上，根据 X、Y 坐标的运动距离来设置脉冲数量，测量从原点位置到接收工件位置的 X 轴距离为 16 mm、Y 轴距离为 46 mm，因为本单元的步进电动机每步移动的距离为 0.005 mm，所以 Q0.0 需要输出的脉冲数为 16/0.005 = 3200，Q0.1 需要输出的脉冲数为 46/0.005 = 9200，按照上面的方法多次测量，最后取平均值。

　　立体存储单元主程序可以由 25 个子程序组成。这 25 个子程序分别为初始化、复位操作、原点位置、去接收工件位置、开始指示灯、计数处理、去第三行、去第四行、去第一列、去第二列、去第三列、去第四列、去存储位置、推出工件、返回原点位置、循环判断、PTO 控制以及配置 PLC 脉冲发生器生成的 8 个子程序。

　　初始化、复位操作、开始指示灯和循环判断的子程序与前两单元子程序编写的方法一样。原点位置子程序的主要任务是调用 PTO0_RUN 和 PTO1_RUN 子程序实现工作平台返回原点操作。返回原点位置子程序的主要任务是调用原点位置子程序，当工作平台存储工件后，工作平台返回原点位置。去接收工件位置子程序的主要任务是使工作平台移动到接收工件的位置上。计数处理子程序的主要任务是当工件到位时，计数器进行计数。去第三行子程序的主要任务是调用 PTO1_RUN 子程序控制工作平台的 Y 轴移动；去第四行子程序同理。

去第一列子程序的主要任务是调用 PTOO_RUN 子程序控制工作平台的 X 轴移动；去第二列、去第三列、去第四列子程序同理。去存储位置子程序的主要任务是根据计数器的值去相应的存储位置。推出工件子程序的主要任务是控制直线气缸活塞杆推出工件。PTO 控制子程序的主要任务是控制 X、Y 轴运动包络停止运行控制。下面仅给出本单元主要的控制程序，没有具体给出的部分子程序内容与前两单元中的子程序内容大同小异，具体的程序如图 3-143 ~ 图 3-151 所示。

首先，直接调用初始化、PTO 控制、计数处理和开始指示灯这 4 个子程序，进行系统初始化；同时，停止按钮 I2.5 和开始按钮 I2.0 实现停止状态位 M2.0 的状态控制。初始化完成后程序进入步 S0.0 中，上电信号 I2.6 导通，复位指示灯 Q1.7 闪烁指示，等待按下复位按钮。按下复位按钮 I2.1 后，启动步 S0.1；进入步 S0.1，调用复位操作子程序，子程序执行完成后，M0.2 导通，启动步 S0.2 并复位 M0.2。程序梯形图如图 3-143 所示。

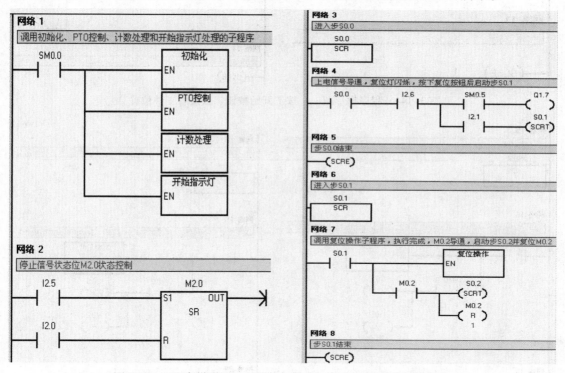

图 3-143　程序梯形图——系统初始化、复位灯闪烁及复位操作

进入步 S0.2 中，开始指示灯 Q1.6 闪烁（由于程序中 Q1.6 具有多次输出情况，所以 Q1.6 输出情况在开始指示灯子程序中体现），等待开始按钮按下。当开始按钮按下，启动步 S0.3；进入步 S0.3，调用去接收工件位置子程序，使工作平台移动到接收工件位置，子程序执行完成后，X 轴完成状态位 M3.0 与 Y 轴完成状态位 M4.0 导通，启动步 S0.4 并复位 M3.0、M4.0。程序梯形图如图 3-144 所示。

进入步 S0.4 中，调用去存储位置子程序，将工件送至储存位置，子程序执行完成后，M0.2 导通，启动步 S0.5 并复位 M0.2。进入步 S0.5 中，调用推出工件子程序，完成推工件入库工作，子程序执行完成后，M0.2 导通，启动步 S0.6 并复位 M0.2。程序梯形图如图 3-145 所示。

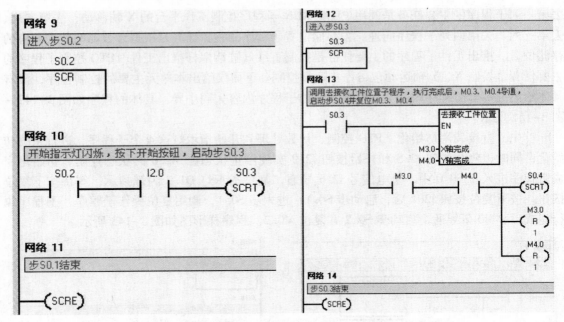

图 3-144　程序梯形图——按下开始按钮、去接收工件位置

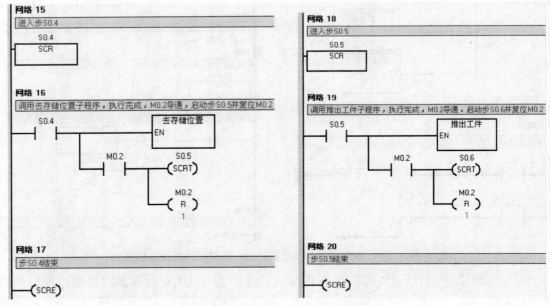

图 3-145　程序梯形图——去存储位置、推出工件

　　进入步 S0.6 中，调用返回原点位置子程序，返回到原点位置，子程序执行完成后，M0.1 导通，启动步 S0.7 并复位 M0.1；进入步 S0.7 中，调用循环判断子程序，判断选择工作状态；子程序执行完成后，当 M0.1 导通，启动步 S0.2 并复位 M0.1；当 M0.2 导通，启动步 S0.3 并复位 M0.2。程序梯形图 3-146 所示。

　　在原点位置子程序中，调用 PTOx_RUN 子程序（运行包络），进行子程序的嵌套，方便程序的管理、修改，包络 0 的操作模式为单速连续旋转，编一个子程序（PTOx_ADV）用于

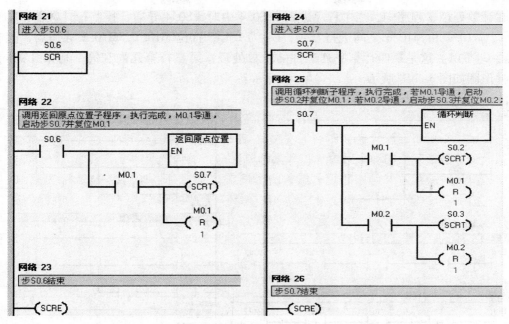

图 3-146　程序梯形图——返回原点位置、循环判断

为此包络启动 STOP（停止）操作，当 X 轴反方向的原点左限位和 Y 轴反方向的原点下限位都检测到位时，调用 PTOx_ADV 子程序，停止步进电动机运行。在去接收工件子程序中，调用 PTOx_RUN 子程序（运行包络），包络 1 的操作模式为相对位置，子程序中参数的变量类型是 IN_OUT，既是被交接至程序的参数，又是从子程序交接出来的参数，数据类型是 BOOL，执行完成且 M5.1 和 M6.1 导通后，置位局部内存 L0.0 和 L0.1，程序梯形图如图 3-147 所示。

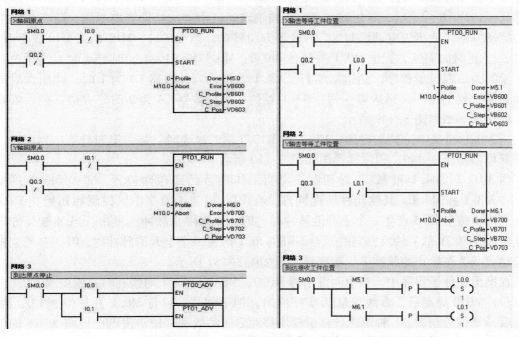

图 3-147　程序梯形图——原点位置子程序、去接收工件位置子程序

在计数处理子程序中，当主程序进入步 S0.4 中时，S0.4 导通，控制行计数器 C1 加 1，M10.1、M10.2 和 M10.3 之间进行互锁，C1 为 1 时，置位 M10.1，M10.1 导通后，控制列计数器 C4 加 1，这是第四行第一列工件的计数处理，第三行第几列和第二行第几列同理。程序梯形图如图 3-148 所示。

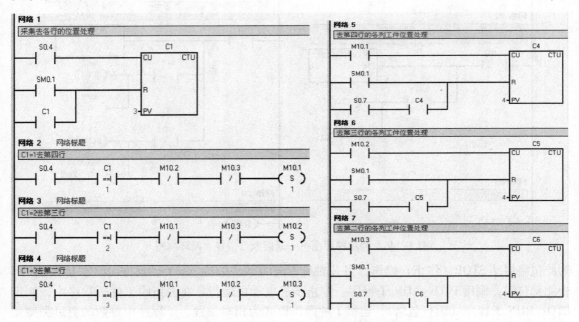

图 3-148  程序梯形图——计数处理子程序

在去存储位置子程序中，当辅助继电器 M0.0、M0.1、M0.2 均断开时，置位 M0.0，进入第 0 步；M0.0 导通后，置位控制 X、Y 轴滚珠丝杠滑动块移动方向线圈，改变步进电动机的运动方向，使步进电动机向 X、Y 轴正方向移动。当 M10.1、M10.2 或 M10.3 导通时，延时 3 s，延时时间到，置位 M0.1 并复位 M0.0；M0.1 和 M10.1 同时导通时，调用含有局部变量的去第四行子程序，到达第四行，M4.1 置位，当计数器 C4 为 1 时，调用含局部变量的去第一列子程序，到达第一列，M3.1 置位，当计数器 C4 为 2 时，去第二列，依此类推。程序梯形图如图 3-149 所示。

当 M0.1 和 M10.2 同时导通、M0.1 和 M10.3 同时导通时，与去第四行第一列同理，具体解释可参照图 3-149，程序梯形图如图 3-150 所示。

当 M10.2、M4.1 和 M3.1 导通时，说明工作平台已到存储位置，置位 M0.2 并复位 M0.1、M3.1 和 M4.1，其他几种情况同理。在 PTO 控制子程序中，控制和初始化 PTO 输出，当停止按钮 I2.5 产生一个上升沿脉冲时，PTO 立即停止脉冲的发出，当 X 轴反方向的原点左限位 I0.0 和 Y 轴反方向的原点下限位 I0.1 产生一个上升沿脉冲时，PTO 会产生将步进电动机减速至停止的脉冲串。程序梯形图如图 3-151 所示。

在推出工件子程序中，当中间继电器 M0.0、M0.1、M0.2 均断开时，置位 M0.0，进入第 0 步；M0.0 导通后，直线气缸活塞杆伸出，伸出到位，置位 M0.1 并复位 M0.0；M0.1 导通后，复位控制 X、Y 轴滚珠丝杠滑动块移动方向的线圈，使步进电动机向 X、Y 轴负方向移动，同时直线推料气缸缩回，缩回到位，置位 M0.2 并复位 M0.1。在返回原点子程序

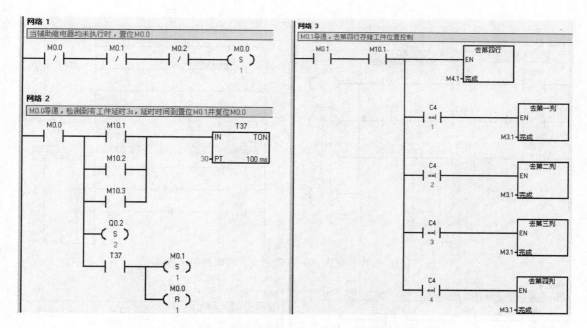

图 3-149 程序梯形图——工件到来、去第四行存储位置

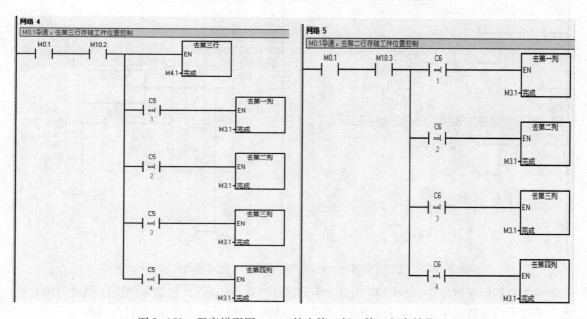

图 3-150 程序梯形图——工件去第三行、第二行存储位置

中,当中间继电器 M0.0、M0.1 均断开时,置位 M0.0;M0.0 导通后,调用返回原点位置子程序返回原点,进行子程序的嵌套,方便程序的管理、修改,并复位 M10.1、M10.2 和 M10.3;当 X 轴反方向的原点左限位 I0.0 和 Y 轴反方向的原点下限位 I0.1 检测工作平台到位时,置位 M0.1 并复位 M0.0,置位控制 X、Y 轴滚珠丝杠滑动块移动方向的线圈,改变步进电动机的移动方向,为下一个工件存储做准备。程序梯形图如图 3-152 所示。

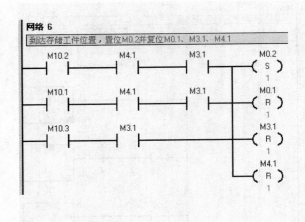

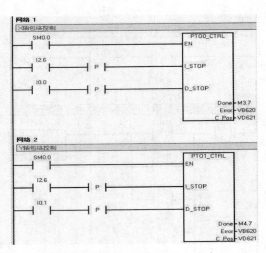

图 3-151 程序梯形图——存储完成、PTO 控制子程序

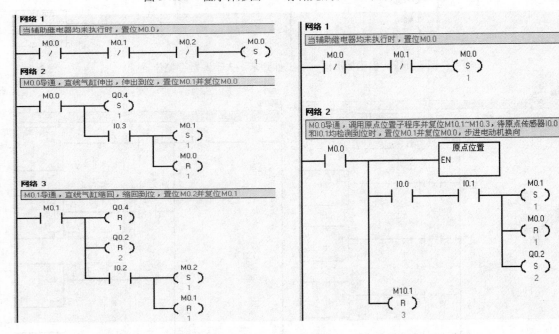

图 3-152 程序梯形图——推出工件子程序、返回原点位置子程序

在去第四行子程序中，调用 PTO1_RUN 子程序（运行包络），包络 3 的操作模式为相对位置，子程序的参数变量类型是 IN_OUT，当程序执行完成时工作平台到第四行，M6.3 导通，置位 L0.0。在去第一列子程序中，调用 PTO0_RUN 子程序（运行包络），包络 2 的操作模式为相对位置，当程序执行完成时，M5.2 导通，置位 L0.0。程序梯形图如图 3-153 所示。

在编写完成立体存储单元的程序后，先认真检查程序，在检查程序无误后，方可下载程序到 PLC 中运行程序，然后进行现场设备的运行调试。

在调试运行过程中，应对照立体存储单元的控制工艺流程图，认真观察设备运行情况，一旦发生执行元件机构相互冲突时，应及时采取措施，如急停、切断执行机构控制信号、切断气源或切断总电源等。

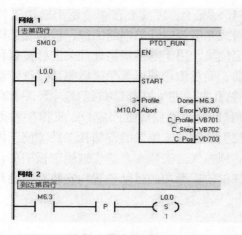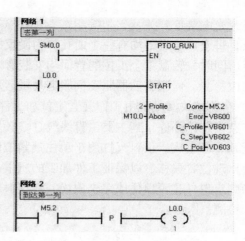

图3-153 程序梯形图——去第四行子程序、去第一列子程序

## 任务3.7 加工单元安装与调试

**知识与能力目标**

1) 熟悉加工单元结构与功能，并正确安装与调整。
2) 正确分析台达伺服电动机驱动系统的电气线路，并对其进行连接与测试。
3) 熟练利用指令编程配置 PLC 高速输出脉冲信号。
4) 掌握台达伺服电动机驱动系统的控制与调试方法。
5) 掌握伺服电动机位置控制程序设计与调试方法。

### 3.7.1 加工单元结构与功能分析

加工单元通过旋转工作台转动实现工件的物流传送，并在其上分步实现待加工工件的模拟钻孔以及对工件钻孔质量的检测等功能，模拟自动化生产线中工件的加工与检测过程。图3-154 所示为加工单元的整体结构图，其主要组成有旋转工作台模块、钻孔模块、钻孔检测模块、电气控制板、操作面板、I/O 转接端口模块、CP 电磁阀岛及过滤减压阀等。下面介绍主要模块的结构及功能。

1) 旋转工作台模块主要是准确地将工件转动输送到各个工序的位置处。其主要由旋转盘、连接底盘、齿轮减速器、伺服电动机、伺服驱动器、电感式接近开关、

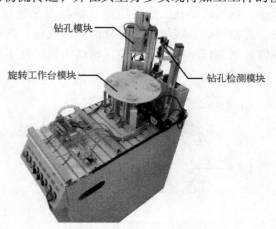

图3-154 加工单元的整体结构图

145

漫反射式光电接近开关及支架等组成，如图 3-155 所示。转盘上有 4 个用于输送工件的圆形工位，每个工位底部均有一个通孔，为漫反射式光电接近开关判断工位工件的有无提供检测通道。同时，转盘 4 个工位的背面均安装有定位块，用于电感式接近开关进行转盘转动位置的定位检测。伺服驱动器驱动伺服电动机运动，经过齿轮减速器变速后驱动转盘转动。

2）钻孔模块实际上由工件夹紧定位和工件钻孔加工两大功能部件组成。图 3-156 所示为工件夹紧定位部件，其主要由直线气缸（顶料气缸）、直线气缸固定板、支撑架和磁感应式接近开关等组成。顶料气缸用于顶住锁紧工位上到达加工位置的待钻孔工件，使工件钻孔时不会出现位置偏移，以保证工件加工的质量。顶料气缸安装在直线气缸固定板中部，为了能准确判定工件是否顶住或完全放松，在顶料气缸前后两端的运动位置均安装有磁性开关进行限位检测。

图 3-155　旋转工作台模块

图 3-156　工件夹紧定位部件

图 3-157 所示为工件钻孔加工部件，其主要由导杆气缸、直流电动机、直流电动机安装板、支撑架和磁感应式接近开关等组成。直流电动机是模拟进行工件钻孔加工的执行机构，安装在直流电动机安装板上，通过继电器对其进行起、停控制。安装于两支撑架之间的导杆气缸用于带动直流电动机在竖直方向上下移动，模拟钻孔加工时的工进与返回动作。为准确判断其运动位置，在其上下两个运动位置均安装磁性开关。

3）钻孔检测模块用于对已钻工件孔的质量进行检测。钻孔检测模块主要由直线气缸（检测气缸）、直线气缸固定支架、检测模块支撑架及磁感应式接近开关组成，如图 3-158 所示。检测已钻孔工件的质量合格与否是通过安装在直线气缸下降位置的磁性开关来判断的，若检测到直线气缸活塞杆能下降到位，则认为该钻孔工件质量合格；反之，若检测到直线气缸活塞杆不能下降到位，则认为该钻孔工件质量不合格。

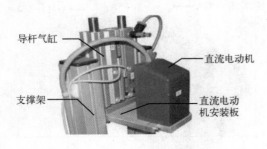

图 3-157　工件钻孔加工部件

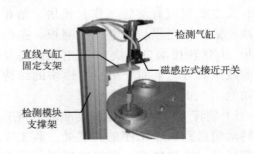

图 3-158　钻孔检测模块

加工单元上除了具有以上介绍的组成模块外，同样还配备有 CP 电磁阀岛和过滤减压阀等。另外，加工单元上也配备有 I/O 转接端口模块、电气控制板以及操作面板等组件。

### 3.7.2　加工单元机械及气动元件安装与调整

加工单元中的旋转工作台模块执行工件的传送任务，工件钻孔夹紧与加工是通过钻孔模块实现的，而检测模块用于执行加工质量的检测。下面按照功能模块进行具体的机械及气动元件安装与调整的步骤介绍。图 3-159 所示为加工单元的安装示意图。

1）在标准导轨上依次安装 I/O 转接端口模块、继电器及支座、CP 电磁阀岛等。然后将导轨用螺钉固定到铝合金面板下方的位置，在面板的右上角安装过滤减压阀。

2）独立进行旋转驱动装置的安装，如图 3-159a 所示。将伺服电动机转轴通过联轴器与齿轮减速器输入轴对轴连接好，再通过连接固定套筒将两者连接紧固。齿轮减速器输出轴上依次按照传动轴、轴承座、轴承、固定基板及轴端连接盘的顺序层层安装固定，各组件之间通过螺钉锁紧。

3）将 4 根支架通过直角铰链和螺钉安装到铝合金工作平台的中部，再将上步中安装好的旋转驱动装置通过其上的固定基板支撑于 4 支架之上，实现旋转驱动装置的整体支撑安装定位，如图 3-159b 所示。接着独立进行旋转工作转盘的安装，将 4 个圆形工位分别对称固定到转盘正面，4 个定位块分别对称固定到工位背面的位置。完成之后，将旋转工作转盘整体通过 3 个螺栓连接到旋转驱动装置的轴端连接盘上，并锁紧加固。安装调试要注意电动机输出转轴到转盘转动之间的机械传动系统必须安装运行稳定可靠，当用手转动转盘时不会出

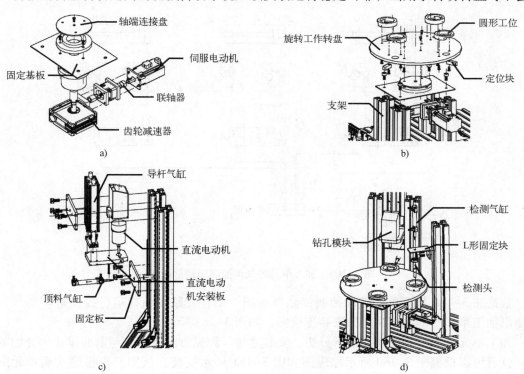

图 3-159　加工单元的安装示意图

现转动和晃动的现象。

4）按图3-159c进行钻孔模块安装，将两平行支架竖直安装到面板上，并用直角铰链和螺钉固定；将直流电动机固定到电动机安装板上，再安装于导杆气缸的导杆前端，然后整体通过导杆气缸固定板安装于两支架间的上方位置。但要注意安装高度的调节，避免电动机下降到最低位置时会冲撞转盘上的工位圆座。将顶料头安装到顶料气缸活塞杆上，接着固定到顶料气缸固定板上，再整体安装在支架间的下方位置，适当调整其竖直方向上的位置，使顶料气缸的活塞杆伸出后，顶料头能顺利穿进转盘上圆形工位侧位的顶料定位孔中。

5）当进行检测模块安装时，将支架安装固定到面板上；将检测头固定到检测气缸的活塞杆前端，再将检测气缸通过L型固定块安装到支架上，如图3-159d所示。完成后，适当调整支架的位置，以保证检测气缸的安装高度使检测气缸活塞杆下降到位时，能正确检测工件；缩回时，检测头又不会与转盘上的工件发生冲撞。

6）最后分别安装上检测元器件和各个气缸节流阀等。待所有模块安装完成后，再次根据运动机构之间的运动空间要求调整各模块之间的位置，使它们之间的配合合理，不会发生机械干涉等现象。

### 3.7.3 加工单元气动控制回路分析、安装与调试

图3-160所示为加工单元的气动控制回路原理图。A为导杆气缸气动控制回路，带动直流电动机的上下移动；B为双作用直线检测气缸气动控制回路，对工件钻孔质量进行检测；C为顶料气缸气动控制回路，用于顶住待钻孔加工的工件。

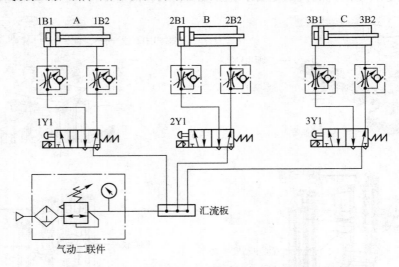

图3-160　加工单元的气动控制回路原理图

根据图3-160加工单元气动控制回路原理图，结合气路回路的运行控制过程要求，可绘制出加工单元气动控制回路的安装连接图，如图3-161所示。

加工单元气动控制回路的运行分析、安装连接、调试方法及步骤与前面单元中介绍的一样。读者可以根据图3-160所示原理图和图3-161所示安装连接图，再参照前面单元的相关内容自己分步实施，完成本单元的气动控制回路安装与调试任务，保证其满足设备需要且正确可靠工作。

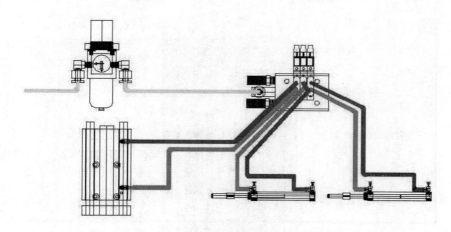

图 3-161　加工单元气动控制回路的安装连接图

### 3.7.4　台达交流伺服电动机的使用

交流伺服电动机又称为执行电动机，在自动控制系统中用作执行元件，把所接收到的电信号转换成电动机轴上的角位移或角速度输出。加工单元旋转工作台模块采用伺服电动机驱动转盘转动，此伺服电动机为台达 ECMA – C30602ES 永磁同步交流伺服电动机，外观主要有电动机机体、电动机转轴、电动机插座、编码器和编码器插座，具体实物图如图 3-162 所示。

此伺服电动机型号 ECMA – C30602ES 的具体含义是：ECM 表示产品名称为电子整流电动机；A 表示驱动状态是交流伺服；C 表示额定电压为 220 V 及转速为 3000 r/min；3 表示感测形式为 2500 ppr；06 表示电动机框架尺寸为 60 mm；02 表示电动机额定功率为 200 W；E 表示轴端形式为键槽，无油封；S 表示标准轴径。

图 3-162　伺服电动机实物图

在加工单元中，选用台达 ASD – B0221 – A 交流永磁同步伺服驱动器作为台达 ECMA – C30602ES 永磁同步交流伺服电动机的运动控制装置。其型号 ASD – B0221 – A 的含义是：ASD – B 表示台达交流伺服 B 系列驱动器；02 表示额定输出功率 200 W；21 表示输入电压规格为单相 220 V；A 表示版本为 A。

图 3-163 所示为台达伺服驱动器面板。面板上的 SON 指示灯是 Servo On 状态显示灯号；CMD 指示灯为命令输入显示指示灯；ALE 显示数码管为伺服异常状态显示（范围为 1 ~ K）；CHARGE 电源指示灯为 DC – BUS 高压存在指示。CN1 为 25 针的 I/O 连接座，用于可编程序控制器或控制 I/O 连接；CN2 为 15 针的编码器连接座，用于连接伺服电动机上的编码器；CN3 为 9 针的通信连接座，用于连接个人计算机或 Keypad（数位操作器）。台达伺服驱动器面板上 R、S、T 为主控回路电源输入端，连接单相或三相交流 200 ~ 230 V 电源；U、V、W 为驱动器电源输出端，与伺服电动机的三相 U、V、W 对应连接。P、D、C 为内、外部回生电阻接线端。在面板上提供有接地端和侧面散热座。

图 3-164 所示为伺服驱动器与外围设备的接线图。将单相/三相交流 200 ~ 230 V 电源经

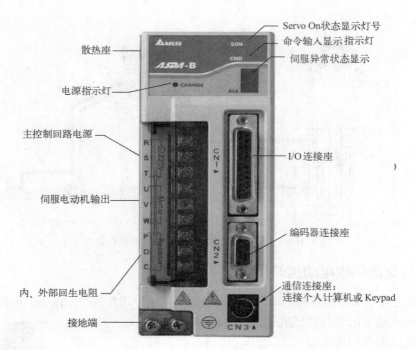

图 3-163　台达伺服驱动器面板

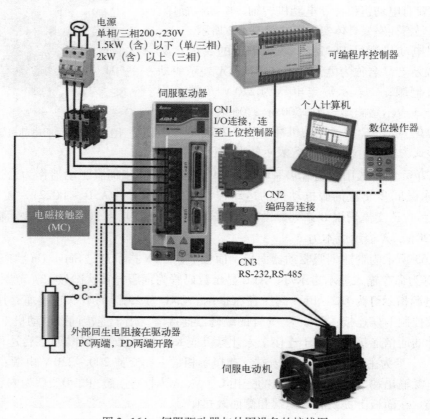

图 3-164　伺服驱动器与外围设备的接线图

过断路器保护后，经过电磁接触器连接到台达伺服驱动器主控制回路电源端 R、S、T 上；台达伺服驱动器电源输出端 U、V、W 连接到交流伺服电动机对应三相（U、V、W）上。

**注意**：不可将主控制回路电源直接接到台达伺服驱动器的电源输出端，否则会烧毁伺服驱动器。另外，台达伺服驱动器上的 U、V、W 输出电源与伺服电动机三相相序不可接错，否则可能造成伺服电动机不转或乱转的情况。交流伺服电动机接地端和驱动器的接地端必须保证可靠的接地，机身也必须接地。

将伺服驱动器 CN1 连接座通过 I/O 信号线连接到 PLC。根据选择控制模式不同，其接线方式也不同，不同模式下的接线方式请参考《台达 ASD - B 系列选型手册》。伺服驱动器的 CN2 连接座通过编码器信号线连接到伺服电动机编码器信号接口；伺服驱动器的 CN3 连接座通过 RS - 232 通信连接器与个人计算机或 Keypad 相连。

当使用外部回生电阻时，P、C 端接电阻，P、D 端开路；当使用内部回生电阻时，P、C 端开路，P、D 端短路。

台达的伺服驱动器有 6 种控制运行模式，即位置控制、速度控制、转矩控制、位置/速度控制、位置/转矩及速度/转矩。位置控制模式通过输入脉冲串来使电动机定位运行，电动机的转速与脉冲串频率相关，电动机转动的角度与脉冲个数相关。速度控制模式有两种，一种模式是通过外部输入直流电压调速的模拟命令输入；另一种模式是改变寄存器内容值的命令寄存器输入。转矩控制模式的命令输入也有两种模式，一种模式是通过外来电压操纵的电动机扭矩的模拟命令输入；另一种模式是通过内部参数作为扭矩命令的寄存器输入。图 3-165 所示为伺服驱动系统为位置控制模式时的标准接线原理图，其速度控制模式和转矩控制模式的标准接线具体可以参考《台达 ASD - B 系列选型手册》。

在伺服系统硬件连接完成之后，还必须对其进行系统参数设置，才能使伺服驱动器按照期望的工作模式和要求运行。当进行参数设置时，首先在计算机上安装好配套的 ASDA - B - SW V2.03.011 Beta 台达伺服系统设置软件，通过 RS - 232 通信线将计算机与伺服驱动器建立起通信联系，用鼠标双击图标  打开软件，出现图 3-166 所示的"设定"对话框，选中"ON-Line"单选按钮和 COM 端口。其中 COM 端口的选择是通过单击"自动侦测"按钮获取的。

单击"确认"按钮，打开图 3-167 所示的软件窗口。

单击设定精灵  按钮，打开图 3-168 所示的"参数设定精灵"对话框。在"控制模式选择"中选择"P 位置控制模式"，按照图 3-169 所示设置参数，单击  按钮。

单击  按钮，打开图 3-170 所示的对话框。

打开文件 1.022. par 时，会出现图 3-171 所示的"参数列表"对话框，此时可直接在该软件中更改伺服驱动器所运行方式的操作参数，并能对其读取或写入，非常方便。在此软件中，共有 148 个参数，区分为 5 组，分别是 P0 - 00 ~ 09、P1 - 00 ~ 55、P2 - 00 ~ 49、P3 - 00 ~ 07、P4 - 00 ~ 23，各参数的说明及设置请参看台达 ASD - B 系列伺服电动机和驱动器使用说明书。

单击软件界面中的"数位 I/O 诊断/寸动控制"按钮 ，弹出图 3-172 所示的"DIO 监控"对话框，打开  SON:伺服启动(Servo On) (B)  ON  On / Off，伺服使能处于 ON 状态，即 DO 1:SRDY:伺服准备  ON On / Off，最后单击  和  按钮，观察伺服电动机是否转动。

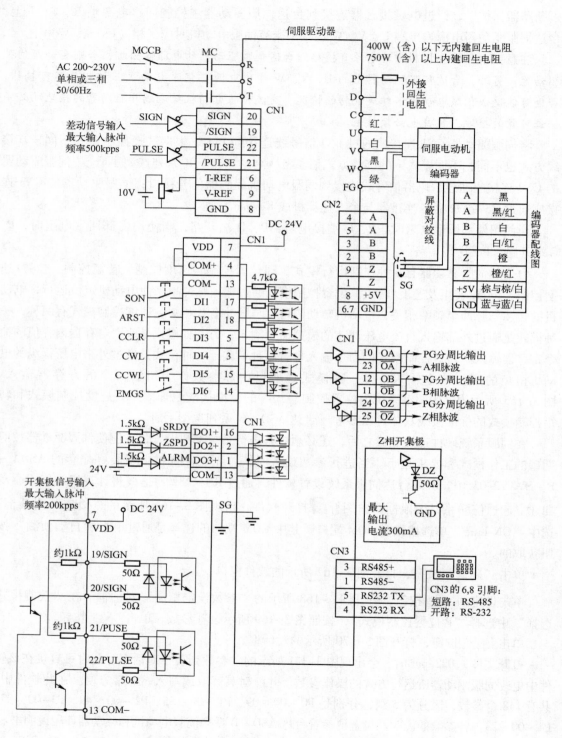

图 3-165 伺服驱动系统为位置控制模式时的标准接线原理图

152

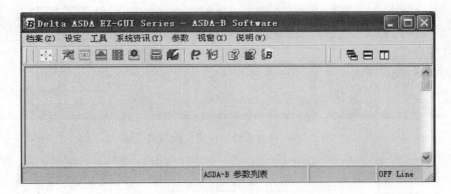

图 3-166 "设定"对话框

图 3-167 "软件"对话框

图 3-168 "参数设定精灵"对话框

　　当然，当现场条件不允许或没有上述软硬件条件或修改少量参数时，伺服系统的参数设置也可通过配套的数位操作器操作面板来完成。数位操作器操作面板如图 3-173 所示。其各指示灯按钮的说明如表 3-10 所示。

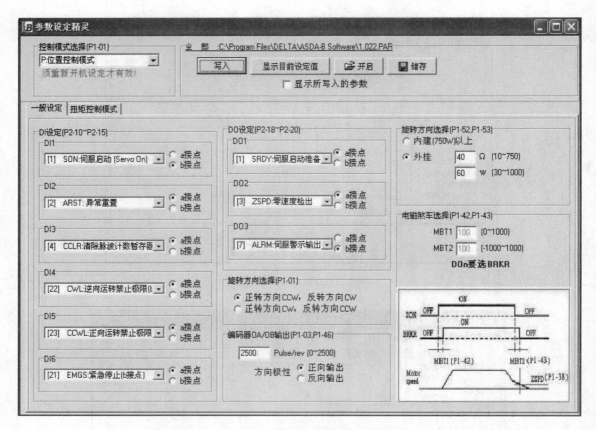

图 3-169 "参数设定精灵"设置对话框

图 3-170 "打开"对话框

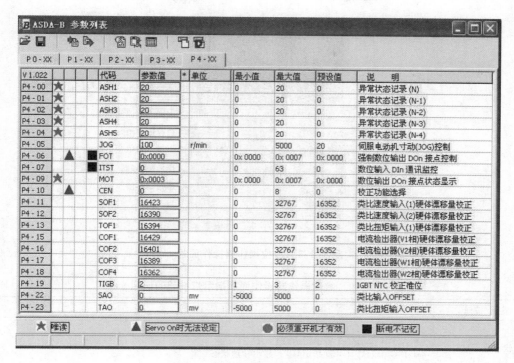

图 3-171 "参数列表"对话框

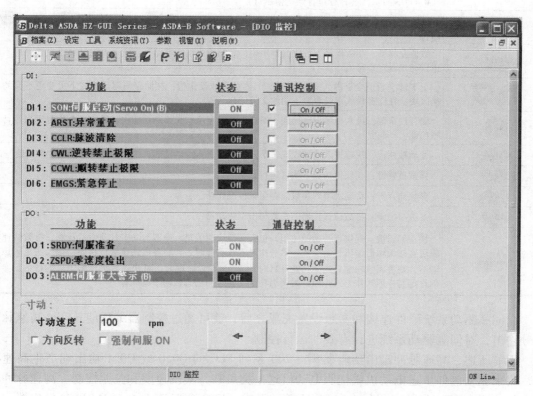

图 3-172 "DIO 监控"对话框

155

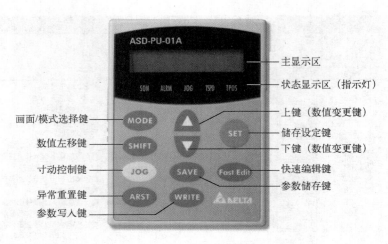

图 3-173　数位操作器操作面板

表 3-10　数位操作器操作面板指示灯按钮的说明

| 显示/按钮 | 功 能 说 明 |
|---|---|
| 状态显示区（指示灯） | ● SON 指示灯（伺服起动指示灯）<br>● ALRM 指示灯（警告指示灯）<br>● JOG 指示灯（寸动指示灯），显示寸动状态<br>● TSPD 指示灯（目标速度到达指示灯）<br>● TPOS 指示灯（目标位置到达指示灯） |
| MODE | 画面/模式选择键：进入参数模式或脱离参数模式、参数设定模式、储存 SAVE 与写出 WRITE 模式 |
| SHIFT | 数值左移键：参数模式下可改变群组码；参数设定模式与储存模式下，闪烁字符左移可用于修正较高之设定字符值 |
| ▲▼ | 上下键（数值变更键）：变更监控码、参数码或设定值；在储存与写出模式下可变更不同的存储区块；在储存模式下可变更不同的文件储存名称 |
| SET | 储存设定键：进入参数设定模式；储存参数设定值；在诊断功能中，最后一个步骤用来运行该项功能 |
| JOG | 寸动控制键：快速进入寸动设置，第一次按键进入寸动功能；第二次按键则脱离寸动功能 |
| ARST | 异常重置键：在任何功能下均可运行此功能 |
| SAVE | 参数储存键：将驱动器的参数储存至数位操作器 |
| WRITE | 参数写出键：将数位操作器的参数写出至驱动器 |
| Fast Edit | 快速编辑键：提供 3 种功能使用，包括参数快速编辑、静态与动态自动增益计算。参数快速编辑可直接编辑已编辑过的参数。第一次进入该功能时，开启参数快速编辑功能，第二次进入该功能时，则关闭该功能。当此功能开启时，按下 ▲ 或 ▼ 键时，可快速找到已编辑过的参数，参数的设定与一般操作方式相同；另两组功能为静态与动态自动增益计算 |

　　在伺服驱动系统硬件连接和参数设置完成之后，就可通过控制器编程使其产生高速脉冲信号输出，对伺服驱动系统进行有效的运行控制。

　　如前所述，高速脉冲输出功能在 S7-200 系列 PLC 的 Q0.0 或 Q0.1 输出端产生高速脉冲，用来驱动诸如步进电动机或伺服电动机这一类负载，实现速度和位置控制。高速脉冲输出有脉冲输出 PTO 和脉宽调制输出 PWM 两种形式。每个 CPU 有两个 PTO/PWM 发生器，分配给输出端 Q0.0 和 Q0.1。当 Q0.0 或 Q0.1 设定为 PTO 或 PWM 功能时，其他操作均失效。

当不使用 PTO 或 PWM 发生器时，其作为普通端子使用。通常在启动 PTO 或 PWM 操作之前，用复位指令 R 将 Q0.0 或 Q0.1 清零。

PTO 功能可以发出方波（占空比为 50%），并可指定输出脉冲的数量和周期时间，脉冲数可定为 1~4 294 967 295，周期可以设定成以 μs 为单位或以 ms 为单位，设定范围为 50~65 535 μs 或 2~65 535 ms。

在前面立体存储单元中，曾介绍过使用 STEP7–Micro/WIN 提供的位置控制向导可以帮助用户在很短的时间内全部完成 PWM 或 PTO 的组态，向导可以生成位置指令，用户可以利用这些指令在其应用程序中为速度和位置提供动态控制。本单元中将采用另外一种方法配置 S7–200 系列 PLC 的 Q0.0 或 Q0.1 高速脉冲输出功能，即通过程序直接设置控制 Q0.0 或 Q0.1 高速脉冲输出功能的 PTO/PWM 寄存器值来实现。PTO/PWM 寄存器由 SMB65~SMB85 组成，它们的作用是监视和控制脉冲输出（PTO）和脉宽调制（PWM）功能。这两个寄存器的字节值和位值的含义在表 3–11 中列出。

表 3–11  PTO/PWM 寄存器值的含义

| Q0.0 | Q0.1 | 含　义 |
|---|---|---|
| SM66.4 | SM76.4 | PTO 包络由于增量计算错误的异常终止，0 表示无错；1 表示异常终止 |
| SM66.5 | SM76.5 | PTO 包络由于用户命令的异常终止，0 表示无错；1 表示异常终止 |
| SM66.6 | SM76.6 | PTO 流水线溢出，0 表示无溢出；1 表示溢出 |
| SM66.7 | SM76.7 | PTO 空闲，0 表示运行中；1 表示 PTO 空闲 |
| SM67.0 | SM77.0 | PTO/PWM 刷新周期值，0 表示不刷新；1 表示刷新 |
| SM67.1 | SM77.1 | PTO 刷新脉冲宽度值，0 表示不刷新；1 表示刷新 |
| SM67.2 | SM77.2 | 刷新脉冲计数值，0 表示不刷新；1 表示刷新 |
| SM67.3 | SM77.3 | PTO/PWM 时基选择，0 表示 1 μs；1 表示 1 ms |
| SM67.4 | SM77.4 | PWM 更新方法，0 表示异步更新；1 表示同步更新 |
| SM67.5 | SM77.5 | PTO 操作，0 表示单段操作；1 表示多段操作 |
| SM67.6 | SM77.6 | PTO/PWM 模式选择，0 表示选择 PTO；1 表示选择 PWM |
| SM67.7 | SM77.7 | PTO/PWM 允许，0 表示禁止；1 表示允许 |
| SMW68 | SMW78 | PTO/PWM 周期时间值（范围为 2~65 535） |
| SMW70 | SMW80 | PWM 脉冲宽度值（范围为 2~65 535） |
| SMD72 | SMD82 | PTO 脉冲计数值（范围为 1~4 294 967 295） |
| SMB166 | SMB176 | 段号（仅用于多段 PTO 操作），多段流水线 PTO 运行中的编号 |
| SMW168 | SMW178 | 包络表的起始位置，用距离 V0 的字节偏移量表示（仅用于多段 PTO 操作） |

PTO 输出脉冲串完成与否有两种方法进行判断，其一，监控特殊寄存器（SM66.7 或 SM76.7）中的 PTO 空闲位状态，就可以知道编程脉冲串是否已经完成；其二，可以在单段脉冲串（或多段脉冲串）完成时激活中断程序。

由于加工单元控制输出为伺服电动机负载，所以采用脉冲序列输出（PTO）模式。对伺服电动机的控制，采用 PLS 脉冲输出指令控制从 Q0.0 输出"脉冲序列（PTO）"的脉冲输出功能。在主程序中建立初始化子程序调用，在初始化子程序中按照以下步骤建立控制逻辑配置脉冲输出 Q0.0。图 3–174 所示为使用指令脉冲序列输出的实例程序。

1）将 16#85（选择微秒递增）或 16#8D（选择毫秒递增）载入控制字节 SMB67。

2）将需要的初始化脉冲周期载入 SMW68。

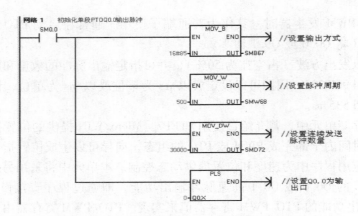

图 3-174　使用指令脉冲序列输出的实例程序

3）将需要的脉冲数载入 SMD72 中。

4）可以使用 PTO 空闲位状态（SM66.7）判断编程脉冲串完成与否。如果希望在脉冲输出完后立即执行相关功能，就可以将脉冲串完成事件（中断号 19）附加于中断程序，为中断编程，使用 ATCH 指令并执行全局中断启用指令 ENI。

5）执行 PLS 指令，使 S7-200 PLC 激活 PTO 脉冲发生器编程。

6）退出子程序。

### 3.7.5　加工单元电气系统分析、安装与调试

加工单元中安装在电气控制板上的电气系统、操作面板的硬件系统以及各电气接口信号排布与搬运单元相同，具体可以参照搬运单元中相关的内容。

与前面各设备单元中介绍的一样，在加工单元中各执行气缸的工作运动行程位置的检测采用的是双线制磁感应式接近开关（即磁性开关），其电气接线为蓝色信号线和棕色电源线。

加工单元中旋转工作台模块采用台达 ECMA-C30602ES 伺服电动机驱动其工作运行。伺服电动机由伺服驱动器 ASD-B0221-A 控制和驱动，伺服驱动器接收加工单元中 PLC 发送的控制脉冲及换向信号实现电动机的控制运行。图 3-175 所示为加工单元伺服驱动器的接线原理图。而本单元采用直流电动机模拟对工件进行钻孔加工，单元中的 PLC 通过控制继电器常开触头的通断来控制其运行。

为了检测加工单元中转盘的初始 1 号工位上有无工件，在 1 号工位的正下方安装有一个漫反射式光电接近开关。本单元采用伺服电动机驱动转盘转动，直接通过伺服驱动器发送脉冲的数量控制伺服电动机驱动工作转盘转动定位；如果将转盘驱动改用直流电动机驱动，或者不用伺服电动机自定位功能而模拟普通电动机，在转盘的 4 号工位的下方安装有一个电感式接近开关，借助它就能实现转盘转动位置的定位检测；但是，不管采用何种电动机驱动转盘工作，系统初始化时都需要借助电感式接近开关进行初始定位。这两个接近开关均为三线制电气接口，分别为棕色电源线、蓝色接地线和黑色信号线。

加工单元中所需要 PLC 的 I/O 点数为 15 点输入和 8 点输出，选用 S7-200 CPU 226 CN DC/DC/DC 的 PLC，其 I/O 点数为 24/16，完全可以满足控制 I/O 点数的需要。加工单元的 I/O 地址分配表如表 3-12 所示。

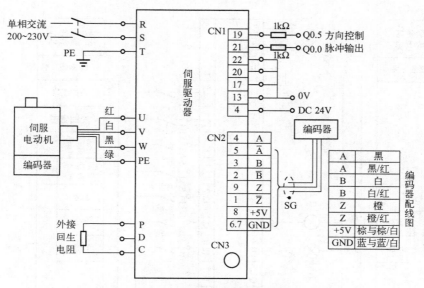

图 3-175　加工单元伺服驱动器的接线原理图

**表 3-12　加工单元的 I/O 地址分配表**

| 序　号 | 地　址 | 设备符号 | 设备名称 | 设备功能 |
|---|---|---|---|---|
| 1 | I0.0 | B1 | 漫反射式光电接近开关 | 工件有无到位检测 |
| 2 | I0.1 | B2 | 电感式接近开关 | 转盘转动位置定位检测 |
| 3 | I0.2 | 1B1 | 磁感应式接近开关 | 导杆气缸导杆上升到位检测 |
| 4 | I0.3 | 1B2 | 磁感应式接近开关 | 导杆气缸导杆下降到位检测 |
| 5 | I0.4 | 2B1 | 磁感应式接近开关 | 气缸活塞杆上升到位检测 |
| 6 | I0.5 | 2B2 | 磁感应式接近开关 | 气缸活塞杆下降到位检测 |
| 7 | I0.6 | 3B1 | 磁感应式接近开关 | 顶料气缸活塞杆缩回到位检测 |
| 8 | I0.7 | 3B2 | 磁感应式接近开关 | 顶料气缸活塞杆伸出到位检测 |
| 9 | I2.0 | SB1 | 按钮 | 开始 |
| 10 | I2.1 | SB2 | 按钮 | 复位 |
| 11 | I2.2 | SB3 | 按钮 | 特殊（手动单步控制） |
| 12 | I2.3 | SA1 | 开关 | 手动（0）/自动（1）切换 |
| 13 | I2.4 | SA2 | 开关 | 单站（0）/联网（1）切换 |
| 14 | I2.5 | SB4 | 按钮 | 停止 |
| 15 | I2.6 | KA | 继电器触头 | 上电信号 |
| 16 | Q0.0 | CN1 - 21# | 伺服驱动器脉冲输出 | 控制伺服电动机驱动运行 |
| 17 | Q0.1 | K1 | 继电器 | 控制直流电动机运行钻孔 |
| 18 | Q0.2 | 1Y1 | 电磁阀 | 控制导杆气缸导杆下降 |
| 19 | Q0.3 | 2Y1 | 电磁阀 | 控制检测气缸活塞杆下降 |
| 20 | Q0.4 | 3Y1 | 电磁阀 | 控制顶料气缸活塞杆伸出 |
| 21 | Q0.5 | CN1 - 19# | 伺服驱动器方向控制 | 控制伺服电动机的运行方向 |
| 22 | Q1.6 | HL1 | 绿色指示灯 | 开始指示 |
| 23 | Q1.7 | HL2 | 蓝色指示灯 | 复位指示 |

图 3-176 所示为加工单元 PLC I/O 接线原理图。在输出端连接有控制伺服电动机方向和位置的驱动器的两个控制输入端，连接线路上均串有一个阻值为 1 kΩ 的限电流保护电阻。

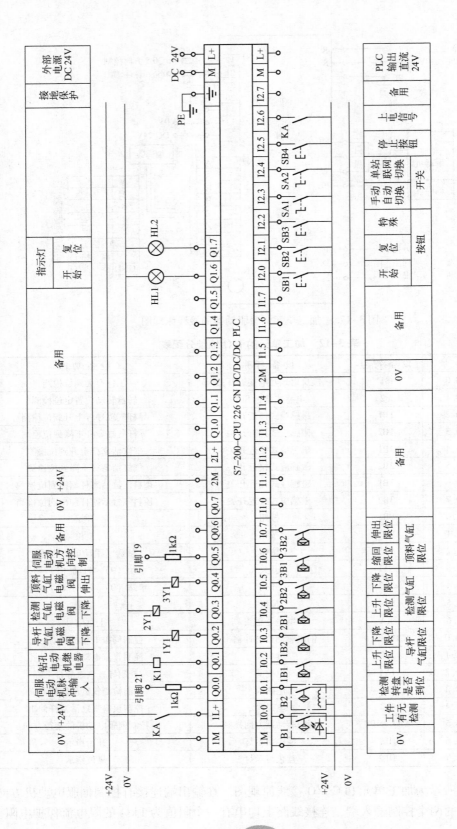

图3-176 加工单元PLC I/O接线原理图

160

进行加工单元的电气系统安装时，电气控制板上的供电电源系统、I/O 转接端口模块、操作面板的硬件系统以及本单元中用到的磁感应式接近开关、漫反射式光电接近开关、电感式接近开关、直流电动机控制线路仍然与前面单元中一样，连接与测试可参考搬运单元的对应内容。下面仅对加工单元中伺服电动机驱动系统的连接与调试进行介绍。

进行伺服电动机驱动系统电气线路的连接时，应先按照图 3-175 所示的电气接线关系，将单相交流 220 V 电源经过电气保护装置后连接到台达伺服驱动器 R、S 电源输入端，T 端连接伺服驱动器的接地保护端子上；将伺服电动机的三相 U（红）、V（白）、W（黑）接线对应接到伺服驱动器电源输出端 U、V、W 端子上，伺服电动机绿色接地线接到伺服驱动器的接地保护端子上；驱动器 CN2 通过编码器连接线连接到伺服电动机编码器的插座上。将伺服驱动器 CN1 引脚 4 的引线接 I/O 转接端口模块输出端的 24 V 端；CN1 引脚 13、17、20、22 的引线连接到 I/O 转接端口模块输出端的 0 V 端；CN1 引脚 19 和 21 分别为伺服驱动器的方向控制和脉冲输入的信号端。其引线均串有 1 个 1 kΩ 的电阻后，如图 3-175 所示，再连接到加工单元 PLC 的 Q0.5 和 Q0.0 输出端上。

本加工单元中伺服驱动装置工作于位置控制模式，PLC 的输出端 Q0.0 作为伺服驱动器的输入脉冲位置指令，脉冲数量决定伺服电动机的旋转角度，即转盘转过的角度，脉冲的频率决定了伺服电动机的旋转速度；PLC 输出端 Q0.5 作为伺服驱动器的脉冲输出方向控制指令。对于控制要求较为简单，伺服驱动器可采用自动增益调整模式。加工单元伺服驱动器参数设置表如表 3-13 所示。

表 3-13　加工单元伺服驱动器参数设置表

| 参　　数 | 参 数 名 称 | 代　　码 | 参 数 值 | 预 设 值 |
|---|---|---|---|---|
| P0-00 | 设备版本 | VER | 1.02 | 1020 |
| P0-04 | 状态监控暂存器 1 | CM1 | 313 | 0 |
| P0-09 | 伺服输出状态显示 | SVSTS | 0x0097 | 0x0000 |
| P1-37 | 对伺服电动机的负载惯量比 | GDR | 32 | 10 |
| P2-00 | 位置控制比例增益 | KPP | 188 | 50 |
| P2-02 | 位置控制前馈增益 | PFG | 50 | 0 |
| P2-08 | 特殊参数写入 | PCTL | 36 | 0 |
| P2-13 | 数位输入引脚 DI4 功能规划 | DI4 | 122 | 22 |
| P2-14 | 数位输入引脚 DI5 功能规划 | DI5 | 123 | 23 |
| P2-15 | 数位输入引脚 DI6 功能规划 | DI6 | 121 | 21 |
| P2-25 | 共振抑制低通滤波 | NLP | 13 | 20 |
| P2-26 | 外部干扰抵抗增益 | DST | 120 | 0 |
| P2-45 | 摆动频率 | AFRQ | 10 | 30 |
| P4-00 | 异常状态记录 $N$ | ASH1 | 20 | 0 |
| P4-01 | 异常状态记录（$N-1$） | ASH2 | 20 | 0 |
| P4-02 | 异常状态记录（$N-2$） | ASH3 | 20 | 0 |
| P4-03 | 异常状态记录（$N-3$） | ASH4 | 20 | 0 |
| P4-04 | 异常状态记录（$N-4$） | ASH5 | 20 | 0 |
| P4-07 | 数据输入 Din 通信监控 | ITST | 1 | 0 |
| P4-11 | 类比速度输入（1）硬体偏移量校正 | SOF1 | 16404 | 16352 |

| 参　数 | 参　数　名　称 | 代　码 | 参　数　值 | 预　设　值 |
|---|---|---|---|---|
| P4－12 | 类比速度输入（2）硬体偏移量校正 | SOF2 | 16384 | 16352 |
| P4－13 | 类比力矩输入（1）硬体偏移量校正 | TOF1 | 16392 | 16352 |
| P4－15 | 电流检出器（V1）硬体偏移量校正 | COF1 | 16538 | 16352 |
| P4－16 | 电流检出器（V2）硬体偏移量校正 | COF2 | 16425 | 16352 |
| P4－17 | 电流检出器（W1）硬体偏移量校正 | COF3 | 16138 | 16352 |
| P4－18 | 电流检出器（W2）硬体偏移量校正 | COF4 | 16370 | 16352 |
| P4－19 | IGBT NTC 校正准位 | TIGB | 3 | 2 |

注：其他参数的说明及设置请参看台达 ASD－B 系列伺服电动机和驱动器使用说明书。

　　类似于上一单元的步进电动机驱动系统一样，在本单元伺服电动机驱动系统硬件线路连接完成之后，还必须进行驱动系统的控制功能调试，特别是电动机旋转方向和运行速度的控制测试。调试前，必须先检查运动系统是否存在机械干涉的可能，特别要注意转盘下面的两个接近开关的高度，在保证可靠稳定检测信号的前提下，不能与转盘背面的定位块发生碰撞。在检查线路正确后上电开始调试，首先按照 3.7.4 节中介绍的方法将表 3-13 中伺服驱动器参数设置于驱动器中，接着按照 3.7.4 节中讲解的方法设置 Q0.0 高速脉冲输出功能的 PTO/PWM 寄存器值。具体可按照图 3-177 所示的伺服电动机测试程序进行调试。

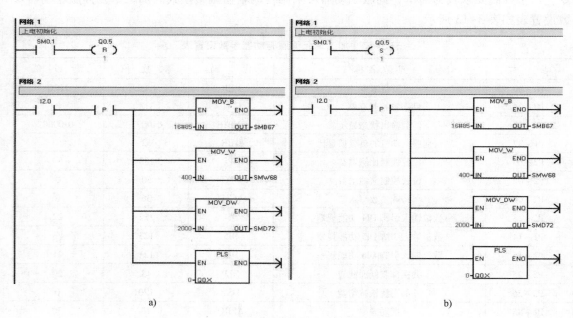

图 3-177　伺服电动机测试程序

　　在图 3-177a 测试程序中首先有复位 Q0.5，即此时 DIR1 + 为低电平状态，按下启动按钮 SB1，观察转盘的转动情况；在图 3-177b 测试程序中首先有置位 Q0.5，即此时 DIR1 + 为高电平状态，同样按下启动按钮 SB1，观察转盘的转动情况。通过这两小段调试程序，即可判断出伺服电动机驱动系统是否工作正常以及其运行方向。对伺服电动机的转速和转矩，具体可以通过修改程序中的特殊寄存器 SMW68 和 SMD72 值，再观察转盘的转动情况。

### 3.7.6 加工单元控制程序设计与调试

针对加工单元的结构特点，下面给出其典型的设备运行控制要求与操作运行流程。

1）系统上电，加工单元处于初始状态，操作面板上复位灯闪烁指示。

2）按下复位按钮，进行复位操作，即复位灯熄灭，开始灯闪烁指示，本单元中各执行气缸的活塞杆处于缩回状态，伺服电动机顺时针旋转，直到电感式接近开关检测出定位信号后停止。

3）按下开始按钮时，开始灯常亮指示，等待工件；待检测到工件到来时，转盘将工件送达加工钻孔位置，顶料气缸伸出顶住工件，导杆气缸下降，钻孔电动机对工件实施钻孔加工。

4）工件钻孔完成，导杆气缸上升，顶料气缸缩回，钻孔电动机停止运行。

5）转盘继续将工件送达检测位置，检测气缸下降对工件的钻孔质量进行检测，若检测气缸能下降到位，表示工件孔质量合格；否则，工件孔质量不合格。

6）工件钻孔质量检测完成后，转盘转到完成工位，即将工件送达到出料位置，并回到复位后状态，等待新一轮的起动信号。

7）同样，加工单元有手动单周期、自动循环两种工作模式。无论在哪种工作模式控制任务中，加工单元都必须处于初始复位状态方可允许起动。这两种工作模式的操作运行特点与前面搬运单元一样，可见搬运单元的对应内容。

图 3-178 所示为加工单元的控制工艺流程图。它满足以上所列典型的运行控制要求与操作运行流程。

**注意：**此流程图仅给出了主要的控制内容，具体细节在此没有进行详细说明，可由读者自己补充。

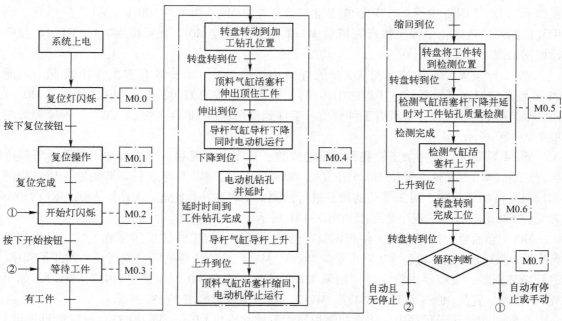

图 3-178 加工单元的控制工艺流程图

根据图 3-178 所示的加工单元控制工艺流程图编写出对应的控制程序。本单元中采用模块化的编程思想进行控制程序设计。下面对子程序的功能以及具体的使用进行简单的介绍。

　　对于加工单元伺服电动机的初始化，首先初始化单段 PTO 从 Q0.0 输出脉冲，设置控制字节，载入周期和使转盘转动超过 90° 的脉冲数，为了保证转盘初始化完成，第一次的伺服电动机的初始化，可以适当增加脉冲数，在转盘转动电感式接近开关检测到位后，停止脉冲输出，因此在本单元的伺服初始化程序中设置输出脉冲数 100 000，周期为 80 μs。在伺服电动机定位中，就没有用到电感式接近开关，而是充分利用伺服电动机的精确定位功能，通过给定单段 PTO 值的脉冲数为 20 000，周期为 80 μs，标记转盘的初始位置，执行 PLS 指令激活 PTO 脉冲发生器，待转盘停止转动后，标记转盘的停止位置，测量转盘转动角度为 30°，经过多次测量计算最后取平均，得到转盘转动 1° 需要 688 个脉冲，因此转盘转动 90° 需要 Q0.0 输出 62 000 个脉冲。

　　加工单元主程序可以由 10 个子程序组成。这 10 个子程序分别为：初始化、复位操作、伺服初始化、伺服停止、伺服定位、加工钻孔、钻孔质量检测、完成工件、开始指示灯及循环判断。

　　初始化、复位操作、开始指示灯和循环判断的子程序与前面 3 个单元子程序的编写方法一样。伺服初始化子程序的主要任务是单段 PTO 操作初始化。伺服停止子程序的主要任务是可以在任何时间禁止 PTO 脉冲的输出。伺服定位子程序的主要任务是准确定位转盘转动 90°。加工钻孔子程序的主要任务是使转盘转到加工钻孔位置，进行工件的加工钻孔。钻孔质量检测子程序的主要任务是检测工件钻孔的质量是否合格。完成工件子程序的主要任务是使转盘转到完成工位上，等待搬运单元搬走工件。下面仅给出本单元主要的控制程序，部分没有具体给出的子程序内容与前面单元中的子程序内容大同小异。具体的程序如图 3-179 ~ 图 3-187 所示。

　　直接调用初始化和开始指示灯子程序，进行系统初始化；停止按钮 I2.5 和开始按钮 I2.0 实现对停止状态位 M2.0 的控制。初始化完成后，M0.0 导通，上电信号 I2.6 导通，复位指示灯 Q1.7 闪烁指示；按下复位按钮 I2.1，置位 M0.1 并复位 M0.0；M0.1 导通后，调用复位操作子程序，子程序执行完成后 M1.2 导通，置位 M0.2 并复位 M0.1、M1.2。程序梯形图如图 3-179 所示。

　　M0.2 导通后，开始指示灯 Q1.6 闪烁（由于程序中 Q1.6 具有多次输出情况，因此 Q1.6 输出情况在开始指示灯子程序中体现），按下开始按钮 I2.0，置位 M0.3 并复位 M0.2。M0.3 导通后，等待检测是否有工件到位。工件到位则置位 M0.4 并复位 M0.3。程序梯形图如图 3-180 所示。

　　M0.4 导通后，调用加工钻孔和伺服定位的子程序，实现对工件进行加工钻孔。子程序执行完成，M1.5 导通，置位 M0.5 并复位 M0.4、M1.5。M0.5 导通后，调用钻孔质量检测和伺服定位的子程序，对工件孔的质量进行检测。子程序执行完成，M1.3 导通，置位 M0.6 并复位 M0.5、M1.3。程序梯形图如图 3-181 所示。

　　M0.6 导通后，调用完成工件和伺服定位的子程序，将工件转送到完成工位。子程序执行完成，M1.1 导通，置位 M0.7 并复位 M0.6、M1.1。M0.7 导通后，调用循环判断子程序，进行循环判断；子程序执行完成，如果 M1.1 导通，置位 M0.2 并复位 M0.7、M1.1；如果 M1.2 导通，置位 M0.3 并复位 M0.7、M1.2。程序梯形图如图 3-182 所示。

　　在伺服初始化子程序中，建立控制逻辑配置脉冲输出 Q0.0，将 16#85（选择微秒递增）载入控制字节 SMB67，把初始脉冲周期 80 μs 载入 SMW68 和脉冲数 100 000 载入 SMD72 中，

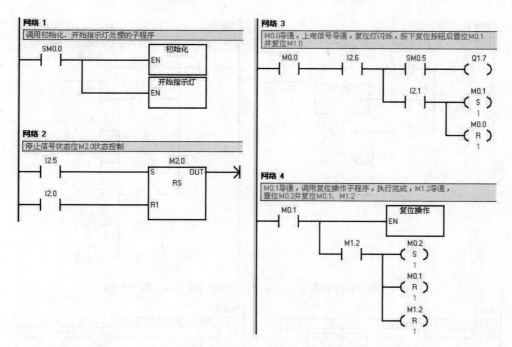

图 3-179　程序梯形图——系统初始化、复位指示灯闪烁及复位操作

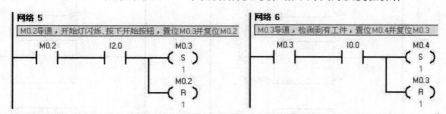

图 3-180　程序梯形图——开始起动、检测有无工件

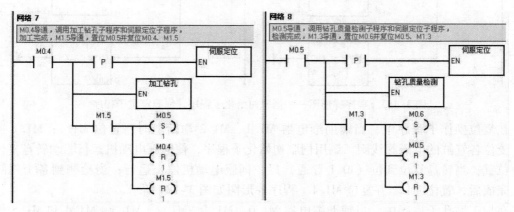

图 3-181　程序梯形图——加工钻孔、钻孔质量检测、伺服定位

执行 PLS 指令，使 S7-200 PLC 激活 PTO 脉冲发生器。同样在伺服定位子程序中，转盘转动角度要准确定位，因此只要设置新的脉冲数其他参数不变，根据上面的脉冲数计算，将脉冲数 62 000 载入 SMD72 中，再次执行 PLS 指令，激活 PTO 脉冲发生器，实现准确定位功能。程序梯形图如图 3-183 所示。

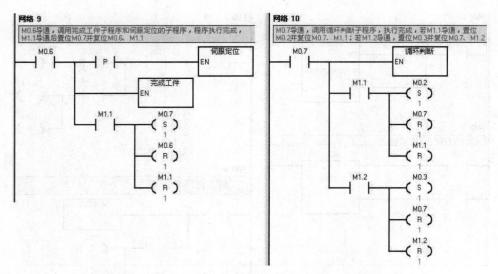

图 3-182　程序梯形图——完成工件和伺服定位、循环判断

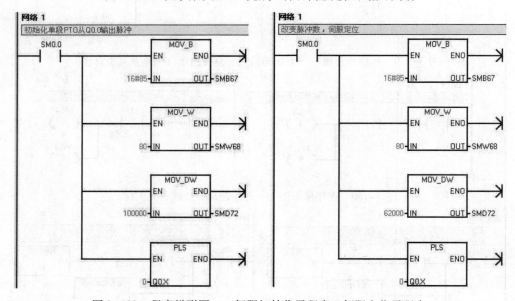

图 3-183　程序梯形图——伺服初始化子程序、伺服定位子程序

在复位操作子程序中，当辅助继电器 M1.1、M1.2 均断电时，置位 M1.1；M1.1 导通后，复位各气缸的电磁阀线圈，调用伺服初始化子程序，使伺服电动机运行驱动转盘复位到等待位置；当转盘复位到位（I0.1 导通）后，伺服电动机停止运行；当检测到各个气缸均复位完成后，置位 M1.2 并复位 M1.1。程序梯形图如图 3-184 所示。

在加工钻孔子程序中，当辅助继电器 M1.0、M1.1、M1.2、M1.3、M1.4 和 M1.5 均断电时，置位 M1.0；M1.0 导通后，转盘转动到加工钻孔位置，当脉冲数输出完成时，特殊继电器 SM66.7 导通，置位 M1.1 并复位 M1.0；M1.1 导通后，顶料气缸活塞杆伸出，伸出到位，置位 M1.2 并复位 M1.1；M1.2 导通后，导杆气缸导杆下降同时电动机运行，下降到位延时 2s，延时时间到，置位 M1.3 并复位 M1.2；M1.3 导通后，导杆气缸导杆上升，上升到

166

位，置位 M1.4 并复位 M1.3；M1.4 导通后，顶料气缸活塞杆缩回同时电动机停止运行，缩回到位，置位 M1.5 并复位 M1.4。程序梯形图如图 3-185 所示。

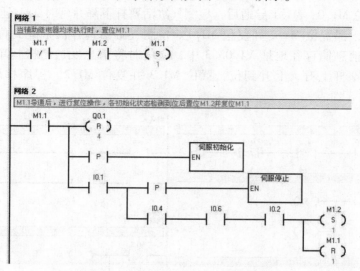

图 3-184　程序梯形图——复位操作子程序

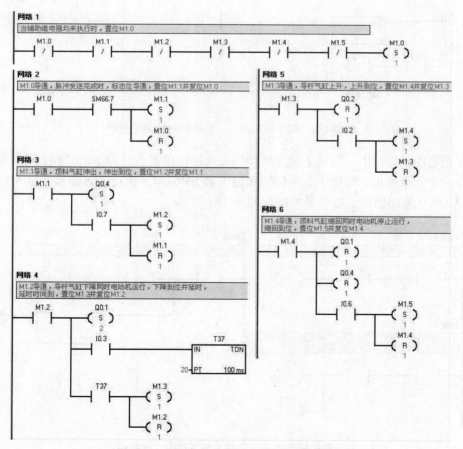

图 3-185　程序梯形图——加工钻孔子程序

在钻孔质量检测子程序中，当辅助继电器 M1.0、M1.1、M1.2 和 M1.3 均断电时，置位 M1.0，M1.0 导通后，转盘转动到检测位置，脉冲发送完成时，特殊继电器 SM66.7 导通，置位 M1.1 并复位 M1.0；M1.1 导通后，检测气缸活塞杆下降并延时 2s，延时时间到，下降到位或者不到位，都置位 M1.2 并复位 M1.1。检测气缸活塞杆没下降到位为不合格工件，并将不合格工件信息储存在地址 V1003.3 中，通信时将信息发送给搬运单元。M1.2 导通后，检测气缸活塞杆上升，上升到位，置位 M1.3 并复位 M1.2。程序梯形图如图 3-186 所示。

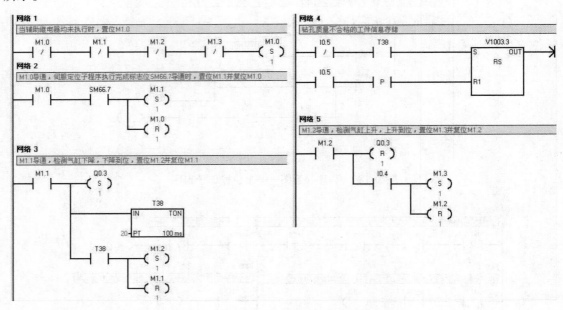

图 3-186　程序梯形图——钻孔质量检测子程序

在完成工件子程序中，实现了转盘转动到完成工位位置，脉冲输出完成，等待搬运单元搬走工件。在伺服停止子程序中，复位特殊继电器 SM67.7，执行 PLS 指令后，可以禁止单段 PTO 从 Q0.0 输出脉冲。程序梯形图如图 3-187 所示。

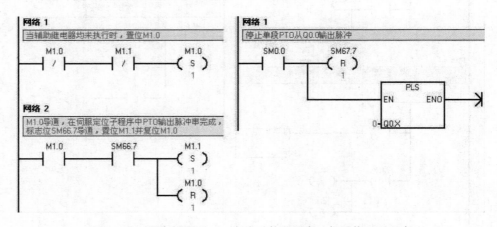

图 3-187　程序梯形图——完成工件子程序、伺服停止子程序

在编写完加工单元的程序后，先要认真检查程序，如果程序存在问题，很容易造成设备的损坏。在检查程序无误后，再运行程序，观察加工单元设备的执行情况，一旦发生执行元件机构相互冲突时，应及时采取措施，如急停、切断执行机构控制信号、切断气源或切断总电源等。

## 任务 3.8　分拣输送单元安装与调试

### 知识与能力目标

1）熟悉分拣输送单元结构与功能，并正确安装与调整。
2）正确分析光电编码器电气线路，并对其进行连接与测试。
3）掌握 MM420 变频器的控制方式，并对其进行连接与测试。
4）熟练利用指令向导配置 PLC 高速计数器操作。
5）掌握异步电动机位置控制程序设计与调试方法。

## 3.8.1　分拣输送单元结构与功能分析

分拣输送单元主要是将工件通过传送带输送到下一单元，根据预设的工件信息，在工件检测模块和推料模块的配合下，实现传送带模块上工件的自动分拣输送功能。图 3-188 所示为分拣输送单元的整体结构图，其主要组成有传送带模块、工件检测模块、推料模块、电气控制板、操作面板、I/O 转接端口模块、CP 电磁阀及过滤减压阀等。下面介绍主要模块的结构及功能。

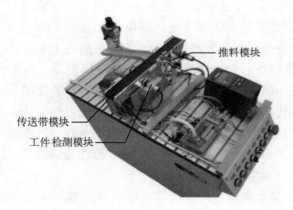

图 3-188　分拣输送单元的整体结构图

1）传送带模块用于工件的带上输送传递，其主要由传送带、三相异步电动机、光电编码器和支撑架等组成，如图 3-189 所示。三相异步电动机为传送带输送工件提供动力，由西门子 MM420 变频器驱动其运行工作，通过变频器实现三相异步电动机的运行起、停和速度调节控制，以达到改变传送带传动速度的目的。光电编码器用于电动机运行速度的检测，通过光电编码器为三相异步电动机转速调节和起、停控制提供反馈信号。

2）推料模块用于实现工件的带上自动分拣任务，其主要由一个双作用的直线气缸、气缸固定支架和推料滑槽组成，如图3-190所示。直线气缸通过固定支架安装在传送带支架外端，依据预设的工件信息，当传送带上的工件在推料气缸前端停止时，推料气缸动作将工件推到滑槽中。

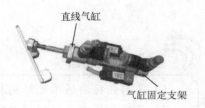

图3-189　传送带模块　　　　　　　　　　　图3-190　推料模块

3）工件检测模块用于传送带上工件到来与离开信息的检测，其检测装置主要由两个漫反射式光电接近开关组成，它们分别被安装固定在传送带的前后两端位置。同时，借助这两个光电接近开关能为传送带的起、停控制提供检测信号。

分拣输送单元上除了具有以上介绍的组成模块外，同样还配备有CP电磁阀和过滤减压阀等。

## 3.8.2　分拣输送单元机械及气动元件安装与调整

在分拣输送单元中，传送带模块执行工件的输送与定位任务，推料模块实现工件的分拣功能，而检测模块用于执行工件进出的检测。下面按照功能模块进行具体的机械及气动元件安装与调整步骤介绍。图3-191所示为分拣输送单元的安装示意图。

1）在标准导轨上依次安装I/O转接端口模块、CP电磁阀以及MM420变频器等，然后将导轨用螺钉固定到铝合金面板下方的位置上，在面板的右上角安装过滤减压阀。

2）独立进行传送带模块的安装与调整，如图3-191a所示。首先把三相异步电动机与传动装置对轴连接，注意不能出现偏轴的情况；在传送带的安装支架套装上传送带，通过传送带首尾两端的固定挡板将传送带张紧到传送带支架上，通过调整传送带支架两端固定板的位置，使传送带保持适量的张紧状态，确保传送带能顺畅运行，不能出现卡死与跳齿情况，调整完成之后用螺钉锁紧；最后，将光电编码器安装在传动装置的另一轴端上，并确保两者之间的同轴安装，再用螺钉锁紧。

3）在铝合金面板中部位置通过外直角链将传送带支撑架垂直安装其上，调整合适的距离，再将独立安装好的传送带模块通过支架固定其上，如图3-191b所示。

4）将推料杆配合安装到直线推料气缸的活塞杆上，并用螺钉紧固；接着将推料气缸安装到直角固定块上，然后再整体用螺钉紧固安装到传送带支撑架中部外端，并进行调整，保证其安装的高度使推料杆与传送带不发生干涉；根据推料气缸的位置，在传送带模块的另一侧安装推料滑槽。安装时需调整好滑槽的倾斜度与高度，确保工件能够顺利滑落。整个安装示意如图3-191c所示。

5）分别在传送带模块的前后两端安装上接近开关支架及接近开关，确保安装高度适当，能有效对传送带上工件的进、出进行检测。同时，前后两接近开关必须与推料模块之间确保一定的空间距离，避免运行时三者之间产生干扰影响。根据实际安装完成的情况如图3-191d所示。

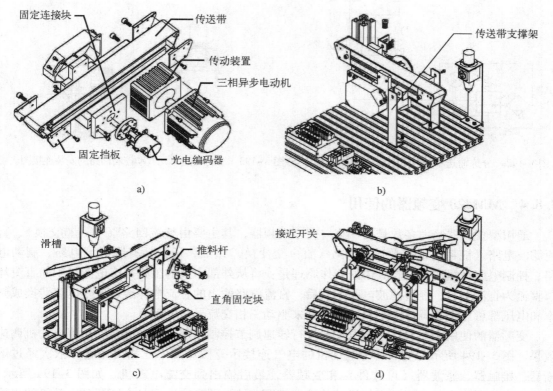

图3-191　分拣输送单元的安装示意图

6）根据各运动机构之间的运动空间要求，局部调整各模块的相对位置，保证各模块安装稳固，防止发生干涉，再进行加固处理。最后，在本单元设备上相应安装上气缸节流阀、磁感应式接近开关等。

### 3.8.3　分拣输送单元气动控制回路分析、安装与调试

图3-192所示为分拣输送单元气动控制回路原理图。在本原理图中只有一个气动控制回路，用于控制直线气缸执行分拣推料的动作。

根据图3-192所示的分拣输送单元气动控制回路原理图，结合气路回路的运行控制过程要求，可绘制出分拣输送单元气动控制回路的安装连接图，如图3-193所示。分拣输送单元的气动控制回路的运行分析、安装连接、调试方法及步骤与前面单元中介绍的一样。读者可以根据图3-192原理图和图3-193安装连接图，再参照前面单元的相关内容自己分步实施，完成本单元的气动控制回路安装与调试任务，保证其满足设备的需要而正确可靠工作。

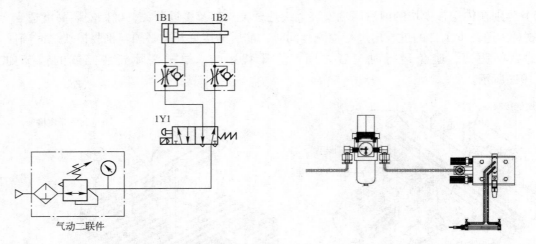

图3-192　分拣输送单元气动控制回路原理图　　图3-193　分拣输送单元气动控制回路的安装连接图

### 3.8.4　MM420 变频器的使用

通用型变频器绝大多数是交－直－交型变频器，其主要由整流回路（交－直交换）、直流滤波电路（能耗电路）及逆变电路（直－交变换）组成，还包括有限电流电路、制动电路、控制电路等组成部分。具体的工作原理是：将从外部引入的工频交流电源经中间直流环节整流为直流电源，经过滤波电路滤波后，直流电路输出的直流电源经过逆变电路转换成频率和电压都可以任意调节的三相交流电源来驱动三相交流异步电动机。

变频器的使用主要是对交流电动机进行转速调节控制，以便获得满意的交流电动机调速效果。图 3-194 所示为变频器与电动机的电气连接示意图。图中三相交流电源依次经过熔断器、接触器、滤波器（可选件）和变频器，最后输出到交流电动机。如图 3-194 所示，在使用变频器时需要注意处理好屏蔽和接地问题，滤波器到变频器、变频器到电动机的连接导线均应采用屏蔽线且屏蔽层需可靠接地，同时电动机的机壳也要可靠接地。

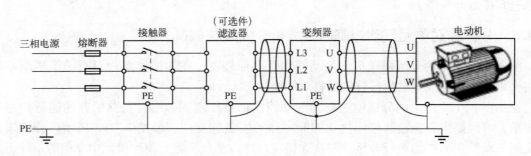

图 3-194　变频器与电动机的电气连接示意图

西门子 MM420（MICROMASTER420）是用于控制三相交流电动机速度的变频器系列。该系列有多种型号，分拣输送单元选用的 MM420 订货号为 6SE6420－2UD17－5AA1，拆卸盖板后可以看到变频器的接线端子。图 3-195 所示为 MM420 变频器外形图及接线端子图。

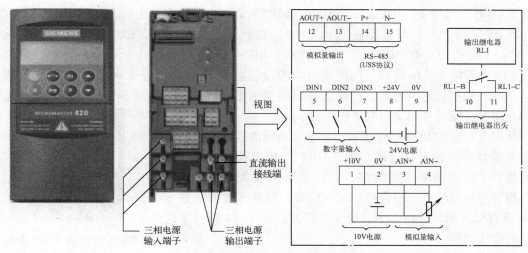

图 3–195　MM420 变频器外形图及接线端子图

## 1. 变频器的功能

图 3–196 所示为 MM420 变频器的功能框图。在框图中，主要包括内部电源 +10V（端子 1），内部电源 0V（端子 2）；模拟量输入点 AIN +（端子 3）和 AIN –（端子 4）；数字量

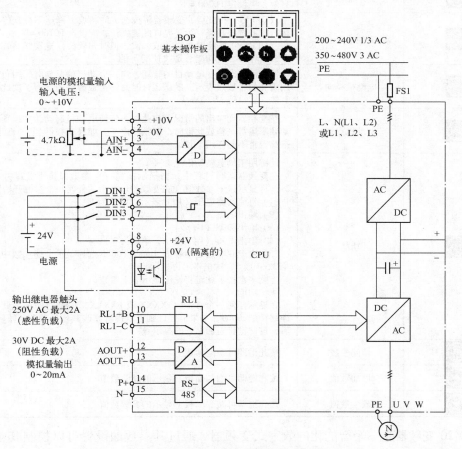

图 3–196　MM420 变频器的功能框图

输入点 DIN1（端子 5）、DIN2（端子 6）和 DIN3（端子 7）；内部电源 +24V（端子 8）和内部电源 0V（端子 9）；继电器输出 RL1 - B（端子 10）和 RL1 - C（端子 11）；模拟量输出 AOUT +（端子 12）和 AOUT -（端子 13）；RS - 485 串行通信口 P +（端子 14）和 N - （端子 15）等输入输出接口，同时带有人机交互接口基本操作板（BOP）。其核心部件为 CPU 单元，根据设定的参数，经过运算输出控制正弦波信号，经过 SPWM 调制，放大输出三相交流电压驱动三相交流电动机运转。

利用变频器的 BOP 操作板可以改变变频器的各个参数，从而设置变频器的各种运行功能。图 3-197 为 BOP 操作面板。BOP 上方具有 7 段显示的 5 位数字，可以用于显示参数的序号和数值、报警和故障信息、设定值和实际值等，但是参数的信息不能用 BOP 存储。另外，BOP 上备有 8 个按钮，表 3-14 列出了这些按钮的操作功能。

图 3-197　BOP 操作面板

表 3-14　BOP 上的按钮及其功能说明

| 显示/按钮 | 功　能 | 说　明 |
|---|---|---|
|  r0000 | 状态显示 | LCD 显示变频器当前的设定值 |
|  I | 变频器起动 | 按此键起动变频器。默认运行时此键是被封锁的。为了使此键的操作有效，应设定 P0700 = 1 |
|  O | 变频器停止 | 〈OFF1〉：按此键，变频器将按选定的斜坡下降速率减速停车，默认运行时此键被封锁；为了允许此键操作，应设定 P0700 = 1。〈OFF2〉：按此键两次（或一次，但时间较长）电动机将在惯性作用下自由停车。此功能总是"使能"的 |
|  ⌒ | 电动机换向 | 按此键可以改变电动机的转动方向，电动机的反向时，用负号表示或用闪烁的小数点表示。默认运行时此键是被封锁的，为了使此键的操作有效，应设定 P0700 = 1 |
|  jog | 电动机点动 | 在变频器无输出的情况下按此键，将使电动机起动，并按预设定的点动频率运行。释放此键时，变频器停车。如果变频器/电动机正在运行，按此键将不起作用 |
|  Fn | 功能 | 此键用于浏览辅助信息。<br>在变频器运行过程中，当显示任何一个参数时按下此键并保持不动 2s，将显示以下参数值（在变频器运行中从任何一个参数开始）：<br>（1）直流回路电压（用 d 表示，单位为 V）<br>（2）输出电流 A<br>（3）输出频率（Hz）<br>（4）输出电压（用 o 表示，单位为 V）<br>（5）由 P0005 选定的数值（如果 P0005 选择显示上述参数中的任何一个 3、4 或 5，这里将不再显示）<br>连续多次按下此键将轮流显示以上参数。<br>跳转功能<br>在显示任何一个参数（rXXXX 或 PXXXX）时短时间按下此键，将立即跳转到 r0000，如果需要，则可以接着修改其他的参数。跳转到 r0000 后，按此键将返回原来的显示点 |
|  P | 访问参数 | 按此键即可访问参数 |
|  ▲ | 增加数值 | 按此键即可增加面板上显示的参数数值 |
|  ▼ | 减少数值 | 按此键即可减少面板上显示的参数数值 |

MM420 变频器是一个智能化的数字式变频器，通过其参数的设置可以控制其不同的运行功能。参数号是指参数的编号，用 0000 ~ 9999 的 4 位数字表示，在参数号的前面有一个

小写字母"r"时，表示该参数是"只读"的参数。其他所有参数号的前面都有一个大写字母"P"。这些参数的设定值可以直接在其"最小值"和"最大值"的范围内进行修改。

MM420 变频器有数千个参数，为了能快速访问指定的参数，MM420 变频器采用把参数分类、屏蔽（过滤）不需要访问的类别的方法实现。实现这种过滤功能的有如下几个参数。

1）参数 P0004 是实现这种参数过滤功能的重要参数。当完成了 P0004 的设定以后再进行参数查找时，在 LCD 上只能看到 P0004 设定值所指定类别的参数，从而可以更方便地进行调试。参数 P0004 可能的设定值如表 3-15 所示，其默认的设定值为 0。

表 3-15　参数 P0004 可能的设定值

| 设定值 | 所指定参数值意义 | 设定值 | 所指定参数值意义 |
| --- | --- | --- | --- |
| 0 | 全部参数 | 12 | 驱动器装置的特征 |
| 2 | 变频器参数 | 13 | 电动机的控制 |
| 3 | 电动机参数 | 20 | 通信 |
| 7 | 命令，二进制 I/O | 21 | 报警/警告/监控 |
| 8 | 模 – 数转换和数 – 模转换 | 22 | 工艺参量控制器（例如 PID） |
| 10 | 设定值通道/RFG（斜坡函数发生器） | | |

2）参数 P0010 是调试参数过滤器，对与调试相关的参数进行过滤，只筛选出那些与特定功能组有关的参数。P0010 的可能设定值为 0（准备）、1（快速调试）、2（变频器）、29（下载）、30（工厂的默认设定值），其中默认设定值为 0。

3）参数 P0003 用于定义用户访问参数组的等级，设置范围为 1 ~ 4，其中：

"1"标准级，可以访问最经常使用的参数。

"2"扩展级，允许扩展访问参数的范围。

"3"专家级，只供专家使用。

"4"维修级，只供授权的维修人员使用——具有密码保护。

该参数默认设置为等级 1（标准级），对于大多数简单的应用对象，采用标准级就可以满足要求。可以修改设置值，但建议不要设置为等级 4（维修级），使用 BOP 或 AOP 操作板看不到第 4 访问级的参数。

4）参数 P970 为复位到工厂设置值，默认值为 1。

5）参数 P0700 用于指定命令源，可能的设置值如表 3-16 所示，默认值为 2。

表 3-16　参数 P0700 可能的设置值

| 设置值 | 指定参数值意义 | 设置值 | 指定参数值意义 |
| --- | --- | --- | --- |
| 0 | 工厂的默认设置 | 4 | 通过 BOP 链路的 USS 设置 |
| 1 | BOP（键盘）设置 | 5 | 通过 COM 链路的 USS 设置 |
| 2 | 由端子排输入 | 6 | 通过 COM 链路的通信板（CB）设置 |

注意：当改变这一参数时，同时也使所选项目的全部设置值复位为工厂的默认设置值。例如，把它的设定值由 1 改为 2 时，所有的数字输入都将复位为默认的设置值。

6）参数 P1000 用于选择频率设定值的信号源。其设定值可达 0 ~ 66，默认的设置值为 2。下面只说明其常用设定值信号源的意义。

"0"值：无主设定值。

"1"值：MOP（电动电位差计）设定值。当取此值时，选择基本操作板（BOP）的按键指定输出频率。

"2"值：模拟设定值。输出频率由3、4端子两端的模拟电压（0～10V）设定。

"3"值：固定频率。由数字输入端子 DIN1～DIN3 的状态指定输出频率，用于多段速控制。

"5"值：通过 COM 链路的 USS 设定，即通过按 USS 协议的串行通信线路设定输出频率。

在介绍完以上基本知识之后，便可以进行变频器参数的设置了。通过 BOP 就可以进行修改和设定参数，所选择的参数号和参数值可在 LCD 上显示，参数数值的更改步骤主要包括选定参数的查找、进入参数访问级更改参数、确认并存储参数值。下面就以更改参数 P0004 的数值为例进行介绍，具体步骤如图 3-198 所示，其他参数的更改步骤与此类似。

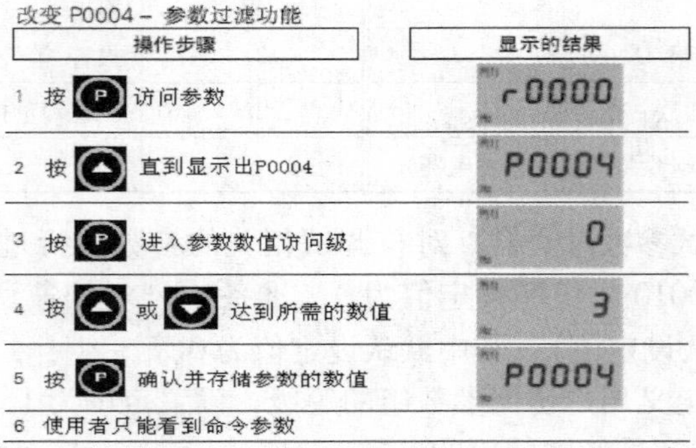

图 3-198　参数 P0004 的更改步骤

## 2. 常见信号给定控制方式

在使用一台变频器的时候，目的是通过改变变频器的输出频率从而改变电动机的转速，因此必须向变频器提供改变频率的信号，这个信号称为频率给定信号。变频器常见的频率给定信号的方式主要有操作板（BOP）给定、接点开关信号给定、模拟信号给定、脉冲信号给定和通信方式给定等。下面针对 MM420 变频器介绍两种常用的信号给定控制工作方式，其他的方式可参考西门子公司的 MM420 变频器使用手册。

（1）模拟量输入信号给定控制连续调速

当变频器的参数为设置出厂默认值时，命令源参数 P0700 = 2，指定命令源为"外部 I/O"；频率设定值信号源 P1000 = 2，指定频率设定信号源为"模拟量输入"。这时，只需在 AIN +（端子3）与 AIN –（端子4）加上外部模拟电压（DC 0～10 V 可调），并使数字输入端子 DIN1 信号为 ON，即可起动电动机实现电动机速度连续调速。

同时，当用数字输入端子 DIN1 和 DIN2 控制电动机的正、反转方向时，可通过设定参数 P0701、P0702 实现，使 P0701 = 1（DIN1 ON 接通正转，OFF 停止），P0702 = 2（DIN2 ON 接通反转，OFF 停止）。

以下为模拟量输入信号给定控制调速，并能实现正、反转起动运行的参数设置步骤。

1）P0010 参数为"30"、P0970 参数设为"1"——变频器复位到工厂设定值。

2）P1000 参数为"2"——用模拟量给定频率。

3）P0700 参数为"2"——由端子排输入。

4）P0003 参数为"2"——扩展用户的参数访问范围。

5）P0701 参数为"1"——正向运行/停止。

6）P0702 参数为"2"——反向运行/停止。

（2）接点开关信号给定控制多段调速

当变频器的命令源参数 P0700 = 2（外部 I/O）时，选择频率设定的信号源参数 P1000 = 3（固定频率），并设定数字输入端子 DIN1、DIN2 和 DIN3 等相应的功能后，就可通过外接的开关元器件的组合通、断输入端子的状态实现电动机速度的有级调速。这种控制频率的方式称为多段速控制功能。

1）选择数字输入 1（DIN1）功能的参数为 P0701，默认值 = 1。

2）选择数字输入 2（DIN2）功能的参数为 P0702，默认值 = 12。

3）选择数字输入 3（DIN3）功能的参数为 P0703，默认值 = 9。

为了实现多段速控制功能，可以修改这 3 个参数，给 DIN1、DIN2、DIN3 端子赋予相应的功能。参数 P0701、P0702 和 P0703 均属于"命令，二进制 I/O"参数组（P0004 = 7），可能的设定值如表 3-17 所示。

表 3-17　参数 P0701、P0702 和 P0703 可能的设定值

| 设定值 | 所指定参数值意义 | 设定值 | 所指定参数值意义 |
|---|---|---|---|
| 0 | 禁止数字输入 | 14 | MOP 降速（减少频率） |
| 1 | 接通正转/停车命令 1 | 15 | 固定频率设定值（直接选择） |
| 2 | 接通反转/停车命令 1 | 16 | 固定频率设定值（直接选择 + ON 命令） |
| 3 | 按惯性自由停车 | 17 | 固定频率设定值（二进制编码的十进制数（BCD 码）选择 + ON 命令） |
| 4 | 按斜坡函数曲线快速降速停车 | 21 | 机旁/远程控制 |
| 9 | 故障确认 | 25 | 直流注入制动 |
| 10 | 正向点动 | 29 | 由外部信号触发跳闸 |
| 11 | 反向点动 | 33 | 禁止附加频率设定值 |
| 12 | 反转 | 99 | 使能 BICO 参数化 |
| 13 | MOP（电动电位计）升速（增加频率） | | |

由表 3-17 可见，当参数 P0701、P0702、P0703 的设定值为 15、16、17 时，选择固定频率的方式确定输出频率。具体有 3 种选择，具体说明如下。

1）直接选择（P0701 ~ P0703 = 15）。在这种操作方式下，一个数字输入选择一个固定频率。如果有几个固定频率输入同时被激活，那么所选定的频率是它们的总和。在这种方式下，还需要一个 ON 命令才能使变频器投入运行。

2）直接选择 + ON 命令（P0701 ~ P0703 = 16）。当选择固定频率时，既有选定的固定频率，又带有 ON 命令，把它们组合在一起。在这种操作方式下，一个数字输入选择一个固定频率。如果有几个固定频率输入同时被激活，那么所选定的频率是它们的总和。

3）二进制编码的十进制数（BCD 码）选择 + ON 命令（P0701 ~ P0703 = 17）。使用这种方法最多可以选择 7 个固定频率，各固定频率的数值选择表如表 3-18 所示。

表 3-18　各固定频率的数值选择表

| 固定频率参数 | 组合方式 | | | |
|---|---|---|---|---|
| 频率参数 | 工作方式 | DIN3 | DIN2 | DIN1 |
| | OFF | 0 | 0 | 0 |
| P1001 | 方式 1 | 0 | 0 | 1 |
| P1002 | 方式 2 | 0 | 1 | 0 |
| P1003 | 方式 3 | 0 | 1 | 1 |
| P1004 | 方式 4 | 1 | 0 | 0 |
| P1005 | 方式 5 | 1 | 0 | 1 |
| P1006 | 方式 6 | 1 | 1 | 0 |
| P1007 | 方式 7 | 1 | 1 | 1 |

从以上叙述可知，实现多段速控制的参数设置过程如下。

1）设置 P0004 = 7，选择"外部 I/O"参数组，然后设定 P0700 = 2；指定命令源为"由端子排输入"。

2）设定 P0701、P0702、P0703 = 15～17，确定数字输入 DIN1、DIN2、DIN3 的功能。

3）设置 P0004 = 10，选择"设定值通道"参数组，然后设定 P1000 = 3，指定频率设定值信号源为固定频率。

4）设定相应的固定频率值，即设定参数 P1001～P1007 有关对应项。

设置 7 个固定频率的多段调速的具体参数设置步骤如下。

1）P0010 参数为"30"，P0970 参数设为"1"——变频器复位到工厂设定值。

2）P0004 参数为"7"——命令组为命令和数字 I/O。

3）P0700 参数为"2"——由模拟量输入/数字量输入端子控制变频器。

4）P0003 参数为"2"——扩展用户的参数访问范围。

5）P0701 参数为"17"——BCD 码选择 + ON 命令。

6）P0702 参数为"17"——BCD 码选择 + ON 命令。

7）P0703 参数为"17"——BCD 码选择 + ON 命令。

8）P0704 参数为"1"——正转起动/停止（AIN + ）。

9）P0004 参数为"10"——命令组为设定值通道和斜坡函数发生器。

10）P1000 参数为"3"——固定频率设定值。

11）P1001 参数为"10"——固定频率 1 为 10 Hz。

12）P1002 参数为"15"——固定频率 2 为 15 Hz。

13）P1003 参数为"20"——固定频率 3 为 20 Hz。

14）P1004 参数为"25"——固定频率 4 为 25 Hz。

15）P1005 参数为"30"——固定频率 5 为 30 Hz。

16）P1006 参数为"40"——固定频率 6 为 40 Hz。

17）P1007 参数为"50"——固定频率 7 为 50 Hz。

在设置完上述参数后，当将 AIN + 接通为高电平时，按照 DIN1、DIN2 和 DIN3 的不同组合，相应电动机即可按事先设定好的频率速度进行转动。

**注意**：若在参数调试过程中遇到问题，并且希望重新开始调试时，则通常采用首先把变频器的全部参数复位为工厂的默认设定值，再重新调试的方法。应按照下面的数值设定参数，即设定 P0010 = 30、设定 P0970 = 1；按下〈P〉键，便开始参数的复位，变频器将自动地把其所有参数都复位为它们各自的默认设置值。

### 3.8.5　分拣输送单元电气系统分析、安装与调试

#### 1. 电气系统分析

在分拣输送单元中，推料气缸采用磁性开关和电磁阀控制其工作运动的行程。而交流异步电动机则是通过变频器驱动进行分拣输送单元传送带工作的。在本单元中，MM420 变频器设置工作于模拟量输入控制调速方式，依靠 PLC 输出的模拟电压信号进行频率给定，同时由 PLC 自动控制变频器外接端子实现变频器的起、停控制功能。

传送带上工件的进入和离开检测采用的是两个漫反射式光电接近开关，与前面单元中介绍一样，它们均为电源 +、电源 - 以及信号三线制电气接口。而工件分拣推料位置的定位采用增量式光电编码器检测运行脉冲信号，为 PLC 控制系统提供反馈信号，分析计算出工件的运行位置。该编码器的工作电源为 DC 12 ~ 24V，分辨率为 500 线；电气接线为五线制形式，分别为红色的 $V_{cc}$、黑色的 0V、绿色的 A 相、白色的 B 相和黄色的 Z 相，三相脉冲采用 NPN 型集电极开路输出。增量式光电编码器是直接利用光电转换原理输出三组方波脉冲 A、B 和 Z 相；A、B 两组脉冲相位差 90°，用于辨向；Z 相为每转一个脉冲，用于基准点定位。

根据以上的分析可知，分拣输送单元的 PLC 至少需要提供 14 个开关量输入点、4 个开关量输出点以及 1 个模拟量输出端口。选用 PLC 为 S7 - 200 CPU 224XP CN DC/DC/DC 的 PLC。该款 PLC 具有 14 输入和 10 输出开关量端口，还具有两路模拟量输入和 1 路模拟量输出端口。同时，考虑到以后分拣输送单元的工艺流程变动和系统 I/O 通信功能的扩充等需要留有备用端口，故本单元中又另外扩展配备有 EM223 数字量模块，它具有 4 输入和 4 输出数字量端口。

由于 PLC 型号的改变，所以分拣输送单元中各电气接口信号的功能划分排布与 CPU 226 有所不同。PLC 的 I0.0、I0.1、I0.3 ~ I0.7 输入端口、Q0.0 ~ Q0.7 输出端口分配给工作台面上设备的输入输出信号使用；EM223 的 I2.0 ~ I2.3 输入端口、Q2.0 ~ Q2.3 输出端口分配给本单元的 I/O 通信转换模块和系统扩充备用使用；PLC 的 I0.2、I1.0 ~ I1.5 输入端口、Q1.0 和 Q1.1 输出端口分配给本单元的操作面板上按钮及指示灯信号使用。分拣输送单元电气控制系统中 PLC 的 I/O 地址分配表如表 3-19 所示。

表 3-19　分拣输送单元电气控制系统中 PLC 的 I/O 地址分配表

| 序号 | 地址 | 设备符号 | 设备名称 | 设备功能 |
|---|---|---|---|---|
| 1 | I0.0 | B1 | 漫反射式光电接近开关 | 检测有无工件到来 |
| 2 | I0.1 | B2 | 漫反射式光电接近开关 | 检测工件是否离开 |
| 3 | I0.2 | KA | 继电器触头 | 上电信号 |
| 4 | I0.3 | A 相 | 光电编码器接线 | 脉冲输入 |
| 5 | I0.4 | B 相 | 光电编码器接线 | 脉冲输入 |
| 6 | I0.5 | Z 相 | 光电编码器接线 | 脉冲输入 |
| 7 | I0.6 | 1B1 | 磁感应式接近开关 | 推料气缸缩回限位 |
| 8 | I0.7 | 1B2 | 磁感应式接近开关 | 推料气缸伸出限位 |
| 9 | I1.0 | SB1 | 按钮 | 开始 |

| 序号 | 地址 | 设备符号 | 设备名称 | 设备功能 |
|------|------|----------|----------|----------|
| 10 | I1.1 | SB2 | 按钮 | 复位 |
| 11 | I1.2 | SB3 | 按钮 | 特殊（手动单步控制） |
| 12 | I1.3 | SA1 | 切换开关 | 手动（0）/自动（1）切换 |
| 13 | I1.4 | SA2 | 切换开关 | 单站（0）/联网（1）切换 |
| 14 | I1.5 | SB4 | 按钮 | 停止 |
| 15 | Q0.0 | DIN1 | 变频器 | 控制变频器起动/停止 |
| 16 | Q0.1 | 1Y1 | 电磁阀 | 控制推料气缸活塞杆伸出 |
| 17 | Q1.0 | HL1 | 绿色指示灯 | 开始指示 |
| 18 | Q1.1 | HL2 | 蓝色指示灯 | 复位指示 |
| 19 | AQW0 | AIN + | 变频器 | 变频器频率给定 |

图 3-199 所示为分拣输送单元 PLC I/O 接线原理图。由于扩展模块 EM223 在本次 I/O 地址分配中未用到，所以在原理图中没有体现出来，特此说明。PLC 输出端连接控制气动执行元件的电磁阀线圈、MM420 变频器以及开始与复位的指示灯等。

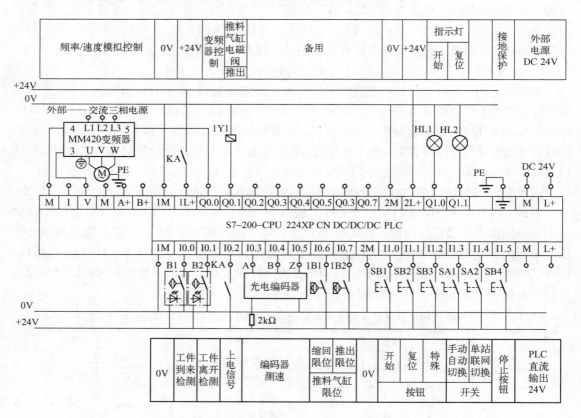

图 3-199　分拣输送单元 PLC I/O 接线原理图

## 2. 电气系统安装与调试

进行分拣输送单元电气系统安装时，虽然 PLC 型号有所不同，但是分拣输送单元中电气控制板上的供电电源系统、I/O 转接端口模块、操作面板的硬件系统和传感器的接线和调试均与前面单元中介绍的基本相同，在此不再重复。下面仅对变频器和光电编码器的连接与调试进行介绍。

（1）变频器

分拣输送单元与变频器主电路连接时，将单独提供的三相电源经过断路器后引到 MM420 变频器的三相输入电源的接线端 L1、L2 和 L3 上，并将输出的三相 U、V 和 W 连接三相异步电动机对应的三相上，输入、输出电源千万不可接错，否则会烧毁变频器。

**注意：**接地线 PE 必须连接到变频器的接地端子上，并连接到交流电动机的外壳。当进行变频器控制电路的接线时，将变频器的模拟量输入 3 号端子 AIN +、4 号输入端子 AIN − 通过屏蔽电缆分别连接到 PLC 的模拟量输出端口 V、M 的接线端中；将数字量输入 5 号端子 DIN1 用引线连接到 I/O 转接端口模块的对应输出端口上即可。

在完成变频器电气线路连接之后，先用万用表检测电气硬件线路正确无误后方可通电进行运行功能的测试。由于本单元变频器采用模拟量输入信号给定频率方式工作，所以通电调试的第一步就是设置变频器的参数。本单元中变频器参数的具体设置如下：

1）设置 P0010 参数为 "30"、P0970 参数设为 "1"——变频器复位到工厂设定值。

2）设置 P1000 参数为 "2"——用模拟量给定频率。

3）设置 P0700 参数为 "2"——由端子排输入。

4）设置 P1080 参数为 "5"——设置电动机最低频率。

5）设置 P1082 参数为 "45"——设置电动机最高频率。

6）设置 P1120 参数为 "0.2"——加速上升时间。

7）设置 P1121 参数为 "0.1"——减速下降时间。

在完成变频器参数设置之后，就可结合本单元的硬件设备，通过 PLC 软件进行变频器运行控制功能的调试。图 3−200 所示为变频器测试程序，将其下载到 PLC 中，运行并监控测试程序。通过起动按钮 SB1 的按下与松开，控制输出端口 Q0.0 的接通与断电，此时可以观察到电动机发生起动运行与停止运行的现象。同时，如果修改程序而不断地增加 AQW0 的输出值时，电动机的输出转速就会越来越快。如果上述的起停、速度测试两项都测试正确，就说明变频器驱动控制线路以及参数设置均已安装调试完好，已为后续设备的整体程序设计与调试做好准备。但是，若不满足预期结果，则要检查变频器外围线路和参数设置情况，同时也可用万用表进行 PLC 模拟电压输出值测试以及控制信号 Q0.0 的测试等综合分析，逐步排除可能原因，缩小范围，最终达到控制的要求。

**注意：**若其他均正常只是电动机运行方向与预期相反，则需在断电后，对调变频器三相输出电源的任意两相线即可。

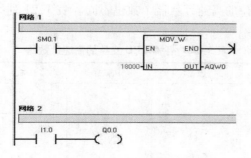

图 3−200　变频器测试程序

（2）光电编码器

在分拣输送单元中，光电编码器用于工件输送位置的检测，其工作运行时不断地输出三相脉冲串信号，PLC 通过采集这些脉冲串信号，在内部进行软件分析计算就可获知传送带上工件的运行位置。按照图 3-199 所示，将光电编码器的 A、B、Z 三相输出信号线分别连接到 PLC 的输入端口 I0.3、I0.4 和 I0.5 相对应的 I/O 转接端口模块输入端口上；同时通过 I/O 转接端口模块上的输入电源端子提供给光电编码器工作电源，为了限流保护光电编码器，在其供电线路回路中串接有 2kΩ 的保护电阻。

同样，在光电编码器电气线路安装连接好后，也需要进行其运行功能的测试，为本单元设备后续的整机控制程序设计与调试做好前期的准备。由于光电编码器输出的是脉冲序列信号，该编码器线数为 500，且输出脉冲的频率与其旋转速度成正比，当电动机带动传送带模块运行工作时，光电编码器的输出脉冲频率较高，所以 PLC 必须通过高速计数通道功能方可实现外部脉冲信号的准确采集获取。要顺利地编写出正确的脉冲输入高速计数控制程序，就必须先学习了解 PLC 的高速计数器功能的相关内容，再进行光电编码器运行功能程序的编程测试。

1）高速计数器。

图 3-201 所示为高速计数器指令的梯形图。高速计数器定义指令（HDEF）用来指定高速计数器（HSC）及其工作模式（MODE）；模式选择定义高速计数器的脉冲输入、计数方向、启动和复位功能，每个高速计数器使用一条"高速计数器定义"指令定义。高速计数器指令（HSC）用来激活高速计数器，N 为其标号。表 3-20 所示为高速计数器指令的 STL 格式以及操作数。

图 3-201　高速计数器指令的梯形图

表 3-20　高速计数器指令的 STL 格式及操作数

| 指令 | STL 格式 | 操作数 | 描述 |
|---|---|---|---|
| HDEF | HDEF HSC, MODE | BYTE | 定义高速计数器模式 |
| HSC | HSC N | WORD | 激活高速计数器 |

使用高速计数器之前必须选择计数器模式，使用 HDEF 指令（高速计数器定义指令）选择计数器模式。利用首次扫描内存位 SM0.1 调用包含 HDEF 指令的子程序。

CPU 因型号不同，支持的高速计数器个数也不同。表 3-21 列举了各种 CPU 支持的高速计数器。

表 3-21　各种 CPU 支持的高速计数器

| CPU 型号 | HSC5 | HSC4 | HSC3 | HSC2 | HSC1 | HSC0 |
|---|---|---|---|---|---|---|
| CPU221<br>CPU222 | √ | √ | √ | × | × | √ |
| CPU224<br>CPU224XP<br>CPU226 | √ | √ | √ | √ | √ | √ |

每个高速计数器配置固定的输入端可作为高速计数器的脉冲输入、计数方向、启动和复位功能。若同一个计数器选择的计数模式不同，则系统分配的固定输入端的数目和功能也就可能不同。调整计数器输入端的分配表如表 3-22 所示。

**表 3-22 调整计数器输入端的分配表**

| 模式 | 类型 | 名称 | 输入端的分配 | | | |
|---|---|---|---|---|---|---|
| — | — | HSC0 | I0.0 | I0.1 | I0.2 | — |
| — | — | HSC1 | I0.6 | I0.7 | I1.0 | I1.1 |
| — | — | HSC2 | I1.2 | I1.3 | I1.4 | I1.5 |
| — | — | HSC3 | I0.1 | — | — | — |
| — | — | HSC4 | I0.3 | I0.4 | I0.5 | — |
| — | — | HSC5 | I0.4 | — | — | — |
| 0 | 单相计数器 | 内部方向控制 | 计数脉冲 | — | — | — |
| 1 | | | 计数脉冲 | — | 复位 | — |
| 2 | | | 计数脉冲 | — | 复位 | 启动 |
| 3 | | 外部方向控制 | 计数脉冲 | 方向控制 | — | — |
| 4 | | | 计数脉冲 | 方向控制 | 复位 | — |
| 5 | | | 计数脉冲 | 方向控制 | 复位 | 启动 |
| 6 | 双相计数器 | 两计数 | 加计数脉冲 | 减计数脉冲 | — | — |
| 7 | | | 加计数脉冲 | 减计数脉冲 | 复位 | — |
| 8 | | | 加计数脉冲 | 减计数脉冲 | 复位 | 启动 |
| 9 | | A/B 相计数 | A 计数脉冲 | B 计数脉冲 | — | — |
| 10 | | | A 计数脉冲 | B 计数脉冲 | 复位 | — |
| 11 | | | A 计数脉冲 | B 计数脉冲 | 复位 | 启动 |
| 12 | 内部计数 | HSC0 计数 Q0.0 的输出脉冲，HSC3 计数 Q0.1 的输出脉冲 | | | | |

从表 3-22 中可以看出，有些高速计数器和硬件中断的输入端的分配有重叠，同一个输入端不能用于两种不同的功能。高速计数器当前模式未使用的任何输入端均可用于其他用途。

要存取高速计数器的当前值，HSC0 ~ HSC5 中可以使用 HC0 ~ HC5 来访问。高速计数器的当前值是双字（32 位）只读类型。

对于相同的计数器操作模式，所有计数器的功能均相同，如表 3-22 所示，共有 4 种基本计数器模式类型。

**注意：** 并非每一种计数器都支持每种模式。

当复位输入端激活时，会清除当前值并保持清除状态，直至取消激活复位输入端为止。

当启动输入端激活时，会允许计数器计数。当启动输入端激活被取消时，计数器的当前值保持，并忽略输入脉冲（暂停计数）。

如果在启动输入端未激活时激活复位端，就会忽略复位，当前值不变。若激活复位输入时激活启动输入端，则当前值被清除。

在定义了计数器和计数器模式后，可以为计数器动态参数编程。每个高速计数器均有一个控制字节，通过设置控制字可以完成如下功能：

① 启用或禁用计数器。

② 控制方向（仅限模式 0、1 和 2）或初始化所有其他模式的计数方向。

③ 更新当前值和设定值。

通过执行 HSC 指令，可激活控制字节以及进行相关当前值和预设值的检查。每个控制位的说明如表 3-23 所示。

表 3-23　控制位说明

| HSC0 | HSC1 | HSC2 | HSC3 | HSC4 | HSC5 | 说　明 | | |
|------|------|------|------|------|------|--------|--|--|
| SMB37 | SMB47 | SMB57 | SMB137 | SMB147 | SMB157 | 功能 | 设置数字 | 默认值 |
| SM37.0 | SM47.0 | SM57.0 | | SM147.0 | | 复位 | =0 高电平 | =0 高电平 |
| | | | | | | | =1 低电平 | |
| | SM47.1 | SM57.1 | | | | 启动 | =0 高电平 | =0 高电平 |
| | | | | | | | =1 低电平 | |
| SM37.2 | SM47.2 | SM57.2 | | SM147.2 | | 正交计数率 | 0 = 4 × | 0 = 4 × |
| | | | | | | | 1 = 1 × | |
| SM37.3 | SM47.3 | SM57.3 | SM137.3 | SM147.3 | SM157.3 | 计数 | 方向 | 0 = 减计数 |
| | | | | | | | 1 = 加计数 | |
| SM37.4 | SM47.4 | SM57.4 | SM137.4 | SM147.4 | SM157.4 | 更新计数方向 | =0 不更新 | |
| | | | | | | | =1 更新 | |
| SM37.5 | SM47.5 | SM57.5 | SM137.5 | SM147.5 | SM157.5 | 更新设定值 | =0 不更新 | |
| | | | | | | | =1 更新 | |
| SM37.6 | SM47.6 | SM57.6 | SM137.6 | SM147.6 | SM157.6 | 更新当前值 | =0 不更新 | |
| | | | | | | | =1 更新 | |
| SM37.7 | SM47.7 | SM57.7 | SM137.7 | SM147.7 | SM157.7 | 启用 HSC | 0 = 禁用 | |
| | | | | | | | 1 = 启用 | |

每个高速计数器都有一个 32 位设定值，当前值和设定值均为带符号的整数值。要向高速计数器更新当前值和设定值，就必须设置包含当前值和设定值的控制字节及特殊内存字节，然后执行 HSC 指令，将新数值传输至高速计数器。更新当前值和设定值的特殊内存字节如表 3-24 所示。

表 3-24　更新当前值和设定值的特殊内存字节

| 更新数值 | HSC0 | HSC1 | HSC2 | HSC3 | HSC4 | HSC5 |
|---------|------|------|------|------|------|------|
| 更新当前值 | SMD38 | SMD48 | SMD58 | SMD138 | SMD148 | SMD158 |
| 更新设定值 | SMD42 | SMD52 | SMD62 | SMD142 | SMD152 | SMD162 |

除控制字节以及更新设定值和当前值的特殊内存字节外，还可以使用数据类型 HC（高速计数器当前值）加计数器号码（0、1、2、3、4 或 5）读取每个高速计数器的当前值。因此，读取操作可直接存取高速计数器的当前值。

表 3-25 所示为状态内存位，为高速计数器提供状态字节。状态内存位表示当前计数方

184

向以及当前值是否大于或等于预设值。

表 3-25　状态内存位

| HSC0 | HSC1 | HSC2 | HSC3 | HSC4 | HSC5 | 说　明 | |
|------|------|------|------|------|------|------|------|
| SMB36 | SMB46 | SMB56 | SMB136 | SMB146 | SMB156 | 功能 | 状态数字 |
| SM36.0 | SM46.0 | SM56.0 | SM136.0 | SM146.0 | SM156.0 | | |
| SM36.1 | SM46.1 | SM56.1 | SM136.1 | SM146.1 | SM156.1 | | |
| SM36.2 | SM46.2 | SM56.2 | SM136.2 | SM146.2 | SM156.2 | 未定义 | |
| SM36.3 | SM46.3 | SM56.3 | SM136.3 | SM146.3 | SM156.3 | | |
| SM36.4 | SM46.4 | SM56.4 | SM136.4 | SM146.4 | SM156.4 | | |
| SM36.5 | SM46.5 | SM56.5 | SM136.5 | SM146.5 | SM156.5 | 当前计数方向状态位 | 0 = 减计数 |
| | | | | | | | 1 = 加计数 |
| SM36.6 | SM46.6 | SM56.6 | SM136.6 | SM146.6 | SM156.6 | 当前值等于预设值状态位 | 0 = 不相等 |
| | | | | | | | 1 = 相等 |
| SM36.7 | SM46.7 | SM56.7 | SM136.7 | SM146.7 | SM156.7 | 当前值大于预设值状态位 | 0 = 小于或等于 |
| | | | | | | | 1 = 大于 |

只有在执行高速计数器终端程序时，状态位才有效。监控高速计数器状态的目的在于启用对正在执行操作有重大影响时间的中断程序。

HSC 激活高速计数器指令根据 HSC 特殊内存位的状态配置和控制高速计数器。参数 N 指定高速计数器的号码。高速计数器最多可配置为 12 种不同的操作模式。对于双相计数器，两个计数脉冲均可按最高速率运行，而不会相互干扰。

初始化高速计数器参数一般使用首次扫描特殊计数器内存位，如果不是这样，那么在进入 RUN（运行）模式后，只能为每个高速计数器执行一次 HDEF 指令。如果为高速计数器第二次执行 HDEF 指令，就会生成运行时间错误，并不会改变该计数器首次执行 HDEF 时计数器的设置方式。

虽然以下顺序分别显示如何更改方向、当前值和设定值，但可以按照相同的顺序更改所有这些数值或这些数值的任何组合，方法是以希望的方式设置 SMB47（对于 HSC1）数值，然后执行 HSC 指令。

2）测试光电编码器的运行功能。

下面针对分拣输送单元中光电编码器的电气连接关系，借助本单元中的 PLC 对光电编码器运行功能进行测试。根据编码器输出脉冲线路与 PLC 之间的连接形式（A/B 相正交脉冲，无外部复位输入和启动信号输入），PLC 内部选用的计数器应为 HSC4，采用的计数器模式为模式 9，A 相脉冲从 I0.3 输入，B 相脉冲从 I0.4 输入，计数倍频设为 4X 分辨率。以下为使用指令向导配置高速计数器的具体步骤。

在编程界面中，单击"工具"→"指令向导"，弹出图 3-202 所示的指令向导界面，选择"HSC"。选择完毕后单击"下一步"按钮。

在弹出的图 3-203 所示的计数器配置界面中，选择准备配置的计数器为"HC4"，模式选择为"模式 9"。选择完毕单击"下一步"按钮。

在弹出的图 3-204 所示的 HC 初始化选项界面中，命名 HSC4 初始化用的子程序名称或默认程序名称，设置初始状态 HSC4 计数器的预设值为"0"，当前值为"0"，输入初始计数方向选择"增"，计数速率为"4X"。选择完毕单击"下一步"按钮。

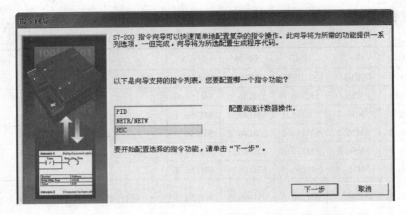

图 3-202　指令向导界面

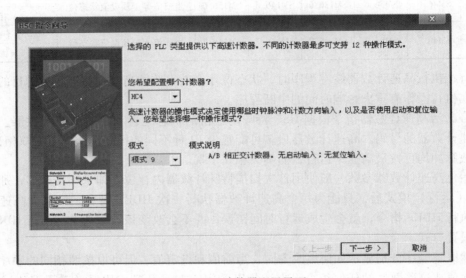

图 3-203　计数器配置界面

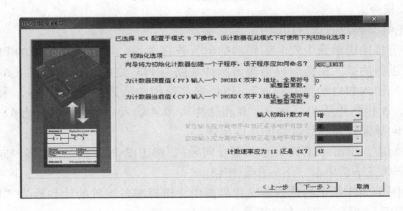

图 3-204　HC 初始化选项界面

　　在弹出的图 3-205 所示的中断事件生成界面中，可以选择"外部重置激活时中断"，并对中断事件联系的中断程序进行命名；也可以选择"方向控制输入状态改变时中断"，并命名中断事件联系的中断程序；还可以选择"当前值等于预置值（CV＝PV）时中断"，并命名中断事件联系的中断程序名称，并选择在该中断程序里改变 HSC4 的参数步骤。在此测试程序中不选择任何生成中断程序的选项，直接单击"下一步"按钮。

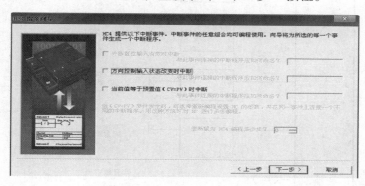

图 3-205　中断事件生成界面

在弹出的图 3-206 所示的向导生成的程序名称界面中，就可以看到按照前面步骤生成的初始化子程序的名称，然后单击"完成"按钮，在弹出的"确认"对话框中单击"是"按钮即可。

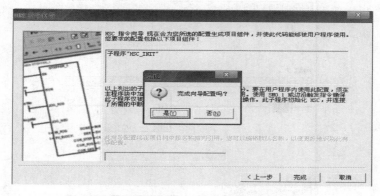

图 3-206　向导生成的程序名称界面

在程序编辑界面中，单击"查看"→"网络注释"菜单命令，然后打开向导生成的初始化子程序网络 1 的注释，就可以看到向导生成的初始化程序的使用说明。子程序 HSC_INIT 如图 3-207 所示。

完成以上步骤之后，即可开始编写本单元中光电编码器的运行功能测试程序，将其下载到 PLC 中并启动运行监控功能，如图 3-208 所示。在该测试程序中，通过调用图 3-200 所示的变频器测试子程序，实现电动机的运行控制。主程序使用 SM0.1 调用初始化子程序 HSC_INIT，完成 HC4 的配置。主程序每一扫描周期均访问 HC4，将 HC4 当前值存储到指定的变化量存储器 VD100 中，监控 HC4 高速计数器当前值的动态变化，从而判断其是否进行计数。如果线路连接正确，软件配置正确，程序测试时就会发现，当电动机运行时，VD100 的监控值会动态增加；当电动机停止时，VD100 的监控值也跟随停止。若不满足以上结果，则需要从硬件和软件逐一查找原因。同时需注意的是，由于高速计数器设定为 4 倍频，所以监控观察到的脉冲数值是实际编码器运行脉冲的 4 倍数。

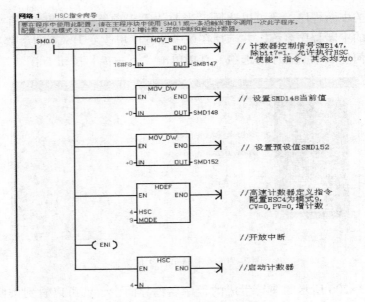

图 3-207  子程序 HSC_INIT

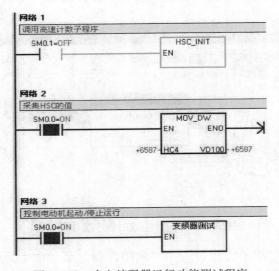

图 3-208  光电编码器运行功能测试程序

## 3.8.6  分拣输送单元控制程序设计与调试

针对分拣输送单元的结构特点，下面给出其典型的设备运行控制要求与操作运行流程。

1）系统上电，分拣输送单元处于初始状态，操作面板上复位灯闪烁指示。

2）按下复位按钮，进行复位操作，即复位灯熄灭，开始灯闪烁指示，推料气缸活塞杆处于缩回状态，电动机处于停止状态。

3）按下开始按钮时，开始灯常亮指示，等待工件进入。

4）检测到工件进入后，起动变频器使电动机驱动传送带输送工件，编码器脉冲输出，进行高速计数。若工件为奇数次到来，中间不进行分拣任务，直接输送工件到传送带末端位置，待检测到工件离开时，电动机停止驱动传送带运行，等待新一轮的起动信号。若工件为偶数次到来,电动机驱动传送带运送工件到推料气缸前端定位停止,推料气缸将工件推入滑槽后返回,等待新一轮的起动信号。

5)分拣输送单元分为手动单周期、自动循环两种工作模式。无论在哪种工作模式控制任务中,分拣输送单元都必须处于初始状态,即推料气缸活塞杆处于缩回状态,三相异步电动机处于不运行状态,否则不允许起动。这两种工作模式的操作运行特点与前面搬运单元一样,可参考搬运单元的对应内容。

图 3-209 所示为分拣输送单元的控制工艺流程图。它满足以上所列典型的运行控制要求与操作运行流程。

**注意**:此流程图仅是给出了主要的控制内容,具体细节在此没有详细说明,可由读者自己补充。

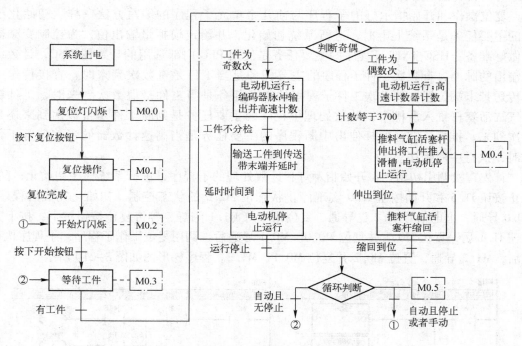

图 3-209 分拣输送单元的控制工艺流程图

为了确保传送带上的工件能够准确定位推出,在计算工件在传送带上的位置时,需确定每两个脉冲之间的距离(即脉冲当量)。

脉冲当量的测试。首先将工件放在分拣输送单元传送带上,在传送带上标记出工件中心点位置,接着把图 3-208 所示编码器运行测试程序下载到 PLC 中运行并监控,通过开始按钮手动控制变频器的起动、停止,观察 HSC 值的变化。实际测量结果是,当 HC4 值为 4798 时,工件移动距离为 168 mm,经过多次测量求平均值,即可得到一个脉冲使工件移动距离为 0.0345 mm。在分拣输送单元的传送带上,当光电接近开关检测到工件时,标记工件的中心点位置和工件正好被推料气缸的活塞杆推入滑槽的中心点位置,多次测量两点距离并求平均值,得出两中心点的距离为 127.5 mm,最后得到脉冲数即 127.5/0.0345 的值。

在分拣输送单元中,通过 HSC 指令向导设置,自动生成 HSC_INIT 子程序,在主程序中使用 SM0.1 或一条上升沿触发指令调用一次此子程序,即起动高速计数器 HSC 计数编码器的输出脉冲，当脉冲数的当前值等于预设值（CV = PV）时，连接中断程序推料气缸活塞杆伸出并执行全局中断启用指令（ENI）以启用中断，执行 HSC 指令激活 HSC4，中断条件满足即执行中断程序。

根据图 3-209 所示的分拣输送单元的控制工艺流程图，可编写相应的控制程序。下面就给出分拣输送单元的控制程序，如图 3-210 ~ 图 3-216 所示。本单元是采用模块化编程思想进行编写的，在此只是给出部分主要的控制程序，在下面控制程序中未具体说明的子程序内容与前面单元基本一致，这些子程序的内容可参考前面单元的相应子程序。

分拣输送单元主程序可以由 8 个子程序和 1 个中断程序组成。子程序分别为初始化、复位操作、HSC_INIT、奇数次工件、偶数次工件、开始指示灯、计数处理和循环判断。中断程序为推料气缸活塞杆伸出。

复位操作和开始指示灯的子程序与前几个单元子程序的编写方法一样。初始化子程序的主要任务是系统上电时，进行系统初始化，并给定模拟量输出值，为控制变频器运行做好准备；HSC_INIT 子程序的主要任务是使用 PLC 内部选用的计数器 HSC，计数编码器输出的脉冲；奇数次工件子程序的主要任务是当工件是奇数次到来时，直接传送工件到传送带末端位置；偶数次工件子程序的主要任务是当工件是偶数次到来时，工件被推料气缸活塞杆推入滑槽中；计数处理子程序的主要任务是判断工件是奇数次到来还是偶数次到来；推料气缸活塞杆伸出中断程序的主要任务是当高速计数器的当前值等于预设值时，执行中断程序。

首先直接调用初始化、开始指示灯和计数处理的子程序，进行系统程序初始化；同时，停止按钮 I1.5 和开始按钮 I1.0 实现停止状态位 M2.0 的状态控制。初始化完成后程序后，M0.0 导通，上电信号 I0.2 已导通，复位指示灯 Q1.1 闪烁，等待复位按钮按下；按下复位按钮 I1.1 后，置位 M0.1 并复位 M0.0。M0.1 导通后，调用复位操作子程序，子程序执行完成后，M1.2 导通，置位 M0.2 并复位 M0.1、M1.2。程序梯形图如图 3-210 所示。

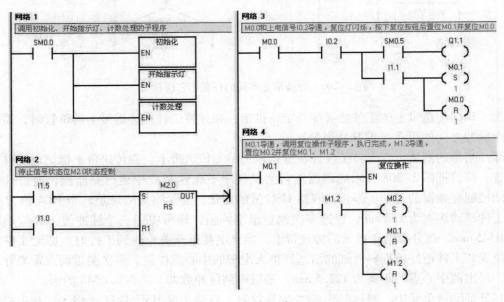

图 3-210　程序梯形图——系统程序初始化、复位指示灯闪烁及复位操作

M0.2 导通后，开始指示灯 Q1.0 闪烁（由于程序中 Q1.0 具有多次输出情况，所以 Q1.0 输出情况在开始指示灯子程序中体现），等待按下开始按钮；当按下开始按钮 I1.0 后，置位 M0.3 并复位 M0.2；M0.2 导通后，检测到有工件到来，置位 M0.4 并复位 M0.3。程序梯形图如图 3-211 所示。

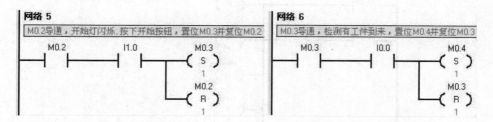

图 3-211　程序梯形图——等待按下开始按钮、检测有无工件

M0.4 导通后，当计数器 C1 等于 1 时，调用奇数次工件子程序，程序执行完成，返回 M1.3 状态，M1.3 导通，置位 M0.5 并复位 M0.4 和 M1.3；当计数器 C1 等于 2 时，调用偶数次工件子程序和 HSC_INIT 子程序，初始化 HSC_INIT 子程序，起动高速计数器，程序执行完成，返回 M1.2 状态，M1.2 导通，置位 M0.5 并复位 M0.4 和 M1.2。M0.5 导通后，调用循环判断子程序，程序执行完成，当 M1.1 导通时，置位 M0.2 并复位 M0.5 和 M1.1；当 M1.2 导通时，置位 M0.3 并复位 M0.5 和 M1.2。程序梯形图如图 3-212 所示。

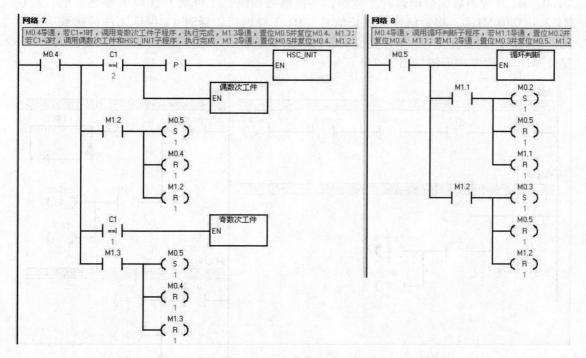

图 3-212　程序梯形图——判断执行奇偶次工件操作、循环判断

在初始化子程序中，系统上电起动后，复位各电磁阀线圈，置位 M0.0，复位从 M0.1、M1.0 开始的其他步以及停止状态位 M2.0；并将 20 000 通过传送指令传送到 AQW0，完成模

拟量输出控制。程序梯形图如图3-213所示。

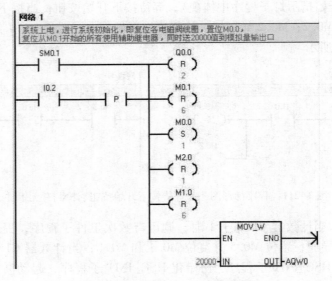

图3-213　程序梯形图——初始化子程序

在奇数次工件子程序中，当中间继电器 M1.0、M1.1、M1.2 和 M1.3 均断电时，置位 M1.0；M1.0 导通后，启动运行变频器，当传感器检测到工件离开（I0.1 导通）时，置位 M1.1 并复位 M1.0，将短信号变成长信号；M1.1 导通后，延时 4 s 保证工件传送到下一单元，延时时间到，置位 M1.2 并复位 M1.1；M1.2 导通后，停止变频器运行，置位 M1.3 并复位 M1.2。程序梯形图如图 3-214 所示。

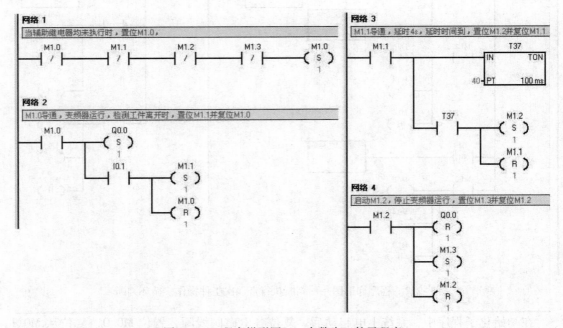

图3-214　程序梯形图——奇数次工件子程序

在 HSC_INIT 子程序中，通过 HSC 指令向导设置完成后，自动生成此子程序，当偶数次工件到来时，调用此子程序进行高速计数，计数到设定值 3700 后产生中断，连接中断事件 29，进入推料气缸活塞杆伸出的中断程序。在偶数次工件子程序中，当辅助继电器 M1.0、M1.1、M1.2 均断开时，置位 M1.0，M1.0 导通后，启动运行变频器，高速计数器开始计数，到达预设值时，进入中断程序，推料气缸活塞杆伸出，伸出到位，置位 M1.1 并复位 M1.0；M1.1 导通后，停止变频器运行，同时推料气缸杆缩回，缩回到位，置位 M1.2 并复位 M1.1，程序梯形图如图 3-215 所示。

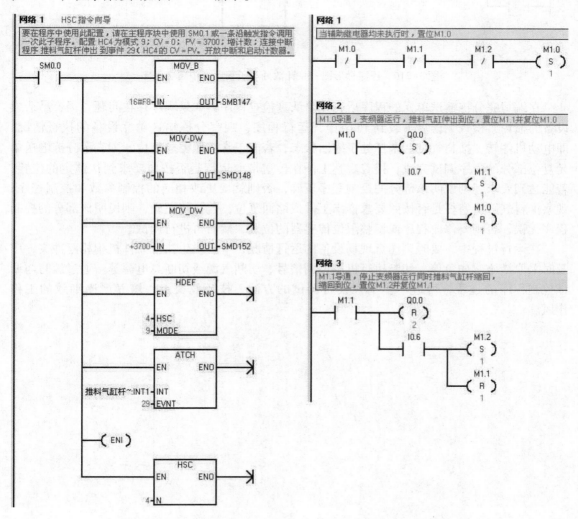

图 3-215  程序梯形图——HSC_INIT 子程序、偶数次工件子程序

在计数处理子程序中，M0.4 导通后，计数器 C1 加 1，即为奇数次工件到来；计数器 C1 等于 2 时，即为偶数次工件到来；当 M0.2 或 M0.3 和 C1 同时导通时复位计数器，下面工件同理依次类推。在推料气缸活塞杆伸出中断程序中，当高速计数器 HC4 值等于 3700 时，程序产生中断执行中断子程序，推料气缸活塞杆伸出，将工件推入滑槽中。程序梯形图如图 3-216 所示。

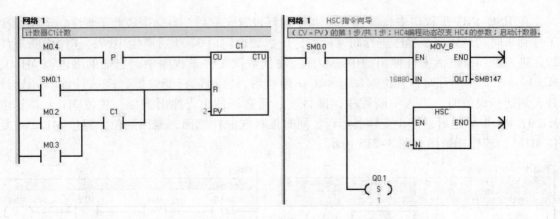

图 3-216　程序梯形图——计数处理子程序、中断子程序

在编写完分拣输送单元的程序后，先要认真检查程序，如果程序存在问题，很容易造成设备的损坏，检查无误后下载到 PLC 中，运行程序，观察分拣输送单元设备的执行情况，即电动机停转，推料气缸活塞杆处于缩回状态，若能正常按照要求复位，则表示分拣输送单元复位部分的程序调试完成；接着观察工件在传送带上运行是否按照要求到达预定的位置，若能达到要求，则说明该部分的控制程序正确，否则就要更改相应的控制参数和控制程序；观察推料气缸活塞杆是否按照要求推出工件或缩回复位，若执行正确，则说明该部分的控制程序无误，否则要修改程序或调整限位传感器的位置，然后再进行调试。

在运行过程中，要时刻注意现场设备的运行情况，一旦发生执行元件机构相互冲突，应及时采取措施，如急停、切断执行机构控制信号、切断气源或切断总电源等。通过编写与调试控制程序的过程，可进一步掌握设备调试的方法、技巧及要点，培养严谨细致的工作作风。

# 项目4 自动化生产线系统安装与调试

 **任务4.1 自动化生产线机械结构调整**

 **知识与能力目标**

掌握自动化生产线各单元间机械结构配合的调整方法。

自动化生产线机械结构是生产线的机械本体和执行部件，各设备单元彼此之间的连接配合对整条自动化生产线的良好运行起着至关重要的作用。在此，以供料单元、检测单元、加工单元、搬运单元、分拣输送单元、提取安装单元、操作手单元及立体存储单元等8个单元依次组成一条运行顺畅的生产线为前提，介绍它们之间机械结构的调整配合。

这8个单元是彼此独立的单元，单元与单元之间的连接是用前后两根连接条连接固定的。通过连接条的紧固，保证两单元间不容易出现相对移动错位的现象，从而避免因为两单元之间出现错位而导致的机械安装不合理或者发生机械干涉现象。

用连接条将彼此独立的8个单元依照顺序合并连接固定在一起之后，接着重点是对彼此之间工作台面上的机械结构进行调整配合，保证其能顺畅地实现工件的生产工艺流动转移。针对本生产线中各组成单元的特点，在整条生产线机械结构调整中，应该选择以具有回转圆盘工件输送工作平台的加工单元为调整的基准，其他单元以加工单元为中心，左右两边以一条线的形式按顺序依次进行配合调整。下面对调整过程及要点进行具体介绍。

1) 检测单元上滑槽的落料口要调整在加工单元的1号工位正上方，如图4-1所示，并且要保证滑槽落料口的高度不会与1号工位上的工件发生干涉，否则就要适当调整滑槽的倾斜度，直到调整到不会出现干涉现象为止，才可以固定检测单元的上滑槽位置。至此，完成检测单元与加工单元之间的机械结构调整。

2) 搬运单元搬运模块的气动手爪工作时，要位于加工单元4号工位的正上方。搬运单元的气动手爪下降抓取工件时，确保其不会与4号工位上的工件发生碰撞，如图4-2所示。如果会发生碰撞，就要适当调整搬运单元搬运模块的位置，直到搬运单元的气动手爪下降时能刚好夹住工件并且不会撞击4号工位为止，才能完成搬运单元与加工单元机械结构的调整。

3) 如图4-3所示，让供料单元中的真空吸盘吸取一个工件，使摆臂将工件送到检测单元的工作平台上，在摆动的过程中观察工件是否会干涉检测单元的无杆气缸部分。如果会发生干涉，就要适当调整摆动气缸的位置；如果不会发生干涉，就说明摆动气缸的位置合理。

图 4-1 检测单元与加工单元的调整配合

图 4-2 搬运单元与加工单元的调整配合

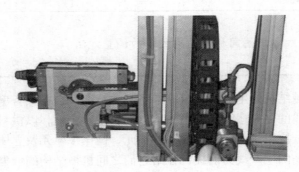

图 4-3 供料单元与检测单元的调整配合

其次，当真空吸盘上的工件通过摆臂输送到达检测单元的工作平台时，观察工件是否会与传感器、推料气缸上的推块发生干涉。如果会有干涉，就要调整传感器的位置或者是摆动气缸的位置，直到工件不会与传感器、推块发生干涉为止；调整摆动气缸时也要注意工件不得再次与无杆气缸部分发生干涉。如果工件能刚好落在平台上且不会与传感器、推块发生干涉，则说明供料单元摆动气缸安装合理，就可以固定摆动气缸。最后，根据摆动气缸的位置，适当调整供料单元送料模块的位置，直到摆臂摆回时真空吸盘能正好落在送料模块底座推料槽中为止，即可固定送料模块。至此，完成供料单元与检测单元之间的机械调整。

4）搬运单元中搬运模块的气动手爪夹紧工件后移动到右边的位置，下降时必须保证工件能够正好落到分拣输送单元中工件进入检测的漫反射光电接近开关正前方的传送带上，如图 4-4 所示。如果工件不能正好落在传送带的规定位置上，就要调整分拣输送单元中传送带模块的位置，直到工件放下时能准确落位为止，此时才能说明搬运单元与分拣输送单元的机械结构已调整配合合理。

5）当分拣输送单元与提取安装单元进行配合时，要保证提取安装单元的传送带与输送单元的传送带在一条直线上，并且两传送带之间不出现摩擦干涉的情况，如图 4-5 所示。两传送带的位置在安装时，彼此间要有一定间隙，中间可用滚针过渡，保证能够正常运送工件。如果可以达到配合要求，就说明输送单元与提取安装单元的配合合理；如果不能达到要求，就要根据实际情况适当调整提取安装单元中传送带模块的位置，直到它们的位置配合合理后才能固定。

图4-4 搬运单元与分拣输送单元的调整配合　　图4-5 分拣输送单元与提取安装单元的调整配合

6）当操作手单元的气动手爪夹取提取安装单元传送带上的工件时，要使气动手爪下降后，不会出现与工件发生碰撞或干涉的情况，并且气动手爪所夹取工件的位置在工件的中间部位才是合理的配合，如图4-6所示。如果气动手爪与工件有出现碰撞或干涉的情况，就需通过调整操作手单元的左阻尼器位置和摆动气缸的安装高度，待气动手爪与工件不会出现碰撞或干涉，并且使气动手爪夹取工件的中间部位，就可以紧固左阻尼器及气缸的位置。至此，完成操作手单元与提取安装单元的配合。

7）当操作手单元的气动手爪夹取工件后与立体存储单元进行配合时，操作手单元的双活塞杆气缸伸出时不能与立体存储单元的直线驱动模块发生碰撞，如果出现碰撞的现象，就要适当调整立体存储单元的位置，直到碰撞情况消除后，再固定立体存储单元。另外，当将气动手爪夹取的工件放置到立体存储单元的工作平台上时，如果出现工件不能正好落在工作平台上，就要调整整个立体存储单元的位置，直到工件放置在工作平台时不会有很大的偏差才可以固定立体存储单元。如果工件放置到工作平台上会与推料模块发生干涉，就要通过调整操作手单元右阻尼器的位置来消除工件与推料模块之间的干涉现象。图4-7所示为操作手单元与立体存储单元的调整配合。

图4-6 提取安装单元与操作手单元的调整配合　　图4-7 操作手单元与立体存储单元的调整配合

当按照以上步骤进行整条自动线的机械结构调整时，都以加工单元为中心。因此，加工单元本身起始位置的定位要求很重要，必须保证整个旋转工作台模块位于加工单元工作台面的正中间对称位置上，而且 1 号工位与 4 号工位两位置的连线为一条水平线状态；否则，在以加工单元为中心、左右两边按一条线顺序依次展开进行调整时，后续的单元装置可能偏离出各自的工作平台。同时，调整时要注意对已配合调整完成的前面单元，在与后续单元配合调整时不可再做调整；否则，会造成后续配合调好而前面配合位置又改变的现象发生。

除了以上介绍的机械结构调整之外，在自动化生产线整机调试运行之前，还必须进行各设备单元之间气路系统的连接与调试。将静音气泵一次调压后输出的压缩气源，通过气管和 T 形连接头分别并联连接到各单元的过滤减压阀进气口进行二次调压处理后输出利用。但必须要注意的是，气路的供气主回路气管要足够粗，以保证工作时气压的稳定和气流的充足，防止各设备单元之间用气时造成瞬间相互影响。

 **任务 4.2 利用 I/O 接口通信实现自动化生产线联机调试**

**知识与能力目标**

1）理解 I/O 接口通信设计原理，并对其进行连接与测试。
2）掌握两个单元 I/O 接口通信的联机调试方法。
3）了解整条生产线 I/O 接口通信的联机调试方法。

### 4.2.1 I/O 接口通信设计、连接与测试

#### 1. I/O 接口通信设计

I/O 通信是一种简单实用的通信方式，其信号传输速度快，但只适用于传递较少的数据。图 4-8 所示为 I/O 通信原理示意图。外部直流 24 V 电源分别给 PLC1 和 PLC2 的输出公共电源端 1L＋供电，同时将两电源的 24 V 端连接在一起；输入端和输出端的公共端 1M 分别连接各自电源的 0 V；PLC1 的输出端口 Q0.0 直接连接到 PLC2 的输入端口 I0.0 上；PLC2 的输出端口 Q0.0 直接连接到 PLC1 的输入端口 I0.0 上。这样即可实现两台 PLC1 和 PLC2 之间相互的单线信息传递。图 4-8 中的箭头所示为 PLC1 向 PLC2 输出信号的回路关系。

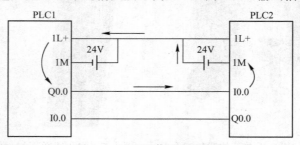

图 4-8 I/O 通信原理示意图

I/O 接口通信方式比较简单，但当进行 I/O 信息交换时，需要有相应的通信协议支持，同时规定好传递信息的通道，再合理分配 I/O 口的数量。根据本自动化生产线运行的特点可知，由于工件类型有 3 种，通过两根信号线即可完成工件类型信号的编码任务，所以上单元向下单元传送需要提供两个输出端口用于工件类型信息的输出；同时为了保证前后两单元运行协调，还需要提供两对 I/O 口实现运行状态信息的交换。因此，根据前面项目 3 中所述各单元 PLC 的 I/O 地址分配情况，供料单元、加工单元、搬运单元、提取安装单元、操作手单元及立体存储单元的 I/O 通信端口采用 PLC 的输入端 I1.0 ~ I1.3 和输出端 Q1.0 ~ Q1.3；检测单元、分拣输送单元由于 PLC 的 I/O 不足，所以通过扩展的 EM223 模块的 I2.0 ~ I2.3 和 Q2.0 ~ Q2.3 作为其 I/O 通信端口。

图 4-9 所示为 I/O 通信信号指向关系图。图中 Q1.0 和 I1.0 或 Q1.1 和 I1.1 组合用于传送编码的工件类型信息，Q1.3 和 I1.2、Q1.2 和 I1.3 传送前后单元之间的运行状态信息。其具体的 I/O 接口通信指向信号地址如表 4-1 所示。

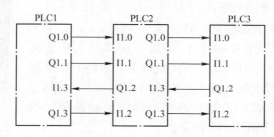

图 4-9　I/O 通信信号指向关系图

表 4-1　具体的 I/O 接口通信指向信号地址

| I/O 通信接口 | 通 信 说 明 |
|---|---|
| I1.0（I2.0） | 读取前一单元的工件编码信息 |
| I1.1（I2.1） | 读取前一单元的工件编码信息 |
| I1.2（I2.2） | 读取前一单元的供料完成信号 |
| I1.3（I2.3） | 读取后一单元的供料请求信号 |
| Q1.0（Q2.0） | 发送给后一单元的工件编码信息 |
| Q1.1（Q2.1） | 发送给后一单元的工件编码信息 |
| Q1.2（Q2.2） | 发送给前一单元请求供料信号 |
| Q1.3（Q2.3） | 发送给后一单元供料完成信号 |

**2. I/O 接口通信连接与测试**

下面根据图 4-9 所示的 I/O 通信信号指向关系，进行本生产线各设备单元中 I/O 通信线路的连接与调试。在进行生产线 I/O 通信线路连接之前，必须先了解本设备中的 I/O 通信部件——I/O 通信模块。

（1）I/O 通信模块及其连接

I/O 通信模块是一个 I/O 通信信号的转接模块。I/O 通信模块接线端为上、下两层端子结构，上层为 I/O 通信信号输出接口，用于直流 24 V 电源和 PLC 输出端口的接线；下层为 I/O 通信信号输入接口，为 24 V 直流电源和 PLC 输入端口的接线端。同时，I/O 通信模块上配置两个 D 型 15 针的母端口，左侧一个为上通信连接端口，用于与上一单元的通信连接；右侧一个为下通信连接端口，用于与下一单元的通信连接。I/O 通信模块的实物图及具体端口信号的电气连接关系如图 4-10 所示。

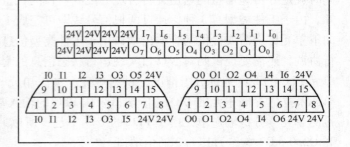

图 4-10　I/O 通信模块实物图及具体端口信号的电气连接关系示意图

　　当对自动化生产线各单元 I/O 接口进行通信接线时，应将每个单元 PLC 中用于进行通信的输入口 I1.0 ~ I1.3 或 I2.0 ~ I2.3 对应连接到 I/O 通信模块下层的 I0、I1、I3、I4 接口上；将 PLC 中用于进行通信的输出口 Q1.0 ~ Q1.3 或 Q2.0 ~ Q2.3 对应连接到 I/O 通信模块上层的 O0、O1、O3、O4 接口上；再将 I/O 通信模块的电源接线端引入 PLC 输入端工作电源的 24 V 工作电源处。最后用两端带有 D 型 15 针的公端口通信电缆将前后两单元的 I/O 通信模块连接起来，如图 4-11 所示。

图 4-11　I/O 通信
电缆及连接

　　（2）I/O 通信功能测试

　　在了解了 I/O 通信模块及其连接之后，接着就可在两设备单元上进行 I/O 通信功能的测试工作了。下面通过一个简单的 I/O 通信功能测试程序来验证 PLC1 和 PLC2 之间能直接进行相互通信，实现 I/O 通信方式信息的传递交换。在图 4-12 所示的 PLC1 的 I/O 测试程序中，I2.0（面板开始按钮）接通，使 Q1.0 输出，使 PLC1 输出端 Q1.6（开始指示灯）输出指示，同时向 PLC2 发送通信信息 1。根据图 4-9 所示的 PLC1 和 PLC2 之间的信息传递指向关系，在 PLC2 测试程序中，PLC2 的输入端 I1.0 接收到 PLC1 输出端 Q1.0 发送的通信信息 1，使其输出端 Q1.6（开始指示灯）输出指示。在 PLC2 的 I/O 测试程序中，当 PLC2 的输入端 I2.2（面板特殊按钮）接通后，使 Q1.2 输出指示，同时 PLC2

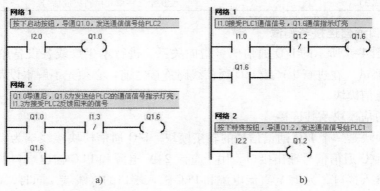

图 4-12　PLC I/O 通信功能测试程序
a) PLC1 调试程序　　b) PLC2 调试程序

的输出端 Q1.6 指示灯熄灭并发送通信信号 2 给 PLC1，PLC1 的输入端 I1.3 接收通信信号 2，使 PLC1 输出端 Q1.6（开始指示灯）指示灯熄灭。在 I/O 通信测试程序中，如果输出端 Q1.6 指示灯不熄灭或没亮，就说明 I/O 通信规定的接线不正确或没有连接好，需检查接线并重新接好，直到通信正常为止。同理，工件类型信息传递的测试，只要将 PLC1 的输出端 Q1.0 改为 Q1.1 或 Q1.3，PLC2 的输入端 I1.0 改为 I1.1 或 I1.3 即可。

## 4.2.2 基于 I/O 接口通信的两个单元联机调试

下面以供料单元与检测单元联机运行为例，介绍基于 I/O 通信的两个单元联机调试任务。完成本任务需要做两个方面的工作，一个是硬件方面需要设计用于两个单元进行通信的 I/O 接口；另一个是软件方面需要更改两个单元的控制程序。

当供料单元和检测单元联机运行时，两个单元不再彼此独立，而是彼此受到制约。在它们联机后，要考虑设备运行的安全，供料单元供料时要检查检测单元是否做好接收准备；而检测单元请求供料单元供料时，也要等待供料单元是否准备好输送工件，否则就不能协调运行。两单元之间的制约协调关系是通过信息的交换（通信）实现的。

如 4.2.1 节中所述，为保证两设备正常和可靠运行，需要传递设备的状态信息，规划好 I/O 接口的数量。它们之间没有工件类型信息需要传送，在供料单元中只需要连接两根向检测单元发送/接收通信信息的通信线，分别用于接收检测单元的供料请求信号和向检测单元发送供料完成信号。同理，检测单元相应也需要两根向供料单元发送/接收通信信息的通信线，分别用于向供料单元发送供料请求信号和接收供料单元的供料完成信号。供料单元与检测单元的 I/O 接口通信指向关系示意图如图 4-13 所示。供料单元与检测单元的 I/O 接口通信地址分配表如表 4-2 所示。

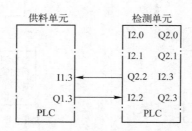

图 4-13　供料单元与检测单元的 I/O 接口通信指向关系示意图

表 4-2　供料单元与检测单元的 I/O 接口通信地址分配表

| I/O 接口 | 功 能 说 明 |
| --- | --- |
| I2.2 | 检测单元从供料单元读取的供料完成信号 |
| I1.3 | 供料单元从检测单元读取的供料请求信号 |
| Q2.2 | 检测单元向供料单元请求供料信号 |
| Q1.3 | 供料单元向检测单元输出供料完成信号 |

为了实现供料单元和检测单元的联机协调运行，需设计两个单元的通信控制工艺流程图（此工艺流程图只需在单站运行的流程图中修改即可）。供料单元必须在接收到检测单元请求供料信号后，才能运行后续的工序；待供料单元供料完成并回到初始位置后，向检测单元发送供料完成信号，并等待检测单元撤销原有的供料请求信号后，方可运行后续的工序。图 4-14 所示为供料单元通信控制工艺流程图。检测单元在返回到初始位置后，向供料单元发出请求供料信号，接收到供料单元的供料完成信号后再进行后续的工作，图 4-15 所示为检测单元通信控制工艺流程图。

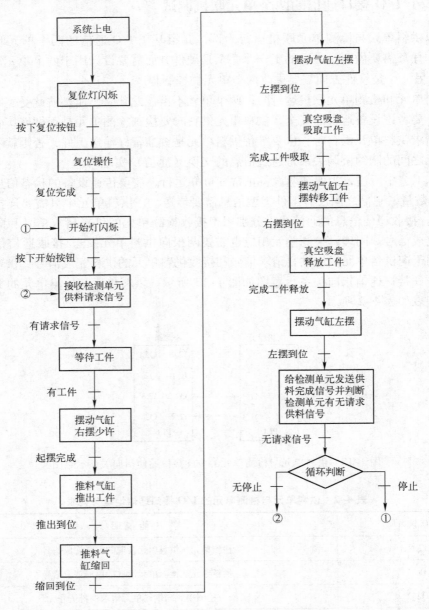

图 4-14　供料单元通信控制工艺流程图

202

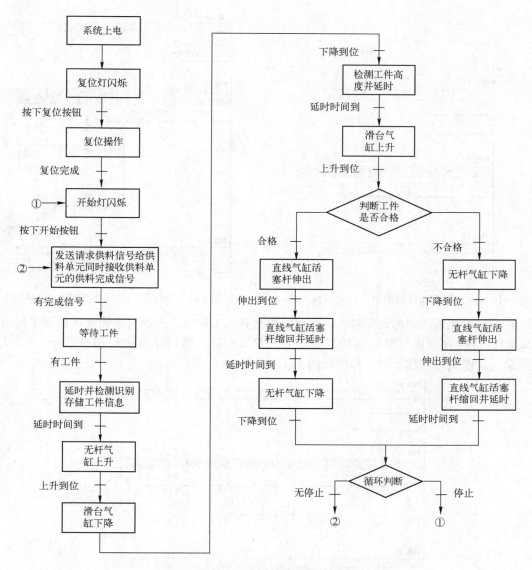

图 4-15　检测单元通信控制工艺流程图

在项目 3 中已经完成了各个单元独立运行的控制程序的编写，在联机控制中，供料单元与检测单元的控制功能和工艺过程没有较大变动，无需重新编写这两个单元的控制程序，只要在原有的程序上加上相互制约的通信信息，即可使整个过程协调运行。下面只给出供料单元和检测单元之间的 I/O 接口通信部分的程序。

在供料单元与检测单元联网运行的程序中，通过单/联开关区别单站运行和联网运行，在供料单元程序联网运行状态下，当接收到检测单元的请求供料信号（I1.3）时，方可进入步 S0.4，执行后面的供料操作。程序如图 4-16 所示。待供料单元供料完成返回到初始位置后，向检测单元发送供料完成信号（Q1.3），同时对检测单元的供料请求信号进行判断，在检测到供料请求信号撤销后，再延时进入步 S1.5 的后续工序。程序如图 4-17 所示。

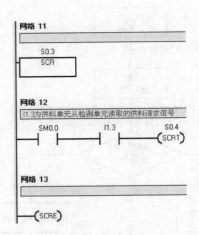

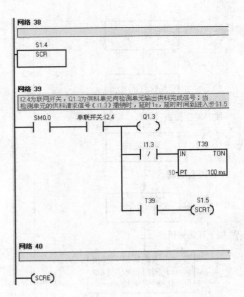

图 4-16　供料单元等待检测单元请求供料程序　　　　图 4-17　供料单元发送完成信号程序

在检测单元返回到初始位置后，传感器检测到无工件时，向供料单元发送请求供料信号（Q2.2）；待接收到供料单元供料完成信号（I2.2）后，撤销原有供料请求信号（Q2.2），检测单元才能执行后续工序，程序如图 4-18 所示。

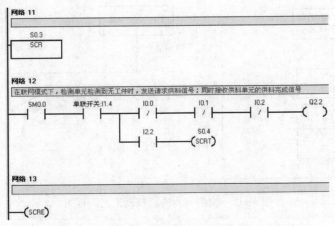

图 4-18　检测单元向供料单元请求供料信号程序

在完成供料单元和检测单元通信控制程序编写后，下载程序至 PLC 进行运行调试。联网运行调试前，供料单元和检测单元应拉开一段距离（距离以两个单元在运行时不接触为准），目的是避免因程序设计不合理而导致造成两个单元的设备机械碰撞。当进行调试联网程序时，把单/联开关拨到 ON，联网运行时，两单元上电后，以先复位检测单元、后复位供料单元的顺序进行复位操作，复位完成按"开始"按钮开始运行。由于两个单元并未实际地连接起来，供料单元送出的工件并不能实际传送到检测单元的工作台上，所以在该环节上需要通过人工"辅助"工作，即将供料单元送出的工件用手接住，与此同时在检测单元的工作台上放上另一个工件。应多次运行程序，观察两站之间是否能协调运行，待两站可以协调运行后，将两个单元用连接条连接好，并且调试好机械位置，完成后运行程序，再次检查能否协调运行。

### 4.2.3 基于I/O接口通信的整条生产线联机调试

自动化生产线各单元之间是通过I/O通信方式来完成信息传送工作的。在上一节中介绍了供料单元和检测单元的联机控制，在此基础之上再添加一个加工单元组成3个工作单元系统，并对这3个单元联机控制进行运行调试，进一步介绍整条自动化生产线基于I/O接口通信的联机控制实现方法。

在3个单元的联机运行中，在加工单元返回到初始位置后，向检测单元发出供料请求，检测单元才可以给加工单元供料。由于检测单元可进行工件材质、颜色信号的辨别，所以检测单元对加工单元增加了工件信息内容的传递要求，同时加工单元也需要接收检测单元的工件信息和运行状态信息。

由于在上一节中已经介绍了供料单元与检测单元的信息交换情况，在此就不再重复，对于3个单元的I/O接口通信只介绍检测单元与加工单元的信息交换。检测单元需要两根通信线分别用于接收加工单元请求供料信号和向加工单元发送供料完成信号；检测单元与加工单元组成系统时，检测单元还要向加工单元传递工件信息，因此检测单元还要有两根通信线以编码的形式用于发送工件信息给加工单元。同理，加工单元需要4根通信线分别用于接收工件信息、发送给检测单元请求供料信息和接收检测单元供料完成信息。检测单元和加工单元的I/O接口通信地址分配表如表4-3所示。而它们3个单元的I/O接口通信指向关系示意图如图4-19所示。

表4-3　检测单元和加工单元的I/O接口通信地址分配表

| I/O接口 | 功能说明 |
| --- | --- |
| I1.0 | 加工单元从检测单元读取编码的工件信息 |
| I1.1 | 加工单元从检测单元读取编码的工件信息 |
| I1.2 | 加工单元从检测单元读取供料完成信号 |
| I2.3 | 检测单元从加工单元读取供料请求信号 |
| Q2.0 | 检测单元向加工单元输出编码的工件信息 |
| Q2.1 | 检测单元向加工单元输出编码的工件信息 |
| Q1.2 | 加工单元向检测单元输出请求供料信号 |
| Q2.3 | 检测单元向加工单元输出供料完成信号 |

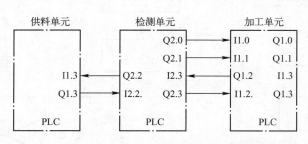

图4-19　3个单元的I/O接口通信指向关系示意图

为了实现3个单元的协调运行，先设计它们的通信控制工艺流程图。供料单元的通信控制工艺流程图与4.2.2节中介绍的一样。而检测单元则不一样，此时它的运行过程除了要考虑与前面的供料单元协调外，还要考虑与其后面加工单元的协调。检测单元返回到初始位置后，向供料单元发出请求供料信号，接收到供料单元的供料完成信号后进行后续的工作；检测单元在判断工件为合格工件后，接收加工单元的请求供料信号，才能将工件输送给加工单元，输送完成后向加工单元发送供料完成信号和工件类型信息；再次判断加工单元有无请求信号，无请求信号检测单元才能继续运行后续的工序。图 4-20 所示为检测单元通信控制工艺流程图。加工单元在返回到初始位置后，向检测单元发出请求供料信号，接收到检测单元的供料完成信号后，撤销请求供料信号再进行后续的工作。图 4-21 为加工单元通信控制工艺流程图。

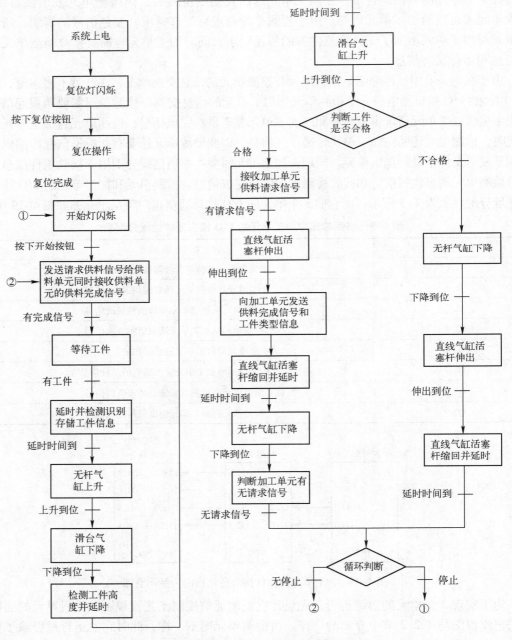

图 4-20  检测单元通信控制工艺流程图

206

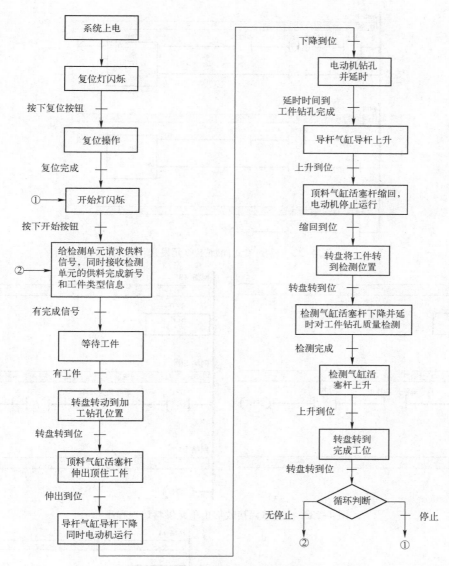

图 4-21　加工单元通信控制工艺流程图

供料单元的程序无需重新编写，与 4.2.2 节中一样。根据检测单元的控制流程图，在检测单元检测的工件为合格工件后，接收加工单元的供料请求信号（I2.3），有请求信号，检测单元输送工件，输送工件完成向加工单元发送工件完成信号和工件类型信息。在项目 3 检测单元运行程序中，工件类型信息存储在 V1002.0（白色/黑色工件）和 V1002.1（金属工件）地址中，因此 I/O 通信时可以直接调用。程序如图 4-22 所示。当检测单元供料完成回到初始位置时，再次判断有无加工单元的供料请求信号，无请求信号，方可执行后续工序。程序如图 4-23 所示。

在加工单元工作完成回到初始位置后，向检测单元发送供料请求信号（Q1.2），加工单元等待接收检测单元供料完成信号（I1.2），同时接收检测单元采集的工件类型信息，将其存储在 V1003.0（白色/黑色工件）和 V1003.1（金属工件）地址中，以供下次使用。程序运行到最后一个状态（S1.7）再对其进行复位。程序如图 4-24 所示。

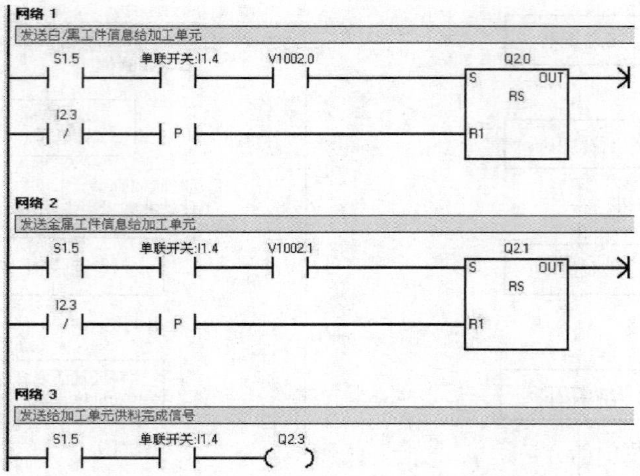

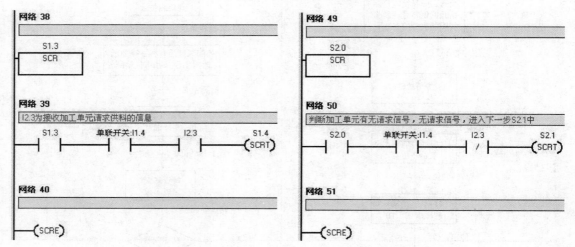

图 4-22　检测单元向加工单元发送信息

图 4-23　检测单元接收加工单元供料请求程序

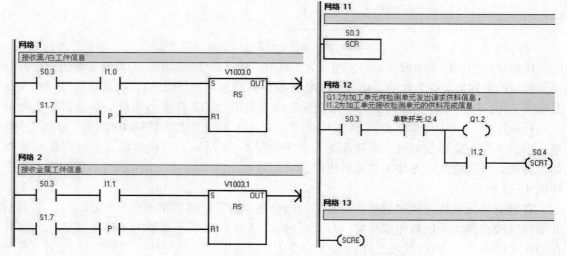

图 4-24　加工单元发出供料请求和接收工件信号程序

在这 3 个单元程序编写完成后，下载程序至 PLC 进行运行调试，具体的调试方法可以参照 4.2.2 节，在此不再重复。

在前面介绍的 3 个单元组成 I/O 接口通信控制运行的基础之上还可以继续增加其他 5 个单元，实现整条生产线的 I/O 接口通信联机运行。当再增加其他单元时，加工单元此时也成为中间环节，也要考虑与后续搬运单元的信息交换，此时其通信控制工艺流程如图 4-25 所示。

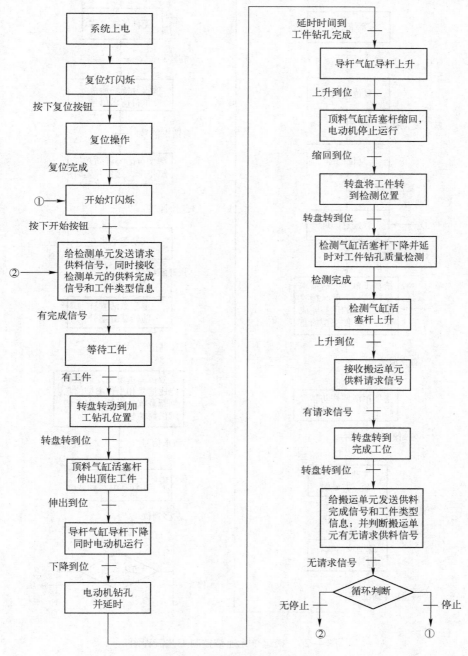

图 4-25　加工单元通信控制工艺流程图

图 4-26 ~ 图 4-30 所示分别为搬运单元、分拣输送单元、提取安装单元、操作手单元以及立体存储单元的通信控制工艺流程图。对照这些工艺流程图，读者就可分析出各个单元相互之间的制约关系，以保证整条生产线联机运行时协调顺畅。

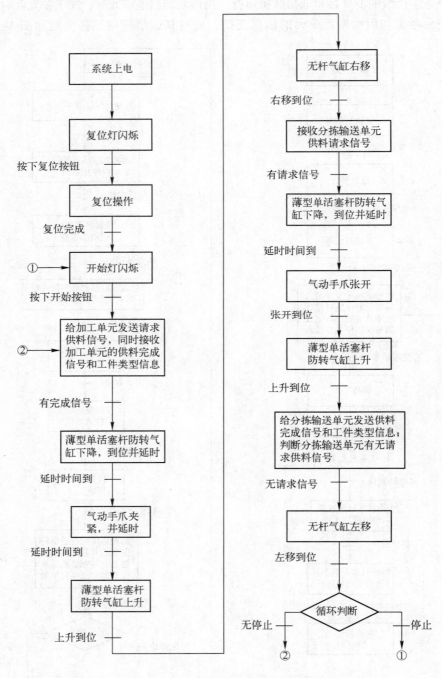

图 4-26　搬运单元通信控制工艺流程图

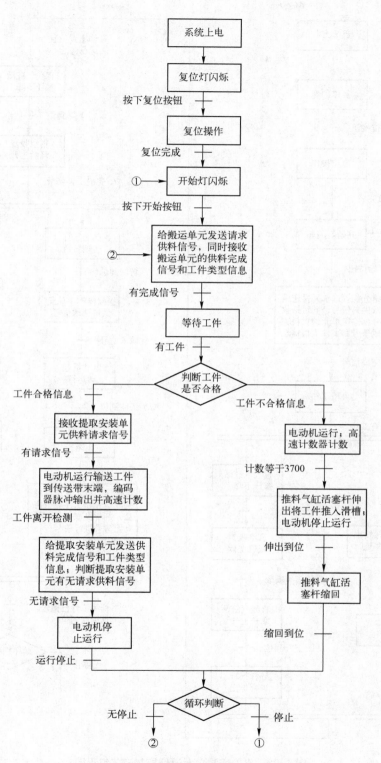

图 4-27 分拣输送单元通信控制工艺流程图

211

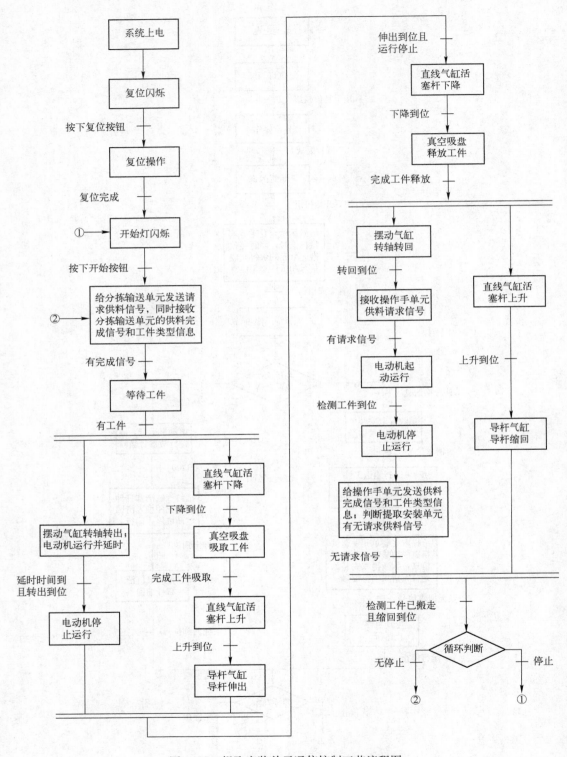

图 4-28　提取安装单元通信控制工艺流程图

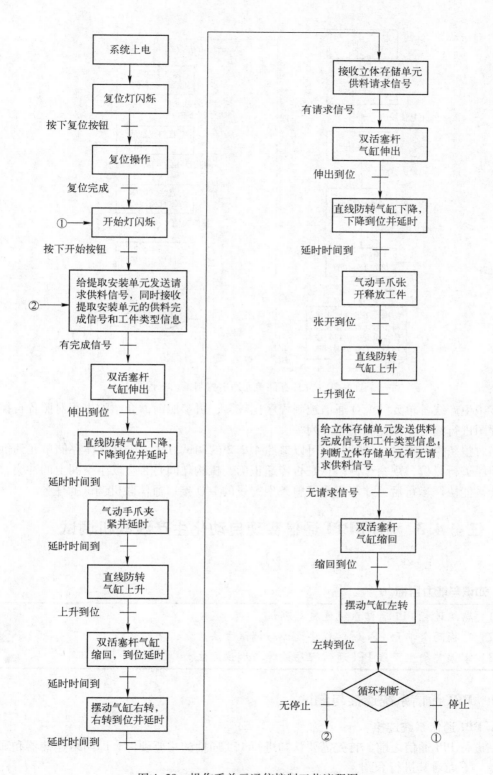

图 4-29　操作手单元通信控制工艺流程图

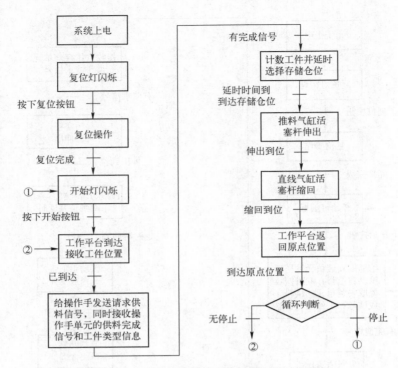

图 4-30　立体存储单元通信控制工艺流程图

整条生产线各单元的 I/O 通信控制程序比较多，可参照前面介绍的方法对照各自控制工艺流程图进行编写，在此就不逐一列举。

当对整条生产线运行调试时，可以参照 4.2.2 的调试方法，先从立体存储单元到供料单元的顺序进行复位，观察工件信息是否传递正确，机构之间是否会发生空间上的冲突，待整条生产线能协调运行后，才算完成了整条生产线的 I/O 接口通信联机调试的任务。

# 任务 4.3　利用 PPI 通信实现自动化生产线联机调试

## 知识与能力目标

1）熟练进行 PPI 通信系统连接与测试。
2）掌握两个单元 PPI 通信程序设计与调试方法。
3）掌握整条生产线 PPI 通信程序设计与调试方法。

### 4.3.1　PPI 通信系统连接与测试

#### 1. PPI 通信系统连接

在进行 PPI 通信之前，首先需要认知进行 PPI 通信的主要硬件，即网络连接器和通信连接电缆。下面对其进行介绍。

（1）网络连接器

网络连接器是一种能与 RS-485 兼容、并与通信电缆相连的 9 针 D 型连接器。一般来说，使用比较广泛的是西门子网络连接器，其引脚分配表如表4-4所示。西门子网络连接器内置有终端电阻和偏置电阻，通过网络连接器上的开关切换终端电阻的接通或断开，以控制后续网络的信号传输。

表4-4 网络连接器的引脚分配表

| 引脚序号 | 名 称 | 功 能 描 述 |
| --- | --- | --- |
| 1 | SHIELD | 屏蔽或功能地 |
| 2 | M24 | 24 V 辅助电源输出地线 |
| 3 | RXD/TXD – P | 接收/发送数据正端，RS – 485 的 B 信号线 |
| 4 | CNTR – P | 方向控制信号正端 |
| 5 | DGND | 数据基准电位 |
| 6 | VP | +5 V 供电电源，与 $100\Omega$ 电阻串联 |
| 7 | P24 | +24 V 辅助电源输出的正端 |
| 8 | RXD/TXD – N | 接收/发送数据负端，RS-485 的 A 信号线 |
| 9 | CNTR – N | 方向控制信号负端 |

终端电阻是在线型网络两端（相距最远的两个通信端口上）的一对通信线上的并联电阻。根据传输线理论，终端电阻可以吸收网络上的反射波，有效地增强信号强度。两个终端电阻并联后的值基本等于传输线在通信频率上的特性阻抗。偏置电阻确保电气情况复杂时A、B 信号的相对关系，保证"0""1"信号的可靠性。一般来说，一个正规的总线网络都要使用终端电阻和偏置电阻，但是当网络连接线非常短、临时或实验室测试时，可以不使用终端电阻和偏置电阻。

西门子网络连接器主要分为带编程口和不带编程口两种类型。图4-31 所示为西门子网络连接器，它用于一般联网。带编程口的西门子网络连接器可以在联网的同时仍然提供一个编程连接端口，用于编写程序或者连接 HMI 设备等。

（2）通信连接电缆

通信连接电缆型号有多种，其中使用比较广泛的是 PROFIBUS 电缆，如图4-32 所示。该连接电缆是屏蔽双绞线，可以减少线间的电磁干扰，在屏蔽层内部有红色和绿色的两根信号线，用于与网络连接器连接。PROFIBUS 电缆的最大长度取决于通信波特率和电缆的类型。

图4-31 西门子网络连接器

图4-32 PROFIBUS 电缆

当进行 PPI 通信系统连接时，需先将标准的 PROFIBUS 电缆与网络连接器连接制作成网络连接线，具体连接制作过程如下。

1）利用电缆剥离器 FCS 将 PROFIBUS 电缆剥出一段长度电缆皮，露出红色和绿色的线芯，暂不剥离线芯保护层，如图4-33 所示。

2）用螺钉旋具打开网络连接器的电缆张力释放压块，然后掀开线芯连接的位置，如

215

图 4-34 所示。

3）去除 PROFIBUS 电缆的红、绿线芯外的保护层，裸露出少许铜线。将线芯根据对应的颜色标记插入网络连接器的线芯锁中，并用力压下锁块，使内部导体接触，如图 4-35 所示。

**注意**：PROFIBUS 电缆被剥出的屏蔽层应与网络连接器屏蔽连接压片充分接触。

图 4-33　剥离电缆　　　　图 4-34　打开网络连接器　　　　图 4-35　连接线芯

4）压下网络连接器的电缆张力释放压块，拧紧螺钉，消除外部拉力对内部连接的影响。

当进行多个网络连接器连接时，将 PROFIBUS 电缆一端线芯按颜色连接到首个网络连接器的"出"端，注意要接好屏蔽线拧紧螺钉；将 PROFIBUS 电缆另一端线芯按颜色连接到第二个网络连接器的"进"端，依次连接后面的网络连接器。根据需要连接 $n$ 个连接器（$n <$ 128），形成一个网络，其连接示意图如图 4-36 所示。对于多个网络连接器组成的通信网络，需要将首末两个网络连接器的终端电阻开关拨到"ON"处，中间的网络连接器的终端电阻开关均拨到"OFF"处。

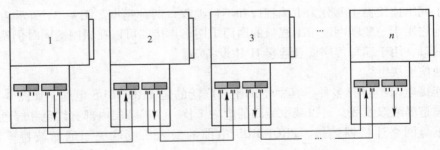

图 4-36　多个网络连接器的连接示意图

## 2. PPI 通信系统测试

在按照上述方式完成对 PPI 通信系统的硬件线路连接后，要对所组成 PPI 通信网络进行测试，验证其是否可以进行正常通信。

在此，进行两台 PLC 之间的 PPI 通信控制测试。在 1 号 PLC 作为主站发送起动、停止信号给 2 号 PLC，使 2 号 PLC 接收到信号后，PLC 输出端 Q1.0 指示灯输出指示；1 号 PLC 读取作为从站的 2 号 PLC 的通信信息，使 1 号 PLC 的输出端 Q1.6 指示灯输出指示。

将制作完成的 PPI 通信电缆的网络连接器分别连接到 1 号 PLC 和 2 号 PLC 的端口 0 上，并将其用螺钉旋具锁紧，以各网络连接头不出现松动为宜，完成两台 PLC 进行 PPI 通信硬件上的连接。

PPI 网络的实现有两种形式，一种是直接调用 NETR/NETW 指令来配置 PPI（在项目 2 的 2.6 节中已经详细介绍）；另一种是利用指令向导来配置 PPI 网络。下面介绍通过指令向导配置 PPI 网络实现对上述两台 PLC 的 PPI 通信控制。

配置主站 1 号 PLC。在 STEP7 – Micro/WIN 中新建一个项目，在命令菜单中选择"工具"→"指令向导"，在指令向导窗口选择"NETR/ NETW"，如图 4-37 所示。完成后单击"下一步"按钮。

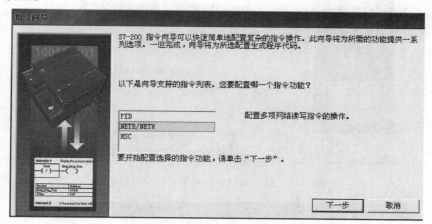

图 4-37　"指令向导"对话框

进入图 4-38 所示的"NETR/NETW 指令向导"对话框，在"您希望配置多少项网络读/写操作"中输入"2"，配置完成后单击"下一步"按钮。

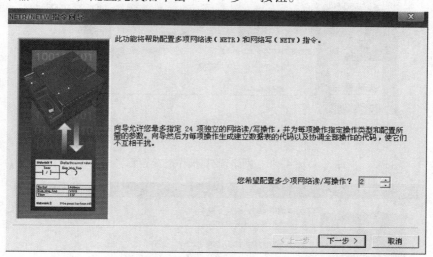

图 4-38　"NETR/NETW 指令向导"对话框

进入图 4-39 所示的通信端口配置和子程序命名界面，在此选择 PLC 的端口"0"作为通信端口；也可以给子程序命名或使用默认的名称，完成后单击"下一步"按钮。

进入图 4-40 所示的网络读/写操作配置界面。在"网络读/写操作第 1 项"中的"此项操作是 NETR 还是 NETW？"下拉列表中选择配置"NETR"操作，设置从远程 PLC 读取的数据长度为 1B，"远程 PLC 地址"为 2，设置本地 PLC 数据存储在 VB2001 中，设置从远程 PLC 的 VB2001 中读取数据。单击"下一项操作"按钮，进入图 4-41 所示的网络读/写操作配置界面。在"网络读/写操作第 2 项"中的"此项操作是 NETR 还是 NETW？"下拉列表中选择配置"NETW"操作，设置写入远程 PLC 的数据长度为 1B，选择远程 PLC 地址为 2，本地 PLC 数据存储在 VB1001，写入远程 PLC 的 VB1001 中。设置完成后单击"下一步"按钮。

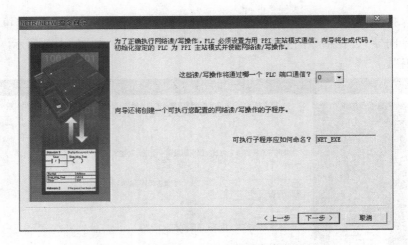

图 4-39　通信端口配置和子程序命名界面

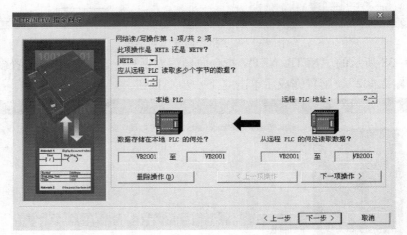

图 4-40　网络读/写操作配置界面

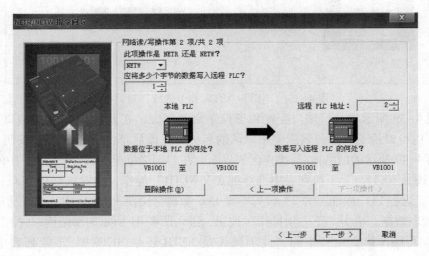

图 4-41　网络读/写操作配置界面

如上配置实现的两台 PLC 之间的数据通信区如图 4-42 所示。

1号PLC      2号PLC

VB1001 ——→ VB1001

VB2001 ←—— VB2001

图 4-42 　两台 PLC 之间的数据通信区

进入图 4-43 所示的配置分配存储区界面。根据之前配置读/写的操作项，指定一个 V 存储区地址范围，或者直接使用向导建议一个合适且未使用的 V 存储区地址范围，完成后单击"下一步"按钮。

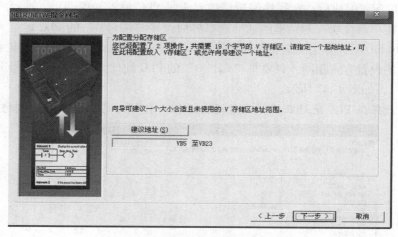

图 4-43 　配置分配存储区界面

进入图 4-44 所示的生成子程序及符号表界面，在此界面中，可以看到所选配置生成的项目组件——子程序"NET_EXE"和全局符号表"NET_SYMS"，单击"完成"按钮。

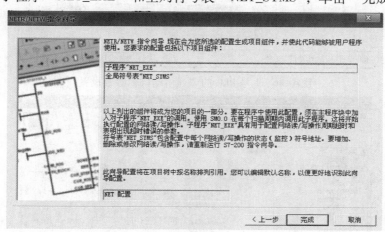

图 4-44 　生成子程序及符号表界面

在程序编辑器指令树的"调用子程序"中，调用"NET_EXE（SBR1）"，出现图 4-45 所示的"NET_EXE"子程序。在此对 NET_EXE 子程序各参数说明如下。

1）必须在主程序中使用 SM0.0，在每个周期内调用 NET_EXE 子程序，以保证其正常运行。

2）Timeout（超时参数）：0 为无定时器；1~36 767 为定时器数值，若通信超时，则报错误信息。

3）Cycle（周期参数）：此参数在每次所有网络操作完成时切换状态。

4）Error（错误参数）：0 = 无错误；1 = 错误。

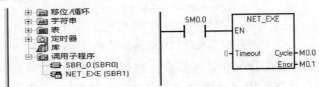

图 4-45　调用"NET_EXE（SBR1）"

在网络通信配置完成后，在程序编辑器中对 1 号 PLC 设置通道端口。选择"系统块"→"通信端口"，在"系统块"对话框的通信端口界面设置"端口 0"的 PLC 地址为"1"，选择波特率为"9.6kbit/s"，其余的选项选择默认值，如图 4-46 所示。2 号 PLC 的通信端口设置方式与 1 号 PLC 的设置方式相同，只要将"端口 0"的 PLC 地址为"2"（即 1 号 PLC 里配置的远程 PLC 地址），如图 4-47 所示。

**注意：**必须保证 PLC 地址正确，同时还要保证两台 PLC 的通信端口的波特率一致。

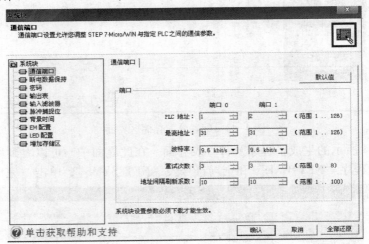

图 4-46　1 号 PLC 的"通信端口"参数设置

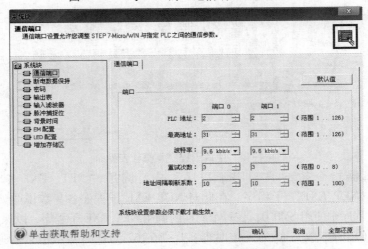

图 4-47　2 号 PLC 的"通信端口"参数设置

在两台 PLC 的通信参数设置完成后，分别在程序编辑器中按照之前的要求编写通信测试程序。由于 PPI 协议是一种主从通信协议，所以只需要在主站中调用网络子程序，在从站中无需配置网络子程序。图 4-48 所示为 1 号 PLC 通信测试程序，在 1 号 PLC 的通信测试程序中调用网络子程序；I2.0、I2.1 分别为起动和停止的标志位，使 V1001.0 和 V1001.1 接通，作为起动信号和停止信号发送给 2 号 PLC；V2001.0 为读取接收 2 号 PLC 反馈的通信信号。图 4-49 所示为 2 号 PLC 通信测试程序，接收到 1 号 PLC 发送的起动信号，使 2 号 PLC 的输出端 Q1.0 输出指示；接收到 1 号 PLC 发送的停止信号，使 2 号 PLC 的输出端 Q1.0 停止输出指示；I2.0 控制 2 号 PLC 发送反馈信号 V2001.0 给 1 号 PLC。

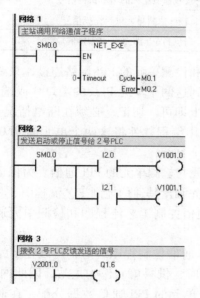

图 4-48　1 号 PLC 通信测试程序

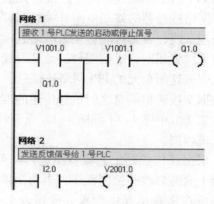

图 4-49　2 号 PLC 通信测试程序

在完成两台 PLC 通信测试程序编写后，分别下载到 1 号 PLC 和 2 号 PLC 中进行通信调试。运行调试时，查看 1 号 PLC 控制程序的网络子程序是否正常工作，当 1 号 PLC 的 I2.0 接通、V1001.0 值为 1 时，查看 2 号 PLC 的 Q1.0 是否有输出；当 1 号 PLC 的 I2.1 接通、V1001.1 值为 1，查看 2 号 PLC 的 Q1.0 是否停止输出。同理，当 2 号 PLC 的 I2.0 接通、V2001.0 值为 1，查看 1 号 PLC 的输出端 Q1.6 是否有输出。待上述所有调试数据均无误后，就表明两 PLC 之间能正常进行 PPI 通信，否则需检查网络连接线是否连接牢固、通信地址是否设置错误、通信波特率是否不一致等出错原因，并予以改正。

## 4.3.2　基于 PPI 通信的两个单元联机调试

在前面任务中重点训练了基于 I/O 接口通信的供料和检测两个单元联机运行的控制调试过程，在此基础之上，本节完成基于 PPI 通信的对两个单元联机调试的训练任务。

供料和检测两个单元通过相互之间制约信息的交换，达到彼此之间的配合运行。当检测单元的工作平台上无工件时，发出请求供料的信号；待供料单元接收到检测单元请求供应工件的通信信号后，其转运模块方可将工件运送到检测单元的工作平台上。待检测单元工作台有工件后，检测单元必须接收供料单元发送的供料完成信息（转运模块返回到初始位置），才可以对工件进行材质、颜色的识别和工件高度的检测，最后再进行工件的分流处理。

　　在进行供料单元与检测单元 PPI 通信前，必须预先合理规划这两个单元之间的通信数据信息。表 4-5 所示为这两个单元 PPI 通信数据分配表。

表 4-5　供料单元和检测单元的 PPI 通信数据分配表

| 站　　名 | 通 信 地 址 | 地 址 含 义 |
|---|---|---|
| 供料单元（主） | V1001.2 | 向检测单元发送供料完成信号 |
| | V2001.0 | 接收检测单元的请求供料信号 |
| 检测单元（从） | V1001.2 | 接收供料单元供料完成信号 |
| | V2001.0 | 向供料单元发送请求供料信号 |

　　完成这两个单元的数据规划后，进行供料单元和检测单元的 PPI 网络连接，只要将制作完成 PPI 网络连接线的网络连接器分别连接并锁紧到这两个单元 PLC 的端口 0 或端口 1 上，并将网络连接器的终端电阻开关拨到"OFF"位置上即可。切记，必须在断电情况连接 PPI 网络连接线，否则可能会烧毁网络连接器。之后利用编程软件将这两个单元的 PLC 的通信波特率设置相同，通信端口的地址设置不同。

　　完成这两单元的 PPI 网络连接后，进行供料单元与检测单元的 PPI 通信。为保证两个单元数据交换通信信息之间信息传递的准确性，可预先画出其通信控制工艺流程图，具体可参照 4.2.2 节中图 4-14 和图 4-15 所示的供料单元通信控制工艺流程图和检测单元通信控制工艺流程图。

　　根据通信控制工艺流程图进行两个单元的 PPI 通信控制程序编写，可以在单站程序的基础上直接修改其控制程序。当两个单元进行通信时，供料单元作为主站，因此网络读/写操作应在供料单元中配置。根据表 4-5 所示两个单元的 PPI 通信数据分配，在此只要在读/写指令向导中配置一个网络读操作和一个网络写操作即可。具体如图 4-50 和图 4-51 所示。

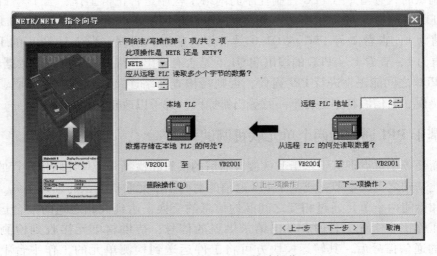

图 4-50　配置一个网络读操作

222

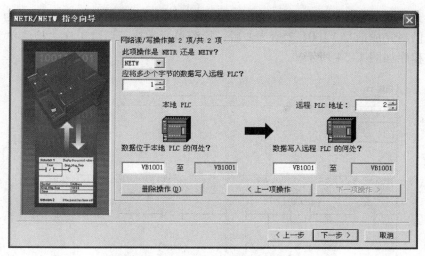

图 4-51　配置一个网络写操作

在供料单元中的网络读/写配置完成后，在程序中直接调用图 4-52 所示的通信子程序即可。

```
一直接通:SM0.0              NET_EXE
  ─┤ ├──────────────────┤EN
                          │
                    3─────┤Timeout    Cycle├─M12.0
                          │           Error├─M12.1
```

图 4-52　调用通信子程序

供料单元应预先判断检测单元是否准备接收工件。当供料单元接收到检测单元发送的请求供料的信号 V2001.0 为 1 时，确定检测单元可以接收工件后才进行供料；待供料单元供料完成，向检测单元发送供料完成信号 V1001.2 为 1 后，检测单元撤销请求供料信号，供料单元才能执行后续工序。供料单元的通信控制部分处理程序如图 4-53 所示。

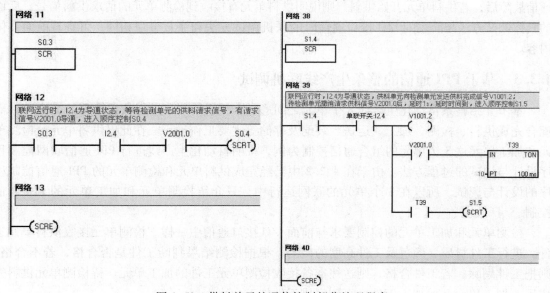

图 4-53　供料单元的通信控制部分处理程序

223

检测单元执行机构回到初始位置，向供料单元发送请求供料信号 V2001.0 为 1；待其接收供料单元供料完成信号 V1001.2 值为 1 后，检测单元才执行后续工序。检测单元的通信控制部分处理程序如图 4-54 所示。

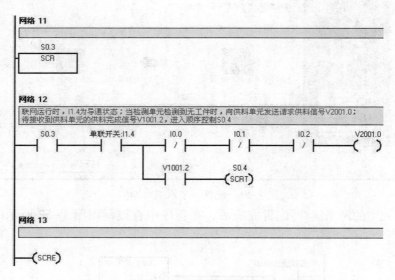

图 4-54　检测单元的通信控制部分处理程序

完成这两个单元的通信端口参数设置后，分别将编写好的程序对应下载到这两个单元的 PLC 中进行调试。调试前，将供料单元和检测单元拉开一定距离（以两个单元运行时不接触为宜），以避免因程序出错导致两个单元的机构发生碰撞。运行并监控供料单元程序，若通信子程序的参数 Cycle 值在 0 和 1 之间周期性变化，则说明这两个单元已经建立通信；否则，通信出错，需根据 Cycle 错误代码找出出错原因并进行排除。主要检查 PPI 网络连接线是否接好；通过软件检查两个单元 PLC 通信端口地址是否设置正确；通信波特率设置是否一致。待排除通信故障后，若供料单元开始供料，则说明供料单元有接收到检测单元的请求供料信号，后面的具体调试方法与前述的 I/O 接口通信时的联机调试方法和注意事项相同，可查看前面具体内容。

### 4.3.3　基于 PPI 通信的整条生产线联机调试

本节介绍整条自动化生产线 8 个单元之间通过 PPI 通信网络进行数据信息的交流，共同配合完成供料、检测、加工、运送、装配及存储等主要工作过程。在此以供料单元、检测单元和加工单元这 3 个单元的组合通信控制为例，说明自动化生产线进行 PPI 通信联网控制程序设计与调试的过程方法。由于在 4.2.2 中已经完成供料单元和检测单元的 PPI 通信控制程序的设计与调试，所以在 3 个单元的联网运行中，只介绍检测单元和加工单元的 PPI 通信控制。

检测单元和加工单元的控制要求与前面 I/O 接口通信中一样。检测单元接收供料单元工件，进行工件材质、颜色及工件高度的检测，根据检测结果判断工件是否合格，若不合格，则把工件剔除；若工件合格，则送往准备接收检测单元工件的加工单元。待检测单元供料完成后，加工单元开始加工工件，直到完成工件加工为止。

当进行 3 个单元的 PPI 通信时，在硬件上通过制作好的带有 3 个网络连接器的通信电缆连接，只要将中间网络连接器的终端电阻开关拨到"OFF"位置，首尾两端的网络连接器的终端电阻开关拨到"ON"位置，然后将这 3 个网络连接器依照供料单元、检测单元、加工单元的顺序依次在这 3 个单元的 PLC 端口 0 或端口 1 上接好即可。在软件上，必须将这 3 个单元 PLC 的通信波特率设置为相同，通信端口的地址设置为不同。

与前面 I/O 通信实现这 3 个单元联机运行时一样，这 3 个单元相互间需要交换和传送一些运行状态信息和工件类型信息。采用 PPI 通信时，这些信息的具体通信数据规划表如表 4-6 所示。

表 4-6    3 个单元通信数据规划表

| 站　　名 | 通 信 地 址 | 地 址 功 能 |
|---|---|---|
| 供料单元（1 号站） | V1001.2 | 向检测单元发送供料完成信号 |
| | V2001.0 | 接收检测单元的请求供料信号 |
| 检测单元（2 号站） | V1001.2 | 接收供料单元供料完成信号 |
| | V1002.0 | 向加工单元发送工件信息 |
| | V1002.1 | 向加工单元发送工件信息 |
| | V1002.2 | 向加工单元发送完成信号 |
| | V2001.0 | 向供料单元发送请求供料信号 |
| | V2002.0 | 接收加工单元请求供料信号 |
| 加工单元（3 号站） | V1002.0 | 接收检测单元工件状态信息 |
| | V1002.1 | 接收检测单元工件状态信息 |
| | V1002.2 | 接收检测单元供料完成信号 |
| | V2002.0 | 向检测单元发送请求供料信号 |

这 3 个单元联机运行的通信控制工艺流程与前面 I/O 接口通信部分一样，可以参照图 4-20 所示的检测单元通信控制工艺流程图内容和图 4-21 所示的加工单元通信控制工艺流程图内容。

在进行通信程序编写时，可以在单站程序的基础上直接编写。由于供料单元和检测单元的通信控制程序已经在 4.3.2 节中完成，配置的网络读/写操作也相同，所以在此只介绍检测单元和加工单元的程序编写。

在配置网络读/写操作前，应先理解 PPI 通信主/从的关系。在 3 个单元的联网系统中，供料单元和检测单元组成主/从关系通信，供料单元充当主站的角色，完成网络的读/写，检测单元作为从站。而在检测单元与加工单元组成主/从关系通信中，检测单元充当主站的角色，加工单元作为从站。因此，在这里检测单元既为主站，又为从站。可见，在 PPI 通信中主/从关系是相对的。

在进行网络读/写操作配置时，对于供料和检测单元而言，供料单元作为主站，因此网络读/写操作应在供料单元中配置，这一配置与 4.2.2 节相同，在此不再说明。而对于检测单元和加工单元来说，检测单元作为主站，因此网络读/写操作应在检测单元中配置。根据表 4-6 的数据配置具体网络读/写操作。具体操作如图 4-55 和图 4-56 所示。

同样，配置完成之后，在主程序中直接调用通信子程序，如图 4-57 所示。

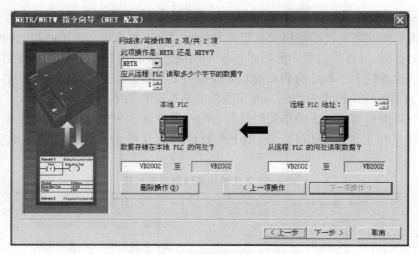

图 4-55  检测单元网络读配置

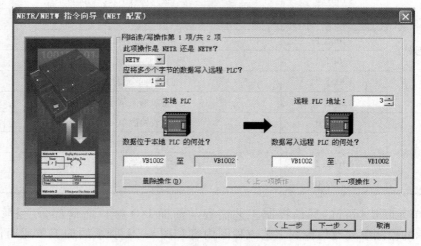

图 4-56  检测单元网络写配置

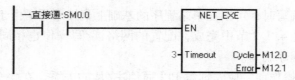

图 4-57  调用通信子程序

供料单元与检测单元之间的通信控制处理程序与前面4.2.2节的两个单元联机运行时处理方法一样，在此不再详述。但是在3个单元联机运行时，检测单元处于中间环节，运行中并不是可以一直向加工单元输送工件的。检测单元在只有接收到加工单元的请求供料信号后，才可以给加工单元供料；供料完成后，向加工单元发送供料完成信号；同时检测单元还需将检测出的工件材质和颜色信号，发送给加工单元。图4-58所示为检测单元处理与加工单元通信的程序段。图4-59所示为检测单元采集处理工件类型信息的程序段。

当加工单元准备好接收检测单元的工件时，需向检测单元发送请求供料信号；待检测单元供料完成，加工单元接收到检测单元供料完成信号后，才能执行加工工序，加工单

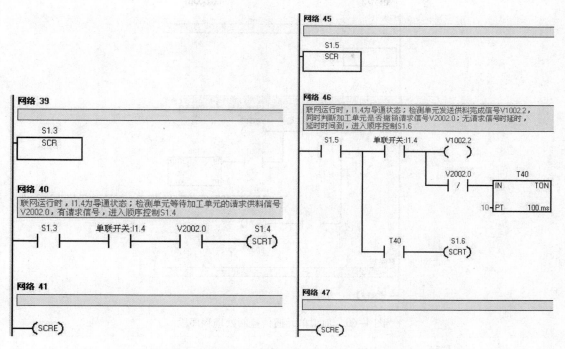

图 4-58　检测单元处理与加工单元通信的程序段

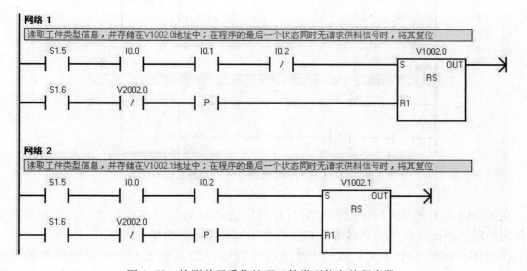

图 4-59　检测单元采集处理工件类型信息的程序段

元通信控制处理程序段如图 4-60 所示。同时，加工单元还需接收检测单元传送来的工件类型信息，将其存储以便整条生产线通信时，将工件类型信息往下一单元传送。图 4-61 所示为其处理程序段。

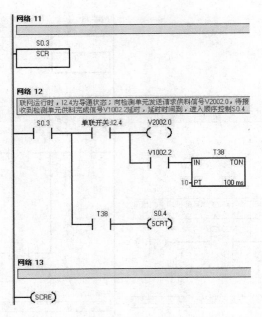

图4-60　加工单元通信控制处理程序段

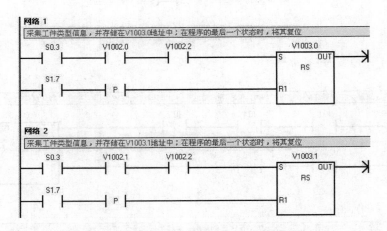

图4-61　加工单元采集处理工件类型信息的程序段

在按照以上要求完成网络配置和编写好相应的 PLC 通信控制程序之后，即可进行这 3 个单元的联机调试。具体的调试方法和注意事项可参考前面的相关内容。

在前面介绍的 3 个单元组成的 PPI 通信控制运行的基础之上，还可继续增加其他 5 个单元，实现整条生产线 8 个单元的 PPI 通信联机运行。此时，加工单元也成为中间环节，也要考虑与后续搬运单元的信息交换。其通信控制工艺流程如图 4-25 所示。搬运单元、分拣输送单元、提取安装单元、操作手单元以及立体存储单元的通信控制工艺流程仍然分别为图 4-26 ~ 图 4-30。可对照这些工艺流程图，分析各个单元的通信控制过程，合理地规划通信数据地址表。表 4-7 所示为整条生产线 8 个单元的数据通信地址分配关系表。

表 4-7　整条生产线 8 个单元的数据通信地址分配关系表

| 站　　点 | 通信端口 | 通信地址 | 通信地址功能 |
|---|---|---|---|
| 供料单元<br>1 号站 | PORT0 | V1001. 2 | 向检测单元发送供料完成信号 |
| | | V2001. 0 | 接收检测单元的请求供料信号 |
| 检测单元<br>2 号站 | PORT0 | V1001. 2 | 接收供料单元供料完成信号 |
| | | V1002. 0 | 向检测单元发送黑/白工件信息 |
| | | V1002. 1 | 向检测单元发送金属工件信息 |
| | | V1002. 2 | 向加工单元发送完成信号 |
| | | V2001. 0 | 向供料单元发送请求供料信号 |
| | | V2002. 0 | 接收加工单元请求供料信号 |
| 加工单元<br>3 号站 | PORT0 | V1002. 0 | 接收检测单元黑/白工件信息 |
| | | V1002. 1 | 接收检测单元金属工件信息 |
| | | V1002. 2 | 接收检测单元完成信号 |
| | | V1003. 0 | 向搬运单元发送黑/白工件信息 |
| | | V1003. 1 | 向搬运单元发送金属工件信息 |
| | | V1003. 2 | 向搬运单元发送完成信号 |
| | | V1003. 3 | 向搬运单元发送废料信号 |
| | | V2002. 0 | 发送给检测单元要求供料信号 |
| | | V2003. 0 | 接收搬运单元请求供料信号 |
| | | V2003. 1 | 接收搬运单元接收到工件信号 |
| 搬运单元<br>4 号站 | PORT0 | V1003. 0 | 接收加工单元黑/白工件信息 |
| | | V1003. 1 | 接收加工单元金属工件信息 |
| | | V1003. 2 | 接收加工单元完成信号 |
| | | V1003. 3 | 接收加工单元废料信号 |
| | | V1004. 0 | 向分拣输送单元发送黑/白工件信息 |
| | | V1004. 1 | 向分拣输送单元发送金属工件信息 |
| | | V1004. 2 | 向分拣输送单元发送完成信号 |
| | | V1004. 3 | 向分拣输送单元发送废料信号 |
| | | V2003. 0 | 发送给加工单元要求供料信号 |
| | | V2003. 1 | 向加工单元发送接收到的工件信号 |
| | | V2004. 0 | 接收分拣输送单元请求供料信号 |
| | | V2004. 1 | 接收分拣输送单元入料口有无物料信号 |

| 站 点 | 通信端口 | 通信地址 | 通信地址功能 |
|---|---|---|---|
| 分拣传输单元<br>5号站 | PORT0 | V1004.0 | 接收搬运单元黑/白工件信息 |
| | | V1004.1 | 接收搬运单元金属工件信息 |
| | | V1004.2 | 接收搬运单元完成信号 |
| | | V1004.3 | 接收搬运单元废料信号 |
| | | V1005.0 | 向提取安装单元发送黑/白工件信息 |
| | | V1005.1 | 向提取安装单元发送金属工件信息 |
| | | V1005.2 | 向提取安装单元发送完成信号 |
| | | V1005.3 | 分拣输送单元废料信号处理信号 |
| | | V2004.0 | 发送给搬运单元要求供料信号 |
| | | V2004.1 | 向搬运单元发送入料口有工件信号 |
| | | V2005.0 | 接收提取安装单元请求供料信号 |
| 提取安装单元<br>6号站 | PORT0 | V1005.0 | 接收分拣输送单元黑/白工件信息 |
| | | V1005.1 | 接收分拣输送单元金属工件信息 |
| | | V1005.2 | 接收分拣输送单元完成信号 |
| | | V1006.0 | 向操作手单元发送黑/白工件信息 |
| | | V1006.1 | 向操作手单元发送金属工件信息 |
| | | V1006.2 | 向操作手单元发送完成信号 |
| | | V2005.0 | 发送给分拣输送单元要求供料信号 |
| | | V2006.0 | 接收操作手单元请求供料信号 |
| 操作手单元<br>7号站 | PORT0 | V1006.0 | 接收提取安装单元黑/白工件信息 |
| | | V1006.1 | 接收提取安装单元金属工件信息 |
| | | V1006.2 | 接收提取安装单元完成信号 |
| | | V1007.0 | 向立体存储单元发送黑/白工件信息 |
| | | V1007.1 | 向立体存储单元发送金属工件信息 |
| | | V1007.2 | 向立体存储单元发送完成信号 |
| | | V2006.0 | 向提取安装单元发送请求供料信号 |
| | | V2006.1 | 操作手单元接收到工件的信号 |
| | | V2007.0 | 接收立体存储单元请求供料信号 |
| 立体存储单元<br>8号站 | PORT0 | V1800.0 | 接收操作手单元黑/白工件信息 |
| | | V1800.1 | 接收操作手单元金属工件信息 |
| | | V1800.2 | 接收操作手单元完成信号 |
| | | V1900.0 | 立体存储单元黑/白工件信息 |
| | | V1900.1 | 立体存储单元金属工件信息 |
| | | V2007.0 | 发送给操作手单元请求供料信号 |

在规划分配好以上地址数据表之后，需要按照表4-7中的数据地址在相应的主站上进行网络读/写操作配置，接着就可根据控制工艺流程图进行控制程序的编写。具体程序的编写可在项目3的各自单独运行程序的基础之上增加联网通信处理程序，程序的编写方法可以参考前面相关章节中介绍的供料单元、检测单元和加工单元这3个单元联机运行的程序。

# 任务4.4 利用 PROFIBUS 通信实现自动化生产线联机调试

**知识与能力目标**

1）掌握 S7 – 300 PLC 在自动化生产线中的应用。
2）熟练进行 PROFIBUS 通信系统连接与测试。
3）掌握两个单元 PROFIBUS 通信程序设计与调试方法。
4）掌握整条生产线 PROFIBUS 通信程序设计与调试方法。

前面讲述的内容中各工作单元都是采用 S7 – 200 系列 PLC 作为设备单元控制器，通过 I/O 或 PPI 通信方式可以实现整条自动化生产线的联机控制运行。然而，当设备现场通信要求较高和通信任务繁重时，以上通信方式很难满足要求，此时通常采用现场总线进行联网通信。本任务将借助于该自动化生产线教学装置进行典型现场总线 PROFIBUS 实际应用的讲解训练。

## 4.4.1 S7 – 300 PLC 在自动化生产线中的应用

当生产线系统采用 PROFIBUS 通信网络进行控制运行时，对于西门子 PLC 来说，原有的 S7 – 200 系列 PLC 不能满足要求，在网络中必须至少要有一台支持 PROFIBUS 通信协议的 PLC。因此，当采用 PROFIBUS 通信方式时，可以将供料单元中电气控制板上的 PLC 由原来的 S7 – 200 PLC 换成 S7 – 300 系列 PLC 即可。下面针对 S7 – 300 系列 PLC 在供料单元的具体应用进行学习训练。

在项目 3 的 3.3 节中已经详细介绍了供料单元的机械结构组成及功能、气动控制、控制要求等，在此不再重复介绍。本节仅对该单元中不同的电气控制系统部分进行分析介绍。

从项目 3 的 3.3 节中可知，供料单元只需要进行数字量处理，无需用到模拟量信号，共需要 PLC 的 I/O 点数为 13 输入点和 8 输出点。因此，本单元电气系统中只需选用配置 CPU 313C – 2DP DC 模块和 PS 307（2A）电源模块就可满足供料单元的控制任务。其自身带有 MPI、DP 通信端口和 I/O 模块，其 I/O 点数为 16/16，完全可以满足生产线联网控制的要求。此时供料单元电气控制系统中 PLC 的 I/O 地址分配表如表 4-8 所示。

表 4-8 供料单元电气控制系统中 PLC 的 I/O 地址分配表

| 序 号 | 地 址 | 设备符号 | 设备名称 | 设备功能 |
|---|---|---|---|---|
| 1 | I0.0 | B1 | 对射式光纤传感器 | 检测料仓内有无物料 |
| 2 | I0.1 | 1B1 | 磁感应式接近开关 | 检测摆动气缸左摆到位 |
| 3 | I0.2 | 1B2 | 磁感应式接近开关 | 检测摆动气缸右摆到位 |
| 4 | I0.3 | 2B1 | 气压检测开关 | 真空吸盘的负压检测 |
| 5 | I0.4 | 3B1 | 磁感应式接近开关 | 检测推料气缸缩回到位 |
| 6 | I0.5 | 3B2 | 磁感应式接近开关 | 检测推料气缸伸出到位 |

| 序　号 | 地　址 | 设备符号 | 设备名称 | 设备功能 |
|---|---|---|---|---|
| 7 | I1.0 | SB1 | 按钮 | 开始 |
| 8 | I1.1 | SB2 | 按钮 | 复位 |
| 9 | I1.2 | SB3 | 按钮 | 特殊（手动单步控制） |
| 10 | I1.3 | SA1 | 开关 | 手动（0）/自动（1）切换 |
| 11 | I1.4 | SA2 | 开关 | 单站（0）/联网（1）切换 |
| 12 | I1.5 | SB4 | 按钮 | 停止 |
| 13 | I1.6 | KA | 继电器触头 | 上电信号 |
| 14 | Q0.0 | K1 | 继电器 | 控制蜂鸣器报警 |
| 15 | Q0.1 | 1Y1 | 电磁阀 | 控制摆动气缸左转动 |
| 16 | Q0.2 | 1Y2 | 电磁阀 | 控制摆动气缸右转动 |
| 17 | Q0.3 | 2Y1 | 电磁阀 | 控制真空吸盘释放 |
| 18 | Q0.4 | 2Y2 | 电磁阀 | 控制真空吸盘吸取 |
| 19 | Q0.5 | 3Y1 | 电磁阀 | 控制推料气缸推出物料 |
| 20 | Q1.6 | HL1 | 绿色指示灯 | 开始指示 |
| 21 | Q1.7 | HL2 | 蓝色指示灯 | 复位指示 |

供料单元采用 CPU 313C –2DP DC 模块控制的 I/O 接线原理图如图 4-62 所示。图中各

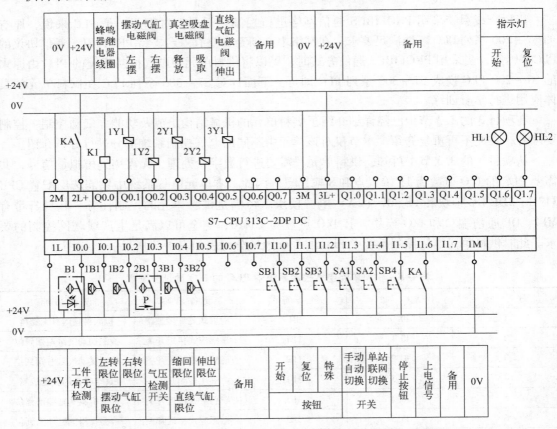

图 4-62　供料单元采用 CPU 313C –2DP DC 模块控制的 I/O 接线原理图

元器件的电气符号及功能说明与前面项目 3 中完全相同，在此不再重复介绍。除此之外，供料单元采用 CPU 313C–2DP DC 模块控制的工艺控制流程图基本没有变化，具体可以参照项目 3 中图 3–62 所示的供料单元的控制工艺流程图进行控制程序的编写设计。在进行程序设计之前，需要利用 STEP7 编程软件进行 S7–300 PLC 的硬件组态与设置，具体过程如下。

用鼠标双击 SIMATIC Manager 图标🗗，打开 SIMATIC 管理器窗口，启动 STEP7 编程软件。选择文件菜单的"新建"命令，建立一个项目，将项目命名为"供料单元"并保存。

由于供料单元采用 CPU 313C–2DP DC 模块进行控制，所以在操作前应首先查明所使用PLC 的硬件结构及相应的技术参数情况。选择"供料单元"项目，用鼠标右键单击打开快捷菜单，选择"插入"→"站点"→"SIMATIC 300 站点"，如图 4–63 所示。

图 4–63　插入站点

打开窗口左侧项目结构中的"SIMATIC 300 站点"文件夹，然后用鼠标双击窗口右侧的"硬件"，就会显示图 4–64 所示的硬件组态界面窗口。

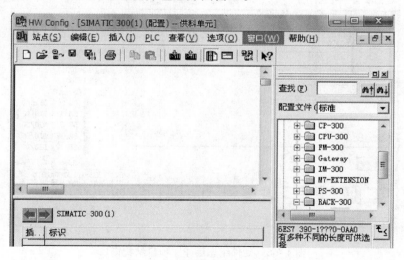

图 4–64　硬件组态界面窗口

在"硬件组态"界面右侧的硬件目录中，选中"SIMATIC 300"→"RACK–300"→"Rail"，并用鼠标双击或拖动"Rail"到"HW–Config"窗口的空白工作区。表格即代表机架（Rail），表格中的序号代表机架的槽号。放置机架窗口如图 4–65 所示。

在根据实际硬件的情况放置相应的电源、CPU 模块，所有放置的硬件型号要与供料单元上的硬件完全相同。当放置电源（PS）时，先在代表机架的表格中用鼠标选中 1 号栏（1 号槽），再从"硬件目录"窗口中选择放置电源的型号为 PS 307 2A，用鼠标双击或用鼠标拖到 1 号栏内。放置 CPU 的操作方法与放置电源相同，在"硬件目录"窗口选择 CPU313C–2DP 中的

6ES7-313-6CF00-0AB0放在表格2号栏内。组态完成后，将硬件下载到PLC中进行匹配，保存并关闭"HW-Config"窗口，项目结构就被自动建立起来，如图4-66所示。

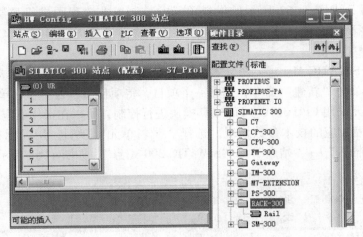

图4-65 放置机架窗口

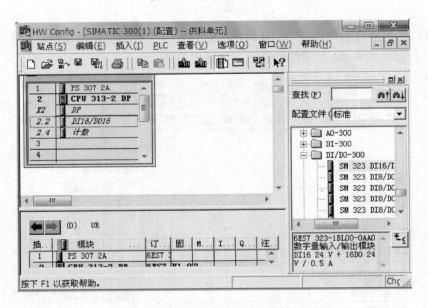

图4-66 硬件组态后建立项目结构窗口

当供料单元项目结构创建好以后，就可进行编程。在项目结构中的"块"文件夹中插入所要编写的FB、FC等。其中，OB1是已经存在的空块。当需要对某个块进行编辑时，用鼠标双击即可打开它（第一次打开要先对属性进行设置，再按"确定"按钮），也就进入了程序编辑器，可以对其进行程序编辑。在编辑窗口左侧的程序元素表中，可以选择不同的指令以及可调用的功能块，图4-67所示为程序编辑窗口，将供料单元的控制程序直接在OB1块的程序编辑区域中编写。下面详细说明供料单元具体的控制程序。

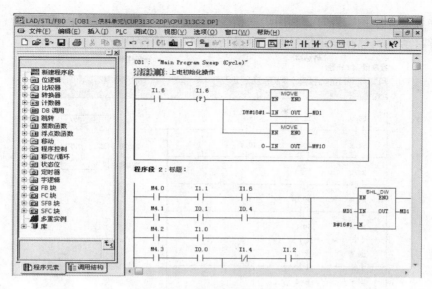

图 4-67　程序编辑窗口

与前面项目 3 中界面一样，当采用左移位指令进行本单元控制程序编程时，由于控制工艺流程中每一运行状态都对应于双字 MD1 中的每一位，所以还必须在程序中的开始处进行初始化处理。预先将 1 送到 MD1 的首位即 M4.0 中，同时将双字 MD1 的其他位进行清零处理，保证控制程序在运行执行过程中有且仅有一个运行状态处于工作激活状态。

首先，接收到上电信号后开始进行初始化，用传送指令将 1 送入双字 MD1 状态位，使M4.0 接通，并复位各电磁阀线圈和停止状态位 M2.0。停止状态位 M2.0 的状态通过停止按钮 I1.5 和开始按钮 I1.0 分别进行控制。M4.0 导通后，复位灯闪烁指示，按下复位按钮，进行复位操作，初始化程序梯形图如图 4-68 所示。

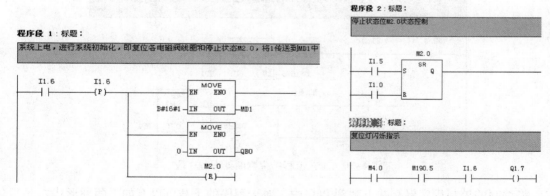

图 4-68　初始化程序梯形图

利用双字左移位指令对供料单元进行顺序控制，每当条件满足时，中间继电器 MD1 的状态位左移动一位，并完成一次工作。移动控制程序梯形图如图 4-69 所示。

按照控制要求以及工作顺序，通过 MD1 的移位工作，有序地控制各执行机构完成相应的动作，如摆动气缸的左右转动、真空吸盘的释放与吸取、推料气缸的推料等动作。

图 4-70 所示为工艺流程结束判断处理程序段。M3.3 导通后，执行循环判断，当选择

自动模式并且没有停止信号时，利用传送指令重新赋值跳转到 M4.3 中循环执行；当选择手动模式或者自动模式且有停止信号时，则跳转到 M4.2 执行。

图 4-69　移位控制程序梯形图

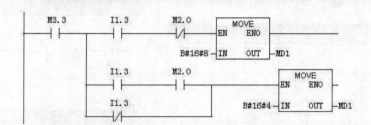

图 4-70　工艺流程结束判断处理程序段

将编写的控制程序保存并下载到 PLC 中。对于程序的下载可以有如下两种形式。

**1. 全部用户程序的下载**

选中要下载的"块"，然后，用鼠标单击菜单命令"PLC"→"下载"，或者单击工具栏"下载"按钮。图 4-71 所示为全部用户程序的下载。

**2. 部分程序块的下载**

在程序编辑器窗口"LAD/STL/FBD：…"中，用鼠标单击"PLC"→"下载"命令，或单击工具栏"下载"按钮，下载当前正在打开的程序块，如图 4-72 所示。

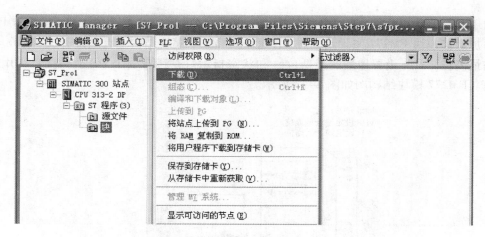

图 4-71　全部用户程序的下载

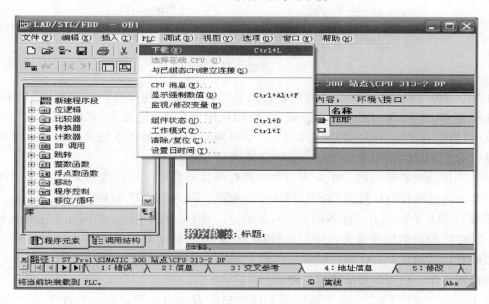

图 4-72　部分程序块的下载

若想要更改或备份 CPU 中的程序，则可将 CPU 中的程序通过上载（Upload）操作载入到编程器或个人计算机中。

在编写完成供料单元的控制程序后，必须认真检查程序。在检查程序时，重点应检查各执行机构之间是否会发生冲突，对检查中发现的问题要及时修改控制程序，并进行分析总结，找出错误原因。在检查程序无误后，方可将程序下载到 PLC 中运行，然后进行现场设备的运行调试。

## 4.4.2　PROFIBUS 通信系统连接与测试

进行 PROFIBUS 通信连接的网络通信部件与 PPI 通信是一样的，由于在前面任务中已经进行详细介绍，具体可以参照 PPI 通信的 4.3.1 节的相关内容。在此主要介绍组成 PROFIBUS - DP 通信的其他硬件——EM277 通信模块。

由于 S7 - 200 PLC 不支持 DP 通信协议，也没有 DP 接口，所以在从站 S7 - 200 PLC 中需要另加通信模块 EM277 来手动设置 DP 地址。EM277 模块结构上有地址开关（x10 = 设定地址的最高位，x1 = 设置地址的最低位）和状态指示灯，还有一个 DP 从站接口，用于 DP 的通信。EM277 模块结构图如图 4-73 所示。

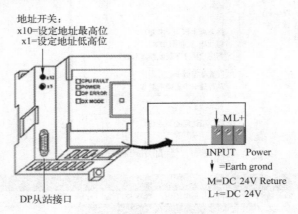

图 4-73　EM277 模块结构图

在 S7 - 300/400 PLC 与 S7 - 200 PLC 之间进行通信时，S7 - 200 PLC 需通过 EM277 从站模块连接到 PROFIBUS - DP 网络中，S7 - 300 PLC 作为主站才能对 S7 - 200 PLC 从站的 CPU 进行读/写数据的操作。S7 - 200 PLC 与 S7 - 300/400 PLC 或其他系统通信时，通过 EM277 模块进行的 PROFIBUS - DP 通信，是最可靠的通信方式。

EM277 模块是智能模块，作为 S7 - 200 PLC 的扩展模块，EM277 模块像其他 I/O 扩展模块一样，通过串行 I/O 总线与 S7 - 200 PLC 相连。因为 EM277 模块只能作为从站，所以两个 EM277 模块之间彼此不能通信，但可以通过一台 PC 作为主站，访问几个连网的 EM277 模块，EM277 模块通信速率为自适应。PROFIBUS - DP 的所有配置工作由主站完成，在主站中需配置从站地址及 I/O 接口配置。在 S7 - 200 PLC 中不用做任何关于 PROFIBUS - DP 的配置和编程工作，只需对数据进行处理。

在主站中完成与 EM277 模块通信的 I/O 接口配置共有 3 种数据一致性类型，即字节、字、缓冲区。所谓数据的一致性就是在 PROFIBUS - DP 传输数据时，数据的各个部分不会割裂开来传输，保证是同时更新的。即：

1）字节一致性保证字节是作为整个单元传送的。

2）字一致性保证组成字的两个字节总是一起传送的。

3）缓冲区一致性是保证数据的整个缓冲区作为一个独立单元一起传送的。如果数据值是双字或浮点数以及当一组值都与一种计算或项目有关时，就需要采用缓冲区一致性。

EM277 模块在 PROFIBUS - DP 网络中以特殊模块的方式出现，其相关的参数都以 GSD 文件形式存在，要使用该文件，就必须在主站中配置，并且在主站中安装该文件。

接下来进行 EM277 模块的连接设置。在没有通电的情况下，把每个 EM277 模块通过插头与 S7 - 200 PLC 连接，通过调节地址开关来设置每个站的 EM277 模块的地址，可设置的范围从 1 ~ 255，地址不能重复，而且 EM277 模块在组态的站点号一定要与 EM277 模块硬件上设置一致。

在进行 PROFIBUS 通信系统连接时，将已经制作好的网络连接器直接与需要的 EM277

模块的 DP 将从站接口连接并锁紧；再将首、末两端网络连接器终端电阻的开关拨到"ON"位置上，将中间网络连接器的终端电阻开关均拨到"OFF"位置上。

　　待所有 PROFIBUS 通信系统连接完成后，就可以进行 DP 通信硬件组态的设置了。具体过程如下。

　　打开 SIMATIC Manager 软件，打开 STEP7 主界面，在菜单栏中选择"新建"选项，新建一个项目，命名为"PROFIBUS – DP 通信"，为这个新的项目设定"存储位置"。回到 SIMATIC Manager 主菜单，PROFIBUS – DP 通信对象文件已经自动建立生成 MPI 对象。在项目右边可以看到此 MPI 对象。接下来在项目屏幕的左边选择此项目，用鼠标右键单击打开快捷菜单，选择"插入新对象"中"SIMATIC 300 站点"的选项，生成一个 S7 – 300 的项目，此时会出现图 4-74 所示的新建项目界面（可以更改对象名称）。

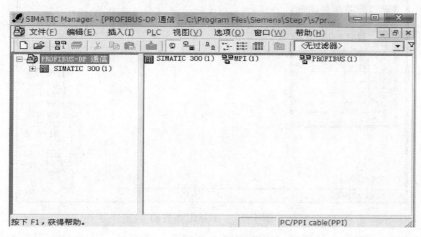

图 4-74　新建项目界面

　　单击 PROFIBUS – DP 通信左边的"＋"按钮，选中"SIMATIC 300（1）"，用鼠标双击右边的"硬件"，就进入图 4-75 所示的硬件组态界面。

图 4-75　硬件组态界面

在界面右侧的硬件目录中，选择"SIMATIC 300"中的"RACK 300"中的槽架（Rail），并直接选中拖到界面中，生成空机架。仍然在界面右侧的硬件目录中，选择 PS - 300 中的一种电源模块，比如选择 PS 307 2A，直接拖到槽架中的"1"位置中；同时选择"CPU - 300"中的与实际硬件相匹配的 CPU，如 CPU 313 - 2 DP，放入槽架 2 的位置上。

**注意**：每选中一个模块，下面都会出现相应的订货号，必须确保此订货号与实际购买时的订货号一致。

最后会出现图 4-76 所示的主站组态界面。

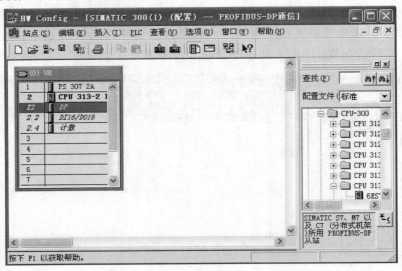

图 4-76　主站组态界面

用鼠标左键双击槽架 2 位置的"CPU 313 - 2 DP"，就会显示图 4-77 所示的"CPU313 - 2DP 属性"对话框，可在此进行 CPU 的属性设置。单击"属性"按钮可进行 MPI 通信设置，如图 4-78 所示。

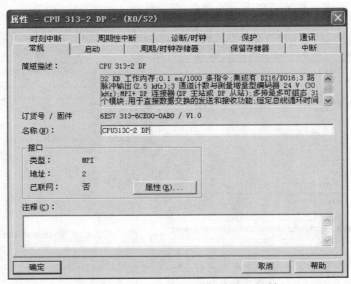

图 4-77　"CPU313 - 2DP 属性"对话框

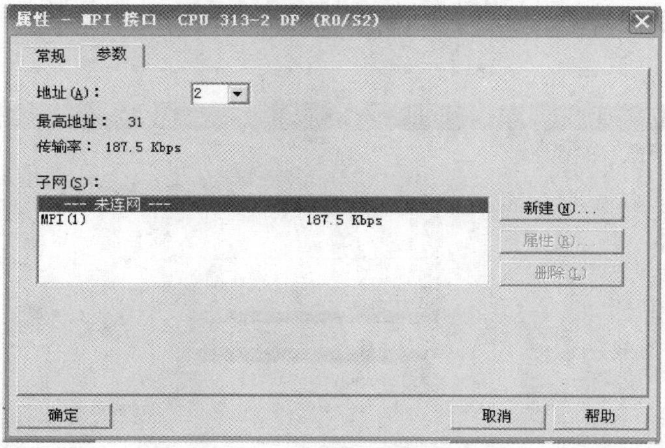

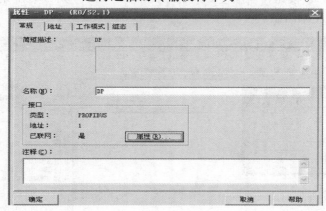

图 4-78 MPI 通信设置

用鼠标单击槽架 3 位置中 "DP", 可进行属性的设置, 会显示出图 4-79 所示的 "DP 属性设置" 对话框, 设置 CPU 313-2 DP 主站的地址为 "1", 选择联网的波特率, 如图 4-80 所示。一般选择与 S7-200 PLC 进行通信的传输波特率为 19.2 kbit/s。

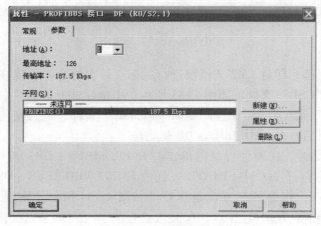

图 4-79  "DP 属性设置" 对话框

图 4-80  主站联网设置

241

也可新建子网的波特率，如图 4-81 所示，在属性中的"网络设置"进行网络类型、传输率的选择。

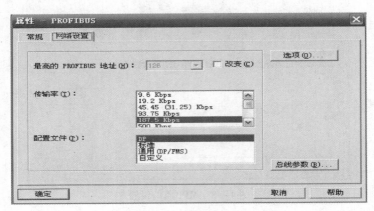

图 4-81　网络设置及传输率选择

最后单击"确定"按钮，就会生成一条"PROFIBUS（1）：DP 主站系统（1）"显示，如图 4-82 所示完成主站组态。

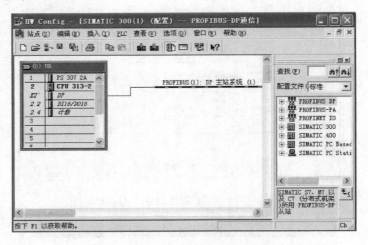

图 4-82　完成主站组态

要对从站进行组态，即对 EM277 模块进行组态。首次组态时可能在硬件目录中无此模块，则必须先安装"GSD"文件，如图 4-83 所示。用鼠标单击菜单栏中"选项"菜单，选择"安装 GSD 文件"菜单命令，找到"siem089d.gsd"文件夹进行安装，一般该文件夹打开即会自动加载。然后打开 PROFIBUS - DP 驱动程序。

组态 EM277 模块时，在硬件目录中单击打开 PROFIBUS - DP，再打开 Additional Field Devices，用鼠标单击打开 PLC 中 SIMATIC，选中 EM277 PROFIBUS - DP，并将其拖到左面 DP 主站系统（1）上，作为第三方设备从站，如图 4-84 所示。系统会自动弹出 EM277 PROFIBUS - DP 通信卡设置窗口。可对 DP 地址进行改动（此值可以根据需要随意设置，但是此值设定后必须与实际的 EM277 模块上设置的地址完全一致，否则无法进行通信）。

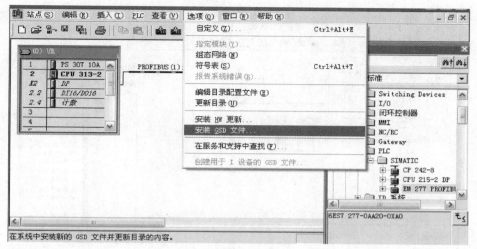

图 4-83　GSD 文件安装

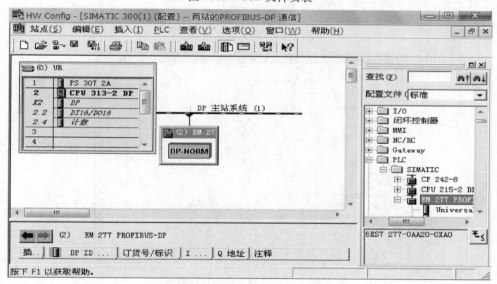

图 4-84　组态 EM277 模块

用鼠标单击 EM277 PROFIBUS - DP，选中 Universal Module，将其拖入下面的槽中，并分配其 I/O 地址，其输入/输出地址为 S7 - 200 PLC 与 S7 - 300 PLC 通信时需要使用的地址，比如选择 EM277 定义通信接口大小时输入为 8 个字，输出为 8 个字，直接拖到底部的选框中，如图 4-85 所示。

用鼠标双击所选择的通信接口大小来定义从站发送与接收数据区，比如输入为 IW20，输出为 QW20，那么对应于 S7 - 200 的 V 区，占用 32B，其中前 16B 为接收，后 16B 为发送，如图 4-86 所示。

用鼠标双击挂在 PROFIBUS - DP 网络上的 EM277 模块，进行从站网络设置，如图 4-87 所示。单击属性，进行从站的设置，在节点/主站系统中选择从站地址，比如 2 号站（这个站号要与 EM277 模块地址开关上设置的站号相一致）。从站地址和传输率选择如图 4-88 所示。

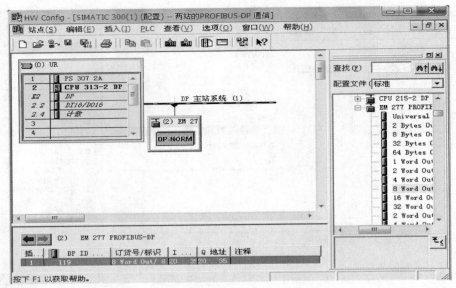

图 4-85　定义通信接口

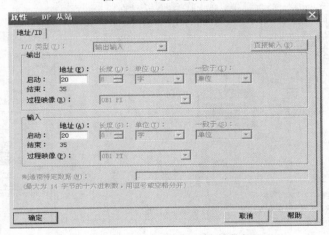

图 4-86　定义从站发送与接收数据区

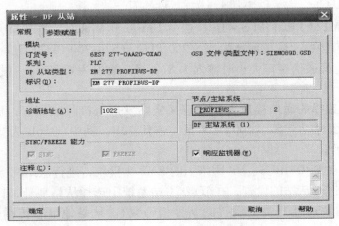

图 4-87　从站网络设置

244

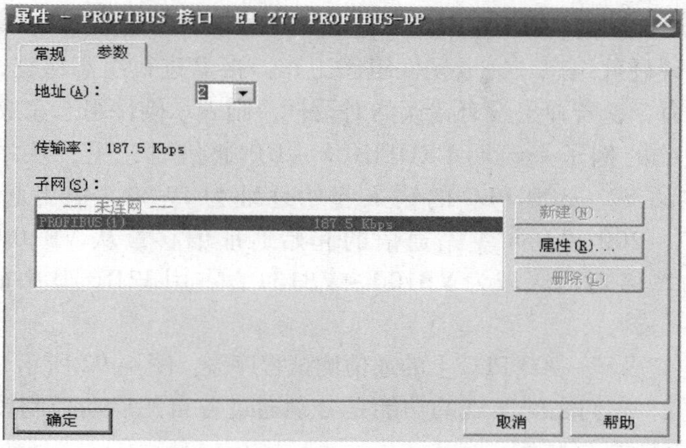

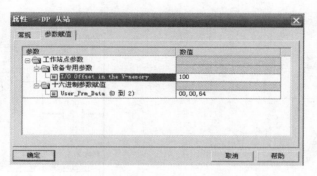

图4-88 从站地址和传输率选择

接着单击"确定"按钮,返回图4-87所示的对话框,选择"参数赋值"选项卡,定义发送与接收的地址偏移量,在 I/O Offset in the V-memory 中,若填写"100",则该设置是定义 S7-200 PLC V 区的起始地址为 VB100,2 号站的 S7-200 PLC 通信区间为 VB100 ~ VB131,如图4-89所示。

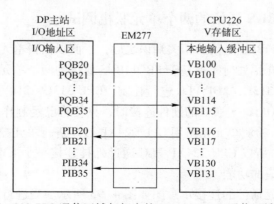

图4-89 定义发送与接收的地址偏移量

S7-300 PLC 通信区域与相应的 S7-200 PLC 通信区域的对应关系如图4-90所示,PQB20-VB100、PQW20—VW100 和 PIB20—VB116、PIW20—VW116…

DP主站
I/O地址区

EM277

CPU226
V存储区

I/O输入区

本地输入缓冲区

PQB20 ——————→ VB100
PQB21 ——————→ VB101
⋮ ⋮
PQB34 ——————→ VB114
PQB35 ——————→ VB115

PIB20 ←—————— VB116
PIB21 ←—————— VB117
⋮ ⋮
PIB34 ←—————— VB130
PIB35 ←—————— VB131

图4-90 S7-300 PLC 通信区域与相应的 S7-200 PLC 通信区域的对应关系

按照上面的步骤，组态其他 EM 277 模块，并分配其相应的地址，地址不能重复。单击 按钮，保存和编译硬件组态，完成硬件组态工作。接着进行组态检查，单击"站点"中的"一致性检查"命令，若弹出没有错误的对话框，则表示硬件组态完成。

下面以一个简单的例子来说明 PROFIBUS – DP 通信时，主、从站之间是如何进行数据交换的。在主站 S7 – 300 PLC 的输入起始地址为 IW20，输出起始地址为 QW20，各占 16B；从站 S7 – 200 PLC 与主站通信的起始地址偏移量从 VB100 开始。这样对应于 S7 – 200 PLC 的 V 区通信区域为 VB100 ~ VB131，占用 32B，其中前 16B 为接收，后 16B 为发送。

图 4-91 所示是主站 S7 – 300 PLC 上的通信测试程序段。图 4-92 所示是从站 S7 – 200 PLC 上的通信测试程序段。它们之间实现的功能是分别通过各自的启动控制按钮（I1.0 和 I2.0）控制对方信号指示灯点亮（Q0.0）。

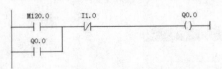
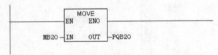

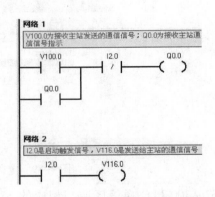

图 4-91　主站 S7 – 300 PLC 上的通信测试程序段　　　图 4-92　从站 S7 – 200 PLC 上的通信测试程序段

## 4.4.3　基于 PROFIBUS 通信的两个单元联机调试

在初步学习完 PROFIBUS 通信的相关知识之后，下面以供料单元和检测单元这两个单元的组合运行为例，具体介绍如何实现基于 PROFIBUS 通信的两个单元控制程序设计与调试。

供料单元采用 CPU 313C – 2DP PLC 进行控制，CPU 313C – 2DP PLC 本身带有 MPI 接口和 DP 接口，在进行 PROFIBUS 通信的硬件连接时，只要将已经制作好的网络连接器直接插入 DP 接口并锁紧即可。检测单元是采用 CPU 224XP PLC 进行单元控制的，由于 CPU 224XP PLC 没有 DP 连接接口，所以 CPU 224XP PLC 通过外挂连接一个 EM277 模块来实现与供料单元进行 PROFIBUS 通信的功能。

供料单元与检测单元通信的连接示意图如图 4-93 所示。当进行两个单元通信硬件之间的连接时，要注意将网络连接器的终端电阻的开关拨到"ON"的位置，还要将 EM277 模块上的地址开关设为2。

完成硬件实际连接后就要进行硬件组态。首先组态供料单元 CPU 313C – 2DP 的硬件，同时新建一个 PROFIBUS 通信网络；配置检测单元的 EM277 组态；然后配置主、从站的站点号和接口通信区，设置主、从站数据通信区域；最后将组态下载到 CPU 313C – 2DP 中。具体的组态过程可以参照前面4.4.2，在此不再重复。

特别需要说明，假定主站供料单元配置的数据通信区域的起始输入地址为 IW20，起始输出地址为 QW20，检测单元配置的数据通信区域的起始地址为 VB100，那么供料单元与检测单元对应的通信区域示意图如图4–94所示。

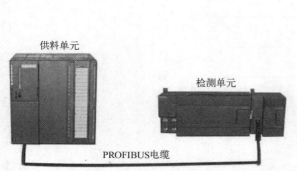
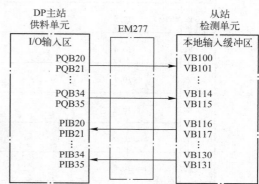

图4–93　供料单元与检测单元通信的连接示意图　　图4–94　供料单元与检测单元对应的通信区域示意图

供料单元与检测单元基于 PROFIBUS 通信联网运行时，需要传递的基本信息仅为两个设备单元的状态信息，即供料单元向检测单元发出的供料完成的状态信息和检测单元向供料单元发出的请求供料信息。供料单元与检测单元的通信地址规划表如表4–9所示。

表4–9　供料单元与检测单元的通信地址规划表

| 检 测 单 元 | | PROFIBUS – DP | 供 料 单 元 | | |
| --- | --- | --- | --- | --- | --- |
| 通信信息输入 | VB100 | ← | 通信信息输出 | PQB20 | MB20 |
| 通信信息输出 | VB127 | → | 通信信息输入 | PIB31 | MB123 |

在前面的章节中已经介绍了供料单元与检测单元在独立运行、I/O 通信以及 PPI 通信时的控制程序实现方式，在这两个单元通过 PROFIBUS – DP 网络实现联机后，各个单元的控制功能与工艺过程基本没有大的变动，可以参考根据控制工艺流程图4–14和图4–15编写出的供料单元和检测单元的控制程序。

由于在上面章节中已经将供料单元与检测单元单站运行的程序给出，所以在此就不再重复。下面只给出供料单元与检测单元通信部分的程序。

在供料单元编写的 PROFIBUS – DP 通信部分的程序中，M123.2 为接收检测单元供料请求信号的中转状态位，M20.2 为供料单元发送给检测单元供料完成信号的中转状态位，PQB 为发送给检测单元的中转信号输出，PIB 为接收检测单元的中转信号输入，如图4–95所示。

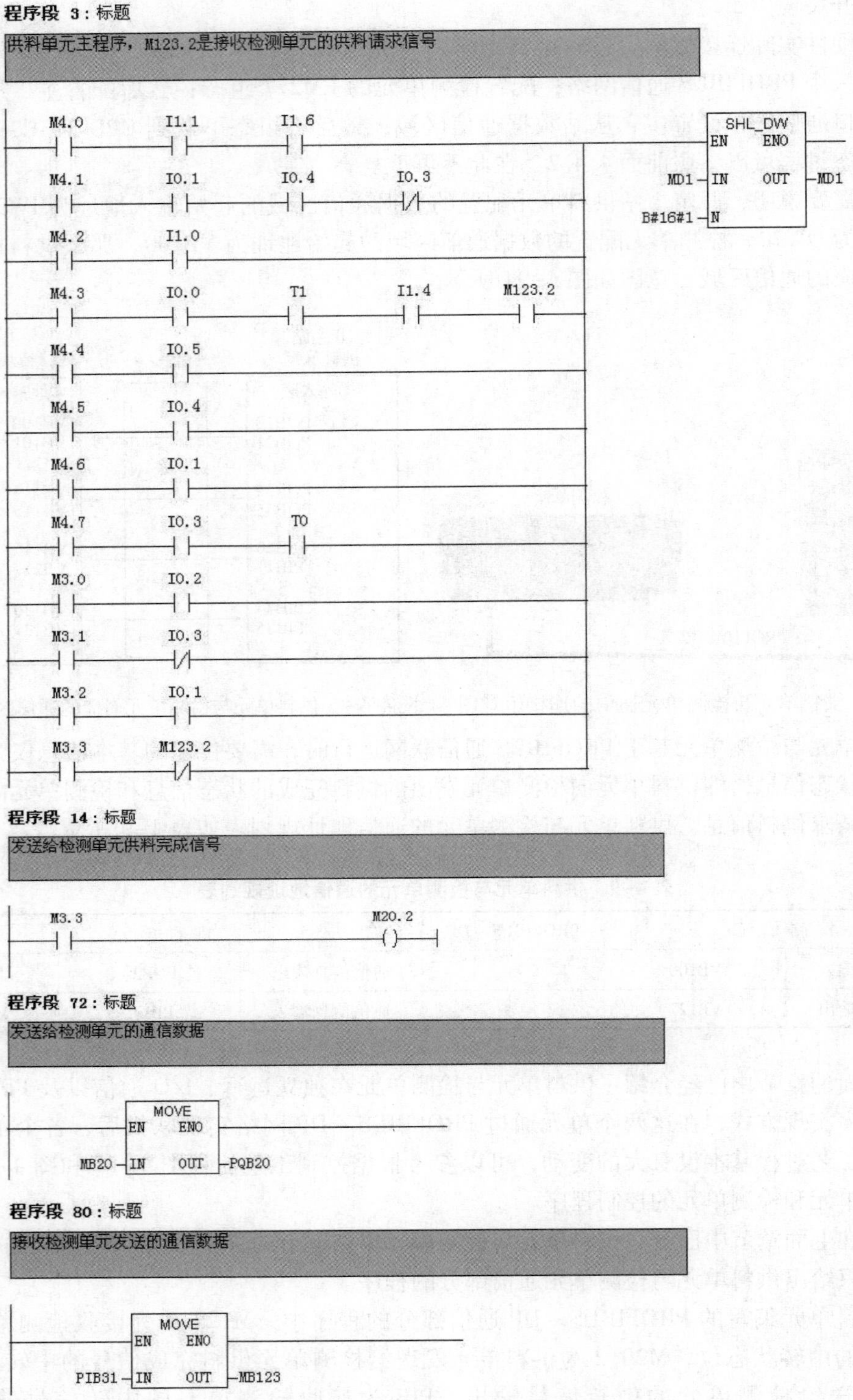

**程序段 3：标题**

供料单元主程序，M123.2是接收检测单元的供料请求信号

```
  M4.0      I1.1      I1.6                                        ┌─ SHL_DW ─┐
───┤├────────┤├────────┤├──────────────────────────────┐        │ EN   ENO │
                                                         │        │          │
  M4.1      I0.1      I0.4      I0.3                      │   MD1──┤IN    OUT├──MD1
───┤├────────┤├────────┤├────────┤/├──────────┐          │ B#16#1─┤N         │
                                               │          │        └──────────┘
  M4.2      I1.0                                │          │
───┤├────────┤├────────────────────────────────┤          │
                                               │          │
  M4.3      I0.0      T1        I1.4     M123.2 │          │
───┤├────────┤├────────┤├────────┤├───────┤├────┤          │
                                               │          │
  M4.4      I0.5                                │          │
───┤├────────┤├────────────────────────────────┤          │
                                               │          │
  M4.5      I0.4                                │          │
───┤├────────┤├────────────────────────────────┤          │
                                               │          │
  M4.6      I0.1                                │          │
───┤├────────┤├────────────────────────────────┤          │
                                               │          │
  M4.7      I0.3      T0                        │          │
───┤├────────┤├────────┤├────────────────────────┤          │
                                               │          │
  M3.0      I0.2                                │          │
───┤├────────┤├────────────────────────────────┤          │
                                               │          │
  M3.1      I0.3                                │          │
───┤├────────┤/├────────────────────────────────┤          │
                                               │          │
  M3.2      I0.1                                │          │
───┤├────────┤├────────────────────────────────┤          │
                                               │          │
  M3.3     M123.2                               │          │
───┤├────────┤/├────────────────────────────────┘──────────┘
```

**程序段 14：标题**

发送给检测单元供料完成信号

```
  M3.3                                    M20.2
───┤├──────────────────────────────────────( )───────
```

**程序段 72：标题**

发送给检测单元的通信数据

```
        ┌─ MOVE ─┐
        │ EN  ENO│
        │        │
  MB20──┤IN   OUT├──PQB20
        └────────┘
```

**程序段 80：标题**

接收检测单元发送的通信数据

```
        ┌─ MOVE ─┐
        │ EN  ENO│
        │        │
  PIB31─┤IN   OUT├──MB123
        └────────┘
```

图 4-95　供料单元的通信程序梯形图

248

在检测单元编写的通信部分程序，用来完成与供料单元的数据信息交换。V100.2 为接收供料单元供料完成信号，V127.2 为请求供料单元供料的信号，如图 4-96 所示。

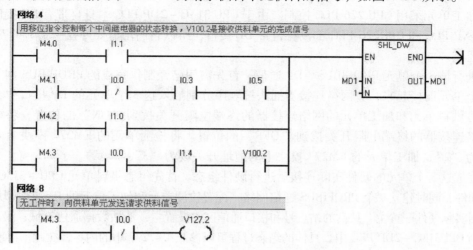

图 4-96　检测单元的通信程序梯形图

在供料单元和检测单元的程序都编写完成后，将其分别下载到各站的 PLC 中，即可进行联机调试。调试时，两个单元应当保持一定的距离，距离以两个单元在工作时不发生接触为宜。观察在"DP 主站"模式下的 CPU 313C-2DP 的 LED 灯是否正常指示，可以根据表 4-10 所示 LED 灯指示的情况进行排查。

表 4-10　LED 灯指示、含义及排查措施

| SFDP | BUSF | 含　义 | 排查措施 |
|---|---|---|---|
| 熄灭 | 熄灭 | ① 配置正确<br>② 所有被组态的从站均可被寻址 | |
| 点亮 | 点亮 | ① 总线出错（硬件故障）<br>② DP 接口出错<br>③ 在多主站运行中，有不同的波特率 | ① 检查总线电缆是否短路或断开<br>② 评估诊断信息，定义新的配置或纠正原先配置 |
| 点亮 | 闪烁 | ① 站出错<br>② 至少有一个指定从站不可寻址 | 检查连接到 CPU 313C-2DP 的总线电缆。等待直至 CPU 313C-2DP 已经启动。若此 LED 灯不停闪烁，则检查 DP 从站或评估 DP 从站的诊断信息 |
| 点亮 | 熄灭 | 丢失或不正确的配置（当 CPU 未作为 DP 主站启动时，也发生此情况） | 评估诊断信息<br>定义新的配置或纠正原先配置 |

待主站模式下 CPU 313C-2DP 的 LED 灯正常指示后，当检测单元的工作平台上没有工件时，供料单元能将工件传递过来，就说明检测单元的反馈信息能够发送到供料单元，该部分的通信程序完成；当检测单元在供料单元动作完成后紧接着开始运行，就说明供料单元的通信信息可以发送到检测单元，该部分的通信程序已完成；否则未完成通信。

## 4.4.4　基于 PROFIBUS 通信的整条生产线联机调试

在进行基于 PROFIBUS 的整条生产线控制程序的设计与调试之前，首先要根据整条生产线的控制要求，按照 PROFIBUS 通信的控制流程规划好各个单元的交换数据信息，再编写程序调试完成控制任务。下面以供料单元、检测单元和加工单元 3 个单元组合为例，进行整条

生产线基于 PROFIBUS – DP 通信的控制程序设计与调试任务介绍与训练。

供料单元作为主站，采用 CPU313C – 2DP PLC 进行控制，检测单元采用 CPU 224XP PLC 控制，加工单元采用 CPU 226 PLC 控制。由于 CPU 313C – 2DP PLC 本身自带有 DP 接口，而 CPU 224XP PLC 和 CPU226 PLC 都没有自带 DP 接口，所以它们均需要外挂一个 EM277 模块来进行通信。

要进行该 3 个单元 PROFIBUS – DP 通信，首先需用已经制作完成的 PROFIBUS 网络连接线将 3 个单元连接起来，将网络连接器插头按顺序分别插入这 3 个单元的 DP 接口中，并且锁紧。将供料单元和加工单元的网络连接器的终端电阻开关拨到 "ON" 的位置，将检测单元的网络连接器的终端电阻开关拨到 "OFF" 的位置。将检测单元的 EM277 模块上的地址开关设为 "2"，加工单元的 EM277 模块上的地址开关设为 "3"。

在完成这 3 个单元的硬件实际连接后进行硬件组态。首先组态供料单元 CPU – 313C – 2DP PLC 的硬件，同时建立一个 PROFIBUS 通信网络；配置检测单元和加工单元的 EM277 模块组态；然后根据实际硬件配置主、从站的站点号和接口通信区，设置主、从站数据通信区域；最后将组态下载到 CPU313C – 2DP PLC 中。具体的组态过程可以参照 4.4.2 节中的内容，在此不再重复。

当这 3 个单元进行 PROFIBUS – DP 通信时，3 个单元之间传递有设备之间的状态信息和工件信息。设备状态信息是指是否准备发送/接收工件的状态信息，是双向的信息交换。表4-11 所示为 3 个单元中的通信数据交换总体地址规划表。表4-12 所示为 3 个单元之间的具体通信地址分配表。

表4-11　3 个单元中的通信数据交换总体地址规划表

| 检 测 单 元 | | PROFIBUS – DP | 供料单元 S7 – 300 PLC 中数据中转 | | |
|---|---|---|---|---|---|
| 通信信息输入 | VB100 | ← | PQB20 | ← | MB20 |
| 通信信息输出 | VB127 | → | PIB31 | → | MB123 |
| 加 工 单 元 | | PROFIBUS – DP | 供料单元 S7 – 300 PLC 中数据中转 | | |
| 通信信息输入 | VB150 | ← | PQB40 | ← | MB30 |
| 通信信息输出 | VB175 | → | PIB49 | → | MB133 |

表4-12　3 个单元之间的具体通信地址分配表

| 站　名 | 接　收 | | | |
|---|---|---|---|---|
| | 黑/白工件信息 | 金属工件信息 | 前站完成信号 | 后站等待信号 |
| 供料单元 | | | | M123.2 |
| 检测单元 | | | V100.2 | V100.3 |
| 加工单元 | V150.0 | V150.1 | V150.2 | V150.3 |
| 站名 | 发　送 | | | |
| | 黑/白工件信息 | 金属工件信息 | 给前站等待信号 | 给后站完成信号 |
| 供料单元 | | | | M20.2 |
| 检测单元 | V127.0 | V127.1 | V127.2 | V127.3 |
| 加工单元 | | | V175.2 | |

在前面的章节中已经介绍了供料单元与检测单元两个单元的 PROFIBUS – DP 网络实现的联机通信，在此基础上再增加一个加工单元实现 3 个单元之间的 PROFIBUS – DP 通信，各个单元独立的控制功能与工艺过程基本没有大变动，只是各个单元在独自运行条件上增加一些相邻单元之间的通信数据交流信息，只需在原有的程序上稍加改动即可。具体的控制流程可以参照这 3 个单元 I/O 通信的控制工艺流程图。

各单元独立运行部分的程序在此没有给出，只是截取通信部分程序，可以参照前面章节介绍过的单站运行的程序。图4-97所示为供料单元通信控制程序梯形图，M123.2为供料单元接收检测单元的供料请求信号，M20.2是供料单元发送的供料完成信号。同样，M20.3为加工单元向检测单元发送的供料请求信号，M30.0与M30.1为检测单元向加工单元发送的工件信息，M30.2为检测单元向加工单元发送的供料完成信号。这些通信信号集中发送到供料单元的PROFIBUS主站上，再通过供料单元主站进行信号的中转，分配到各个单元。

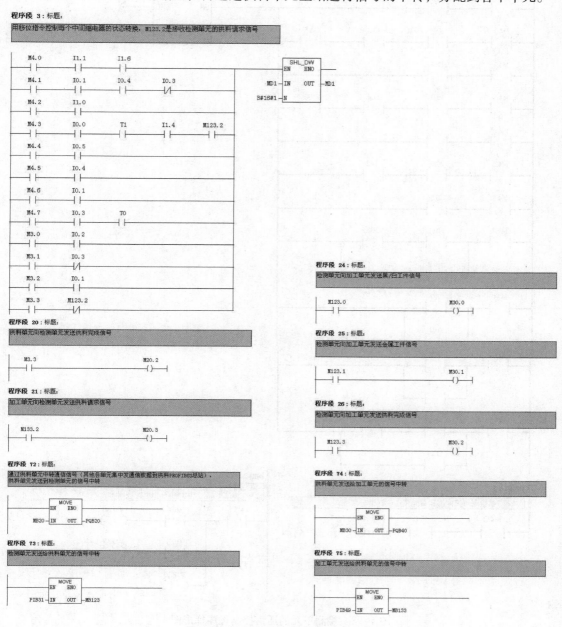

图4-97　供料单元的通信控制程序梯形图

检测单元接收到供料单元的供料完成信号V100.2后，才开始执行后续动作。待接收到加工单元供料请求信号V100.3后，给加工单元传递工件；V127.2为检测单元发送给供料单元的供料请求信号，V127.0 与 V127.1 是发送给加工单元的工件信息，V127.3 为检测单元发送给加工单元的供料完成信号。其通信控制程序梯形图如图4-98所示。

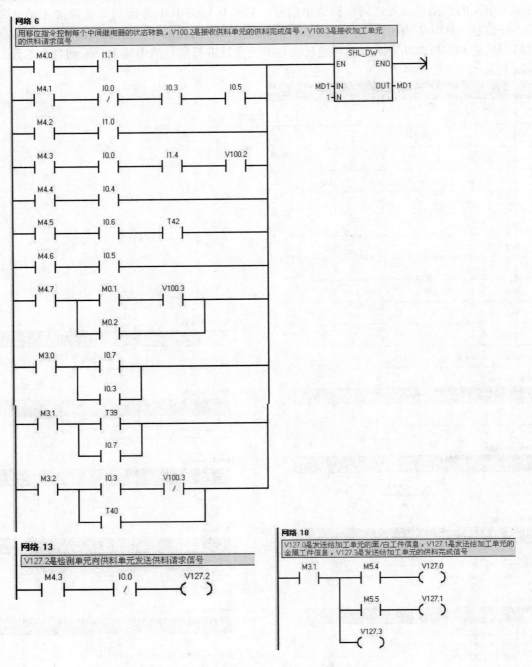

图4-98 检测单元的通信控制程序梯形图

当加工单元准备就绪时，需要接收到检测单元供料完成信号后 V150.2 才接通，开始执行后续动作，同时加工单元接收来自检测单元工件信息 V150.0 和 V150.1，V175.2 为加工单元发送给检测单元的供料请求信号。图4-99 所示为加工单元的通信控制程序梯形图。

供料单元、检测单元和加工单元控制工艺流程图都在其单站流程图的基础上加上通信部分，在这里不逐一列出。其他单元的控制工艺流程图具体可以参照 I/O 通信 4.2.3 节中各个单元的控制工艺流程图。

通过上述 3 个单元的 PROFIBUS 通信介绍，读者进一步了解整条生产线的控制要求以及如何合理规划各单元的通信地址。表 4-13 所示为各个单元的数据规划通信地址表。

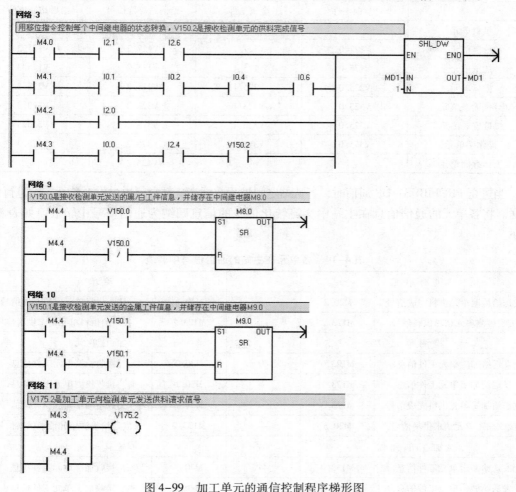

图 4-99 加工单元的通信控制程序梯形图

表 4-13 各个单元的数据规划通信地址表

| 站　　名 | 接　　收 | | | |
| --- | --- | --- | --- | --- |
| | 黑/白工件 | 金属工件 | 前站完成信号 | 后站等待信号 |
| 供料单元 | | | | M123.2 |
| 检测单元 | | | V100.2 | V100.3 |
| 加工单元 | V150.0 | V150.1 | V150.2 | V150.3 |
| 搬运单元 | V200.0 | V200.1 | V200.2 | V200.3 |
| 分拣输送单元 | V250.0 | V250.1 | V250.2 | V250.3 |
| 提取安装单元 | V300.0 | V300.1 | V300.2 | V300.3 |
| 操作手单元 | V350.0 | V350.1 | V350.2 | V350.3 |

| 站　名 | 接　收 | | | |
|---|---|---|---|---|
| | 黑/白工件 | 金属工件 | 前站完成信号 | 后站等待信号 |
| 立体存储单元 | V400.0 | V400.1 | V400.2 | V400.3 |
| 站名 | 发　送 | | | |
| | 黑/白工件 | 金属工件 | 给前站等待信号 | 给后站完成信号 |
| 供料单元 | | | | M20.2 |
| 检测单元 | V127.0 | V127.1 | V127.2 | V127.3 |
| 加工单元 | V175.0 | V175.1 | V175.2 | V175.3 |
| 搬运单元 | V225.0 | V225.1 | V225.2 | V225.3 |
| 分拣输送单元 | V323.0 | V323.1 | V323.2 | V323.3 |
| 提取安装单元 | V325.0 | V325.1 | V325.2 | V325.3 |
| 操作手单元 | V375.0 | V375.1 | V375.2 | V375.3 |
| 立体存储单元 | | | V425.2 | |

当进行 PROFIBUS – DP 通信时，各从站之间进行数据交流都必须通过供料单元主站进行中转传送。将各单元的通信信息在主站中交流转化传送的信息归纳为通信信号中转表，如表 4–14 所示。

表 4–14　各单元在主站的通信信号中转表

| 供　料　单　元 | | | | 检　测　单　元 |
|---|---|---|---|---|
| 发送给检测单元供料完成信号 | M20.2 | → | M20.2 | 接收供料单元供料完成信号 |
| 接收检测单元请求供料信号 | M123.2 | ← | M123.2 | 发送给供料单元请求供料信号 |
| 检　测　单　元 | | | | 加　工　单　元 |
| 发送给加工单元工件信息 | M123.0 | → | M30.0 | 接收检测单元工件信息 |
| 发送给加工单元工件信息 | M123.1 | → | M30.1 | 接收检测单元工件信息 |
| 发送给加工单元供料完成信号 | M123.3 | → | M30.2 | 接收检测单元供料完成信号 |
| 接收加工单元请求供料信号 | M20.3 | ← | M133.2 | 发送给检测单元请求供料信号 |
| 加　工　单　元 | | | | 搬　运　单　元 |
| 发送给搬运单元工件信息 | M133.0 | → | M40.0 | 接收加工单元工件信息 |
| 发送给搬运单元工件信息 | M133.1 | → | M40.1 | 接收加工单元工件信息 |
| 发送给搬运单元供料完成信号 | M133.3 | → | M40.2 | 接收加工单元供料完成信号 |
| 接收搬运单元请求供料信号 | M30.3 | ← | M143.2 | 发送给加工单元请求供料信号 |
| 搬　运　单　元 | | | | 分拣输送单元 |
| 发送给分拣输送单元工件信息 | M143.0 | → | M50.0 | 接收搬运单元工件信息 |
| 发送给分拣输送单元工件信息 | M143.1 | → | M50.1 | 接收搬运单元工件信息 |
| 发送给分拣输送单元供料完成信号 | M143.3 | → | M50.2 | 接收搬运单元供料完成信号 |
| 接收分拣输送单元请求供料信号 | M40.3 | ← | M153.2 | 发送给搬运单元请求供料信号 |
| 分拣输送单元 | | | | 提取安装单元 |
| 发送给提取安装单元工件信息 | M153.0 | → | M60.0 | 接收分拣输送单元工件信息 |

| 供 料 单 元 | | | 检 测 单 元 | |
|---|---|---|---|---|
| 发送给提取安装单元工件信息 | M153.1 | → | M60.1 | 接收分拣输送单元工件信息 |
| 发送给提取安装单元供料完成信号 | M153.3 | → | M60.2 | 接收分拣输送单元供料完成信号 |
| 接收提取安装单元请求供料信号 | M50.3 | ← | M163.2 | 发送给分拣输送单元请求供料信号 |
| 提 取 安 装 单 元 | | | 操 作 手 单 元 | |
| 发送给操作手单元工件信息 | M163.0 | → | M70.0 | 接收提取安装单元工件信息 |
| 发送给操作手单元工件信息 | M163.1 | → | M70.1 | 接收提取安装单元工件信息 |
| 发送给操作手单元供料完成信号 | M163.3 | → | M70.2 | 接收提取安装单元供料完成信号 |
| 接收操作手单元请求供料信号 | M60.3 | ← | M173.2 | 发送给提取安装单元请求供料信号 |
| 操 作 手 单 元 | | | 立 体 存 储 单 元 | |
| 发送给立体存储单元工件信息 | M173.0 | → | M80.0 | 接收操作手单元工件信息 |
| 发送给立体存储单元工件信息 | M173.1 | → | M80.1 | 接收操作手单元工件信息 |
| 发送给立体存储单元供料完成信号 | M173.3 | → | M80.2 | 接收操作手单元供料完成信号 |
| 接收立体存储单元请求供料信号 | M70.3 | ← | M183.2 | 发送给操作手单元请求供料信号 |

根据各个单元的通信控制工艺流程图，在单站运行程序的基础上各自增加相应的通信部分的内容，就编写成整条生产线的通信程序。由于程序较多，在此不逐一列出。

在完成编写各单元的控制程序后，依次下载到各单元的 PLC 中进行联网调试，保证各相邻单元之间能配合顺畅运行，各单元工件的状态信息传递准确即可。

# 项目 5　自动化生产线人机界面设计与调试

## 任务 5.1　触摸屏应用系统设计与调试

### 知识与能力目标

1）了解台达触摸屏的基本知识。
2）熟练掌握台达触摸屏的具体使用方法。
3）掌握触摸屏在自动化生产线的应用。

## 5.1.1　台达触摸屏的基本使用

图 5-1 所示为台达 DOP – B07S200 触摸屏的正面和背面外形图。图 5-1b 中 A 是直流 24V 电源插座；B、C、D 分别为 COM3、COM2 和 COM1 串口，可以通过 RS – 232/422/485 与 PLC 连接，读取 PLC 的数据，也可以与计算机连接，用于触摸屏程序上载或下载；E 为 USB 客机接口，通过专用的 USB 线与计算机连接，用于触摸屏程序上载或下载；F 为 USB 主机接口，用于插入 U 盘扩展存储空间、数据保存以及支持 USB 界面的打印功能；G 为备用电池，用于断电后数据的保存供电。

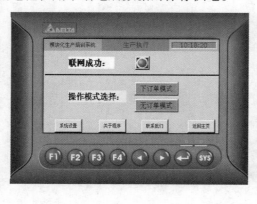
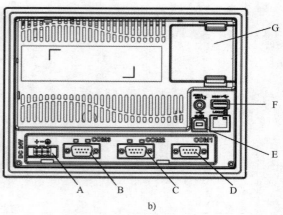

a)　　　　　　　　　　　　　　　b)

图 5-1　台达 DOP – B07S200 触摸屏的正面和背面外形图

a）正面　b）背面

直流 24V 电源的正、负端分别按照触摸屏电源接口标志进行连接，不可接反，否则无法使之正常工作。当台达触摸屏与 PLC 连接时，选择默认的 COM2 串口，并通过 RS – 232/422/485 通信电缆连接到 PLC 通信端口 0 或 1 上；若选用台达触摸屏其他串口进行连接，则要通过台达触摸屏软件更改相关串口的通信参数。当台达触摸屏与计算机连接时，只要通过一根专用 USB 电缆，直接将计算机的 USB 接口与台达触摸屏 USB 客机接口连接即可；也可以通过 RS - 232 电缆将计算机的串口与触摸屏的串口连接起来。

为了通过台达触摸屏进行系统的操作，必须预先组态触摸屏的用户界面，再以"变量"的方式将变量值读取或写入 PLC 存储地址中，再由操作单元读取该存储地址中的数据。触摸屏基本的组态步骤如下。

1）组态用户界面功能。使用 Screen Editor 2.0 软件进行用户界面组态，主要包括图形、文本、操作对象和自定义功能。

2）组态计算机，可以通过 COM 串口、USB 接口方式连接到触摸屏。

3）将组态画面传送到触摸屏设备中。

4）将触摸屏设备连接到 PLC。根据组态的信息响应 PLC 中的程序，进行触摸屏与 PLC 的通信。

例如，利用台达触摸屏 DOP - B07S200 对立体存储单元进行控制。使用台达触摸屏 Screen Editor 2.0 软件对立体存储单元进行具体组态。控制要求如下：立体存储单元在单站控制运行时，分别用触摸屏中制作的开始、复位及停止按钮控制其运行；并利用单/联切换开关和手动/自动切换开关组合模拟对工件类型的判别，根据判别结果进行分类存储，同时对已分类的工件进行计数。

台达触摸屏与立体存储单元的 PLC 进行数据交换，可以通过 RS - 232 通信电缆进行数据传输。只要将 RS - 232 通信电缆一端连接到台达触摸屏的默认串口 COM2，另一端连接到 PLC 的通信端口 0 或 1 即可。在本任务中，立体存储单元在触摸屏中使用到的控件地址分配表如表 5-1 所示。

表 5-1　立体存储单元在触摸屏中使用到的控件地址分配表

| 操 作 控 件 | 控 件 地 址 | 功　　能 |
|---|---|---|
| 触摸屏开始按钮 | V10.0 | 开始控制 |
| 触摸屏复位按钮 | V10.1 | 复位控制 |
| 触摸屏特殊按钮 | V10.2 | 将物料转移到料仓的起动按钮 |
| 触摸屏停止按钮 | V10.4 | 停止控制 |
| 触摸屏手动/自动切换开关 | V10.6 | 模拟对工件的判别 |
| 触摸屏单/联切换开关 | V10.7 | 模拟对工件的判别 |
| 数值显示 | VW20 | 白色工件计数 |
| 数值显示 | VW30 | 黑色工件计数 |
| 数值显示 | VW40 | 金属工件计数 |
| 清零按钮 | V1.0 | 数值清零 |
| 推料气缸动作指示灯 | Q0.4 | 推料气缸动作指示 |
| 复位指示灯 | Q1.6 | 复位指示 |
| 开始指示灯 | Q1.7 | 开始指示 |

完成立体存储单元触摸屏中使用到的控件地址分配后，根据这些控件地址编写其控制程序。图 5-2 所示为立体存储单元触摸屏控制的程序片段。

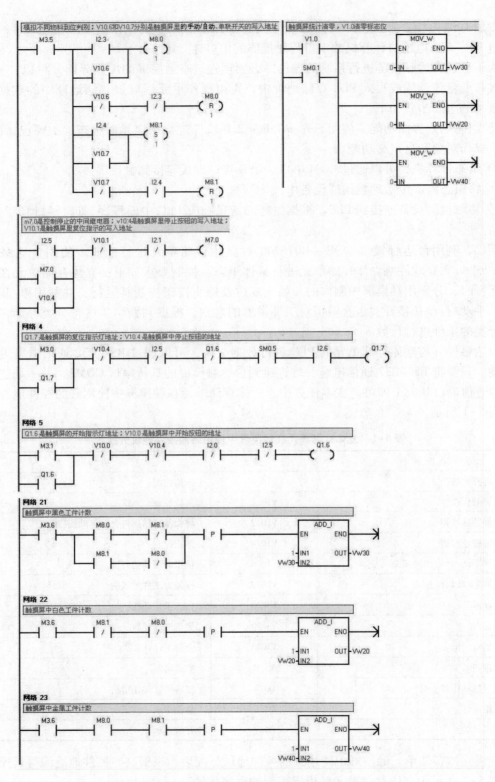

图5-2 立体存储单元触摸屏控制的程序片段

完成控制程序的编写后，接着使用 Screen Editor 2.0 软件进行立体存储单元的触摸屏画面组态。在此过程中，需要对触摸屏的型号、与触摸屏通信的 PLC 型号、触摸屏与计算机及 PLC 的通信参数进行设置，具体的步骤如下。

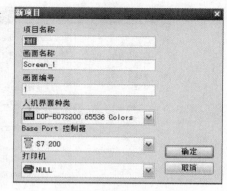

图 5-3　"新项目"对话框

用鼠标双击🖳 Screen Editor 2.00 图标，首次开启 Screen Editor 2.0 时，呈现无编辑文件的画面，用鼠标单击🖳图标，弹出图 5-3 所示"新项目"对话框，在对话框中重新命名项目名称、画面名称，画面编号默认为 1；人机界面种类选择 DOP – B07S200 65536 Colors，在"Base Port 控制器"的下拉列表中选择 S7200，完成后单击"确认"按钮。进入 Screen Editor 2.0 用户编辑窗口，如图 5-4 所示。

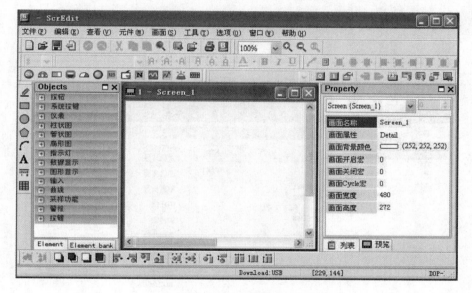

图 5-4　用户编辑窗口

用鼠标单击图 5-4 所示窗口中的"选项"→"设置模块参数"，弹出图 5-5 所示的"触摸屏与 PC 通信参数设置"对话框，对"基本"选项进行设置，可以选择 USB 或 PC 通信口作为触摸屏上传/下载传输界面的方式，需要注意的是，在 PC 通信口所选择的串口必须与实际连接的设置一致，否则无法通信。

台达触摸屏与 PLC 的通信参数设置。单击图 5-4 所示对话框中的"选项"→"设置模块参数"，在"串口通信"选项中对通信参数和控制器进行设置，如图 5-6 所示。人机站号设置为 0，通信界面选择使用 RS – 485，依照所选的人机界面种类以及不同的通信口会提供不同的通信界面设置选项。数据长度选择 8 Bits，停止位选择 1 Bits；波特率选择 9600，还有 4800、19 200、38 400、57 600 或 115 200 可以选择，也可以直接输入波特率值，但输入的最大波特率值不能超过 187 500；奇偶校验选择 Even（偶同位），还有 None（无同位）。

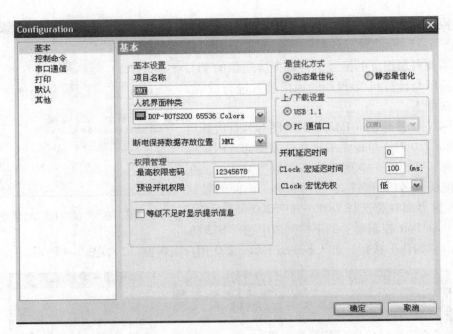

图 5-5　"触摸屏与 PC 通信参数设置"对话框

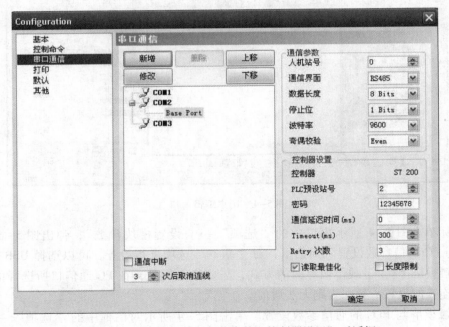

图 5-6　"触摸屏与 PLC 通信参数和控制器设置"对话框

在完成通信参数的设置后，紧接着进行监控画面的制作。立体存储单元的触摸屏监控画面制作过程具体如下。

**1. 添加按钮组件**

如图 5-7 所示，在编辑区左侧的 Objects 或者"元件"菜单栏中选中保持型按钮，将其直接拉到编辑区中。接着对其属性进行设置，用鼠标单击"写入存储器地址"后的□标志，

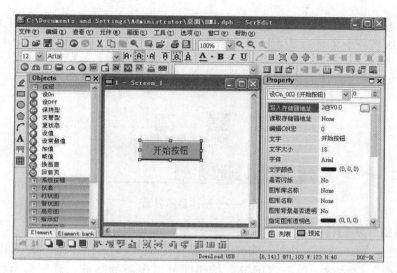

图5-7 添加按钮组件窗口

就会弹出图 5-8 所示的"输入"对话框，在对话框中
"连线"选择 Base Port，"元件种类"选择 V，通过下面
的键盘将地址（数值）改为 10.0，单击"确认"按钮
后关闭对话框。对于"读取存储器地址"不进行设置；
在"文字"中输入"开始按钮"后，按钮上就可以看到
输入的文字；可自行定义"文字大小""字体""文字
颜色"；在"图形库名称"中选择按钮的图形；"元件造
型"选择 standard；"元件特性"选择保持型；最小按压
时间、使用者权限、输入设为最低权限、生效位、生效
准位和执行前/后宏等其他的选项可以根据自己的需要
进行设置，也可以选择默认值。

图5-8 "输入"对话框

　　停止按钮、复位按钮及特殊按钮的设置过程也是相同的，只要把写入存储器地址分别设
置为 V10.4、V10.1 和 V10.2 即可；手动/自动开关与单/联开关是切换开关，因此选择"元
件特性"为交替型，并将"写入存储器地址"分别设置为 V10.6 和 V10.7 即可。添加一个
换面按钮，将"改变画面"设置为 Screen_2，进行画面的切换。

**2. 添加指示灯组件**

　　在图 5-7 所示的编辑区中，从左侧的 Objects 或者"元件"菜单栏的中选择"指示灯"，
将其直接拉到编辑区中。选中该指示灯，在其属性中将"读取存储器地址"通过图 5-8 所
示的窗口把"元件种类"改为 Q，地址（数值）改为 1.7；在"文字"中输入"复位指示
灯"；可自行定义"文字大小""字体""文字颜色"；在"图形库名称"中选择指示灯图
形；在"元件造型"中在显示状态 1 中选择"Invisible"，在显示状态 2 中选择"Standard"；
"数值单位"设为 BIT，其他选项可以按照需要进行设置。

　　**注意**：在"新增删除状态总数"中，设置两种指示灯显示状态，在状态 1 时将图形库
名称设为 None，在状态 2 时选择灯的图形，其原因是在运行时，触摸屏默认显示出指示灯
状态 1。开始指示灯、气缸动作状态指示灯设置方式相同，分别将"读取存储器地址"相应

的改为Q1.6、Q0.4，最后显示出的整体界面如图5-9所示。若要显示各元件上的地址，则只要在用户编辑界面中用鼠标单击"显示所有元件读写地址"的图标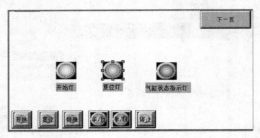即可。

图5-9 整体显示界面

### 3. 添加数值显示组件

在工具栏中选择"画面"中的"新画面"或直接单击 📄 图标按钮，就会出现图5-10所示的"增加画面"对话框，单击"确定"按钮即可出现新的画面，就可以直接在新的画面中添加组件。

在编辑区左侧的Objects中的数值显示或"元件"菜单栏中选择"数值显示"组件，直接拖进新建画面的编辑区中，然后修改"读取存储器地址"为VW20；利用"绘图工具栏"选择"A"的文字图标，在编辑区中按住鼠标左键拖出文字书写区域，在其属性中的"文字"中直接书写"白色物料"；在"设定值"中选择数值单位为"Word"，数值格式有6种选择，具体可以依照图5-11所示的"数值设置"对话框中进行设置；"快速显示更新与否"可以自行设定，其他属性设置可根据需要自定义。另外两个数值显示组件设定的方式相同，标签命名分别是黑色物料和金属物料，设定"读取存储器地址"分别是VW30和VW40；添加一个换画面按钮组件，将"改变画面"设置为Screen_1，其他设定可参照上面已经介绍的方式；添加一个保持型按钮组件，作为3个数值显示组件的清零之用，其属性与前面的按钮设置相同，将最小按压时间设为3s以上（避免误触碰），"写入存储器地址"设为V1.0即可。最后组态显示的画面窗口如图5-12所示。

图5-10 "增加画面"对话框

图5-11 "数值设置"对话框

完成画面制作后，用鼠标单击工具里面的"编译"选项进行编译或者直接用鼠标单击编译 📄 图标按钮，检查画面组件的设置是否都正确。编译无误后，通过用鼠标单击工具里面的"下载画面数据"选项或直接用鼠标单击规划工具栏里面 📄 的图标按钮，就可将画面数据下载到触摸屏DOP人机端中。当画面未编译时也可直接下载，软件会自动完成编译后再进行下载任务。

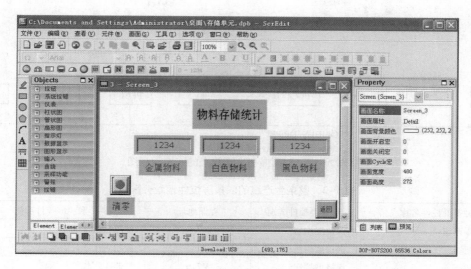

图 5-12　组态显示的画面窗口

在触摸屏与 PLC 连接通信后，可选择工具里面的"在线仿真"选项或是用鼠标单击规划工具栏 的图标按钮，仿真器会要求"设置对应的通信口"，如图 5-13 所示，触摸屏 HMI 和 PC 设置的通信串口，必须与实际硬件的通信串口连接是一致的。

下载完成后，通过操作触摸屏操作界面上的控件控制立体存储单元运行。在触摸屏操作界面上，按下复位按钮，立体存储单元执行复位操作，同时观察复位指示灯是否指示工作；按下"开始"按钮，立体存储单元开始运行，同时观察开始指示灯是否工作；通过切换单/联切换开关和手动/自动切换开关模仿工件分类，观察触摸屏上的数值显示控件是否可以正确显示各工件的数目。以上如果运行不正确，就要检查 PLC 程序中控制地址是否与触摸屏控件地址一致。

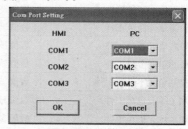

图 5-13　"设置对应的通信口"对话框

本任务只是涉及 Screen Editor 2.0 软件最基本的功能。如果需要其他更高的功能，就需查阅台达触摸屏使用手册。

## 5.1.2　触摸屏在自动化生产线的应用

在自动化生产线中，利用触摸屏作为生产现场监控人机设备可对整条生产线进行控制。在整条生产线运行过程中，触摸屏与 8 个单元之间通过通信网络（PROFIBUS - DP、PPI 等）实现数据的交换。由于在本自动化生产线中触摸屏安装于分拣输送单元上，所以各单元与触摸屏的数据交换可通过分拣输送单元的 PLC 进行中转。

当台达触摸屏通过通信电缆与自动化生产线连接时，直接将通信电缆从其 COM2 串口连接到分拣输送单元的通信端口 0 上即可。图 5-14 所示为触摸屏在生产线上的连接示意图。

触摸屏应用于整条生产线中，通过触摸屏来控制操作整条生产线的运行，能直观观察各单元的运行状态以及所完成加工的工件数量。表 5-2 所示为整条生产线的触摸屏控件地址分配表。

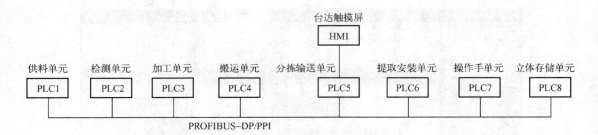

图 5-14　触摸屏在生产线上的连接示意图

表 5-2　整条生产线的触摸屏控件地址分配表

| 触摸屏控件名称 | 触摸屏控件类别 | 存储地址 | 触摸屏控件功能 |
|---|---|---|---|
| 数据清零按钮 | 保持型按钮 | M7.1 | 清除数据 |
| 开始按钮 | 保持型按钮 | M7.5 | 控制生产线开始运行 |
| 暂停按钮 | 保持型按钮 | M7.6 | 控制生产线停止运行 |
| 联网指示灯 | 状态指示灯 | M7.0 | 联网成功指示 |
| 开始指示灯 | 状态指示灯 | M7.3 | 生产线开始运行指示 |
| 停止指示灯 | 状态指示灯 | M7.4 | 生产线停止运行指示 |
| 模式选择按钮 | 换画面按钮 | M7.7 | 订单/无订单模式选择 |
| 供料单元工件输出 | 数值显示组件 | VW20 | 供料单元输出工件总数 |
| 检测单元白色工件 | 数值显示组件 | VW22 | 检测单元输出白色工件数量 |
| 检测单元黑色工件 | 数值显示组件 | VW24 | 检测单元输出黑色工件数量 |
| 检测单元金属工件 | 数值显示组件 | VW26 | 检测单元输出金属工件数量 |
| 检测单元不合格工件 | 数值显示组件 | VW28 | 检测单元输出不合格工件数量 |
| 加工单元白色工件 | 数值显示组件 | VW30 | 加工单元输出白色工件数量 |
| 加工单元黑色工件 | 数值显示组件 | VW32 | 加工单元输出黑色工件数量 |
| 加工单元金属工件 | 数值显示组件 | VW34 | 加工单元输出金属工件数量 |
| 搬运单元白色工件 | 数值显示组件 | VW36 | 搬运单元输出白色工件数量 |
| 搬运单元黑色工件 | 数值显示组件 | VW38 | 搬运单元输出黑色工件数量 |
| 搬运单元金属工件 | 数值显示组件 | VW40 | 搬运单元输出金属工件数量 |
| 分拣输送单元白色工件 | 数值显示组件 | VW42 | 分拣输送单元输出白色工件数量 |
| 分拣输送单元黑色工件 | 数值显示组件 | VW44 | 分拣输送单元输出黑色工件数量 |
| 分拣输送单元金属工件 | 数值显示组件 | VW46 | 分拣输送单元输出金属工件数量 |
| 提取安装单元白色工件 | 数值显示组件 | VW48 | 提取安装单元输出白色工件数量 |
| 提取安装单元黑色工件 | 数值显示组件 | VW50 | 提取安装单元输出黑色工件数量 |
| 提取安装单元金属工件 | 数值显示组件 | VW52 | 提取安装单元输出金属工件数量 |
| 操作手单元白色工件 | 数值显示组件 | VW54 | 操作手单元输出白色工件数量 |
| 操作手单元黑色工件 | 数值显示组件 | VW56 | 操作手单元输出黑色工件数量 |
| 操作手单元金属工件 | 数值显示组件 | VW58 | 操作手单元输出金属工件数量 |
| 立体存储单元白色工件 | 数值显示组件 | VW60 | 立体存储单元接收白色工件数量 |
| 立体存储单元黑色工件 | 数值显示组件 | VW62 | 立体存储单元接收黑色工件数量 |
| 立体存储单元金属工件 | 数值显示组件 | VW64 | 立体存储单元接收金属工件数量 |
| 白色工件输入 | 数值输入组件 | VW100 | 订单模式下白色工件计划生产数量 |

| 触摸屏控件名称 | 触摸屏控件类别 | 存储地址 | 触摸屏控件功能 |
|---|---|---|---|
| 黑色工件输入 | 数值输入组件 | VW102 | 订单模式下黑色工件计划生产数量 |
| 金属工件输入 | 数值输入组件 | VW104 | 订单模式下金属工件计划生产数量 |

完成触摸屏控件地址分配后，就要通过控制程序来说明触摸屏是如何与各单元PLC进行数据交换的。在此给出分拣输送单元中各单元与触摸屏进行数据交换的通信程序，如图5-15所示。在程序中VW325、VW327、VW329为生产线订单模式下，触摸屏数据通过分拣单元PLC通信进行中转；VW252、VW254、VW256、…、VW296为各单元工件数据通过通信网络（PROFIBUS－DP、PPI等）传送到分拣单元进行中转，触摸屏读取分拣输送单元PLC中的数据完成显示。

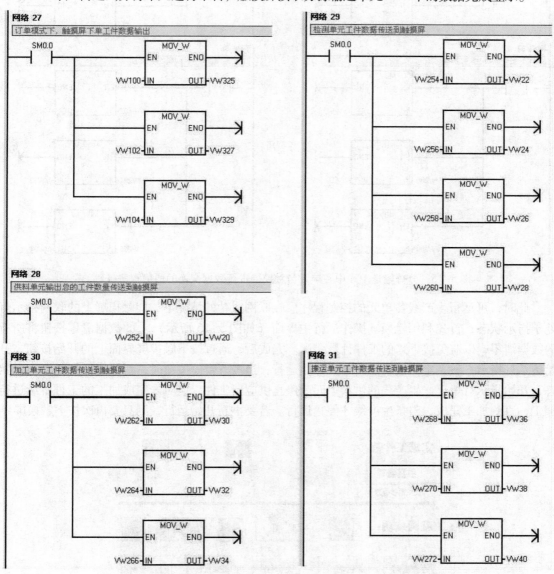

图5-15　分拣输送单元中各单元与触摸屏进行数据交换的通信程序

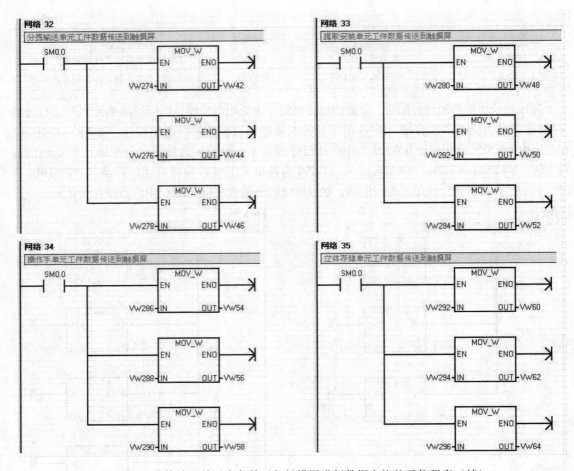

图 5-15 分拣输送单元中各单元与触摸屏进行数据交换的通信程序（续）

此时，可运行生产线各单元的控制程序。在联网成功的情况下，即触摸屏上的联网指示灯处于指示状态，首先利用触摸屏操作运行主界面（如图 5-16 所示）上的数据清零按钮将所有的数据清零，以避免接下来的工件计数错误。完成后，通过按下触摸屏界面上的开始按钮，开始指示灯指示，整条生产线从供料单元开始运行；当按下暂停按钮时，暂停指示灯处于指示状态，开始指示灯熄灭，生产线的供料单元就停止供应新工件，但对未完成加工的工件继续进行加工，直到加工完成，整条生产线才停止运行。若要重新开始运行，则只要再次按下触摸屏界

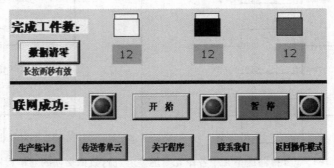

图 5-16 触摸屏操作运行主界面

面上的开始按钮即可。

在无订单模式下运行时，整条生产线对工件进行生产加工，可以直接通过图 5-17 所示的触摸屏无订单模式监控界面，直接看到各个单元当前白色、黑色、金属这 3 种工件完成的情况。

图 5-17　触摸屏无订单模式监控界面

在订单模式下运行，通过预先计划生产 3 种不同工件的数量，可进行批量生产加工工件。可以通过图 5-18 所示的触摸屏订单模式监控界面直接观察工件完成的情况，当完成生产计划时，整条生产线会自动停止生产加工。

图 5-18　触摸屏订单模式监控界面

 任务 5.2　组态软件应用系统设计与调试

 知识与能力目标

1）了解组态王软件的基本知识。
2）熟练掌握组态王软件的具体使用方法。
3）掌握组态软件在自动化生产线的应用。

## 5.2.1　组态王软件的基本使用

下面以供料单元为例讲解组态王监控软件（简称为组态王软件或组态王）的基本使用方法。要求利用组态王软件为本单元设计制作一个开机画面和一个监控画面。开机画面上有一个按钮和任务名称，单击此按钮可以进入监控画面。监控画面可以显示供料单元的运行示意图以及建立对射式光纤检测传感器、气缸的限位开关、工件、开始按钮、复位按钮、特殊按钮、停止按钮、上电按钮、返回按钮、手/自动切换开关、单/联切换开关及设备状态显示标签。当单击"开始"按钮时，供料单元开始工作，监控画面就显示供料单元各执行机构当前的工作情况，单击"返回"按钮则回到开机界面。

组态王通过 PC/PPI 通信电缆计算机串口与供料单元的 S7 – 200 PLC 通信端口（PORT0 或 1）进行连接，利用组态软件的读/写通信方式与 PLC 进行数据交换。

组态王要与供料单元 PLC 通信，就必须定义参考变量。组态软件内部变量的基本类型共有两种，即 I/O 变量和内存变量。I/O 变量是指可与外部数据采集程序直接进行数据交换的变量，如下位机数据采集设备（如 PLC、仪表等）或其他应用程序（如 DDE、OPC 服务器等）。内存变量是指那些不需要和其他应用程序交换数据、也不需要从下位机得到数据、只在"组态王"内就可以实现数据定义的变量。

根据项目 3 供料单元系统控制可知，本单元采用西门子 S7 – 200 PLC 进行控制，则组态王软件监控的 I/O 接口地址分配，定义供料单元的数据参考变量表如表 5-3 所示。

表 5-3　定义供料单元的数据参考变量表

| 变 量 名 | 寄存器名称 | 变量类型 | 读写属性 |
|---|---|---|---|
| 检测物料有无 | | 内存离散 | |
| 摆动气缸转轴左转到位 | | 内存离散 | |
| 摆动气缸转轴右转到位 | | 内存离散 | |
| 推料气缸活塞杆缩回到位 | | 内存离散 | |
| 推料气缸活塞杆伸出到位 | | 内存离散 | |
| 手/自切换 | | 内存离散 | |
| 单/联切换 | | 内存离散 | |
| 上电指示灯 | | 内存离散 | |
| 吸气电磁阀 | | 内存离散 | |
| 摆动气缸左摆电磁阀 | | 内存离散 | |
| 摆动气缸右摆电磁阀 | | 内存离散 | |
| 推料气缸电磁阀 | | 内存离散 | |
| 开始指示灯 | | 内存离散 | |
| 复位指示灯 | | 内存离散 | |
| 供料站——M30 | | 内存离散 | |
| 供料站——M31 | | 内存离散 | |
| 供料站——M32 | | 内存离散 | |
| 供料站——M33 | | 内存离散 | |
| 供料站——M40 | | 内存离散 | |
| 供料站——M41 | | 内存离散 | |
| 供料站——M42 | | 内存离散 | |
| 供料站——M43 | | 内存离散 | |
| 供料站——M44 | | 内存离散 | |
| 供料站——M45 | | 内存离散 | |
| 供料站——M46 | | 内存离散 | |

| 变 量 名 | 寄存器名称 | 变量类型 | 读写属性 |
|---|---|---|---|
| 供料站——M47 | | 内存离散 | |
| 开始按钮 | M20.0 | I/O 离散 | 只写 |
| 复位按钮 | M20.1 | I/O 离散 | 只写 |
| 特殊按钮 | M20.2 | I/O 离散 | 只写 |
| 停止按钮 | M20.5 | I/O 离散 | 只写 |
| 供料站——QB0 | Q0 | I/O 整型 | 只读 |
| 供料站——QB1 | Q1 | I/O 整型 | 只读 |
| 供料站——IB0 | I0 | I/O 整型 | 只读 |
| 供料站——IB2 | I2 | I/O 整型 | 只读 |
| 供料站——M4 | MB4 | I/O 整型 | 只读 |
| 供料站——M3 | MB3 | I/O 整型 | 只读 |
| 供料站——推杆移动量 | | 内存整型 | |
| 供料站——摆杆旋转量 | | 内存整型 | |

变量名供料站——M30 至供料站——M47 分别为主机状态和运行状态信息的显示。从表 5-3 可知，组态王与供料单元通过通信电缆以字节的方式读写数据（如 I/O 整型 Q0、Q1、I0、I2、MB4、MB3），而不是以位方式传送。使用字节的读写方式，将下位机的数据读到组态王的内部，再通过它的应用程序命令语言的编写，可以把读取的数据分配到相应的内存离散。这样可以加快整个数据的传送时间，使画面信息反映运行过程的真实情况，更准确地进行画面控制。

完成供料单元 I/O 参考变量的定义后，利用组态王软件可进行供料单元的组态监控画面制作，具体的步骤如下。

### 1. 创建新工程

用鼠标双击桌面快捷图标"组态王 6.52 "，启动组态王工程管理器，如图 5-19 所示。选择菜单"文件"→"新建工程"或直接单击"新建"图标，出现"新建工程向导"对话框。选择新建工程的路径，然后输入新建工程名称"供料单元"，该工程名称同时将被作为当前工程的路径名称；在"工程描述"文本框中输入对该工程的描述文字，单击"完成"按钮，这样就完成了工程的新建任务。选择"文件"→"设为当前工程"，可将新建工程设为当前工程，定义的工程信息会出现在工程管理器的信息表格中。用鼠标双击"供料单元"工程，进入组态王"工程浏览器"对话框，如图 5-20 所示。

图 5-19　"组态王工程管理器"对话框

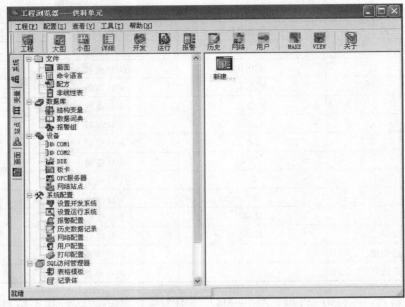

图 5-20　组态王"工程浏览器"对话框

### 2. 设备配置

外部设备有可编程序控制器、智能仪表、智能模块、变频器及计算机数据采集板卡等，它们通常采用串行口或并行总线的方式与组态王通信交换数据；外部设备还包括通过 DDE 设备交换数据的其他 Windows 应用程序以及网络上的其他计算机。

只有在定义外部设备之后，组态王才能通过 I/O 变量与其交换数据。为方便组态王配置外部设备，组态王提供了"设备配置向导"，通过"设备配置向导"，可以快速完成设备配置。具体的设备配置过程如下。

1）在组态王"工程浏览器"的左侧选中"设备"，之后在右侧用鼠标双击"新建"图标，运行"设备配置向导"，出现图 5-21 所示的"设备配制向导——生产厂家、设备名称、通信方式"对话框，依次选择"PLC""西门子""S7-200 系列""PPI"，单击"下一步"按钮。

2）出现图 5-22 所示的"逻辑名称"对话框，为外部设备命名一个名称，比如输入"S7-200"，单击"下一步"按钮。

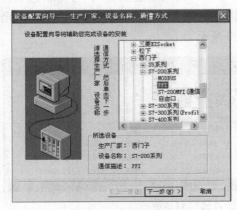

图 5-21　"PLC 设备选择"对话框

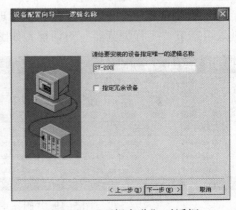

图 5-22　"逻辑名称"对话框

3) 出现图 5-23 所示"选择串口号"对话框，根据计算机的串口地址选择所连接的串口，比如选择 COM1，单击"下一步"按钮；继续弹出"设备地址设置指南"对话框，填写 PLC 通信地址，默认地址为 2，如图 5-24 所示，单击"下一步"按钮。

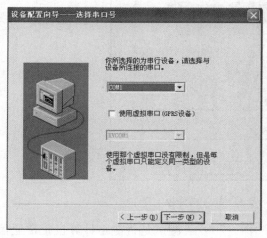

图 5-23 "选择串口号"对话框

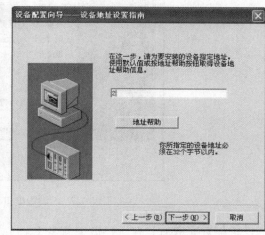

图 5-24 "设备地址设置指南"对话框

4) 设置通信故障恢复参数，一般情况下设为"默认"即可，单击"下一步"按钮，具体如图 5-25 所示。

5) 出现图 5-26 所示的"信息总结"对话框，检查各项设置是否正确，确认无误后，单击"完成"按钮。设备定义完成后，就可以在工程浏览器界面右侧看到新建的外部设备为"S7-200"。

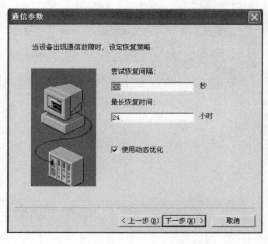

图 5-25 "通信参数"对话框

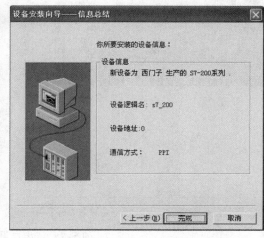

图 5-26 "信息总结"对话框

在工程浏览器的目录显示区，用鼠标左键单击大纲项设备下的成员 COM1 或 COM2，当选择 COM1 口时，会出现图 5-27 所示的"设置串口——COM1"对话框。将通信参数的"波特率"设置为 19 200，"奇偶校验"设置为偶校验，"数据位"设置为 8，停止位选择设"1"单选按钮，"通信方式"选择"RS232"单选按钮，然后单击"确定"按钮，完成对

271

COM1 的通信设置。

图 5-27  "设置串口——COM1"对话框

设备配置完成后，在工作区中就多了一个"S7-200"。测试是否能与计算机正常通信。将鼠标移到"S7-200"上选中再单击鼠标右键，单击"测试 S7-200"，弹出"串口设备测试"对话框后切换至"设备测试"选项卡，如图 5-28 所示。在"寄存器"中输入 V0，"数据类型"选择 BYTE，单击"添加"按钮，添加到"采集列表"中，单击"读取"按钮，读取按钮显示"停止"；当寄存器名 V0 的变量值显示"0"或其他值时，说明计算机与 PLC 已经正常连接，否则会提示出错信息。

图 5-28  "串口设备测试"对话框

若通信出错，则可以进入"STEP7 Micro-WIN"检查是否能正常上、下载程序；若可以正常上、下载程序，则检查组态王的 COM1 口的参数是否设置正确；若不能正常上、下载程序，则有可能计算机的 COM 口接触不好或其他原因（如 PLC 的通信口损坏、通信电缆损坏、COM1 口的地址选择不正确等）。

### 3. 组态变量

数据库是组态王软件的核心部分，数据变量集合成为"数据词典"。用鼠标单击工程浏览器中的"数据词典"图标，出现图5-29所示的"数据词典"显示窗口。右边工作区将出现系统内部自带的17个内存变量，这些内存变量不算点数，可直接使用。

图5-29　"数据词典"显示窗口

用鼠标双击工作区最下面的"新建…"变量名，弹出图5-30所示的"定义变量"对话框。命名变量名为"开始按钮"，选择变量类型为"I/O离散"。I/O离散指的是PLC中的数字量，"初始值"采用默认的关（OFF状态），"连接设备"选择S7-200，"寄存器"选择M20.0，"数据类型"选择Bit，"采集频率"设置为100，单位为毫秒，"读写属性"设置为只写；在定义变量的描述文本中，可以输入对该变量的描述内容。使用同样的方法可以组态供料单元中的其他变量，如表5-3所示的供料单元参考变量。

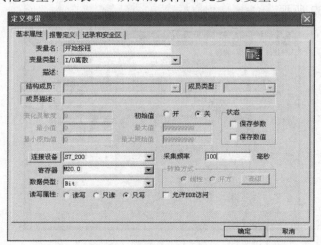

图5-30　"定义变量"对话框

273

**4. 创建画面**

（1）开机画面的制作

用鼠标单击"工程浏览器"左侧的"画面"图标，用鼠标双击右边窗口的"新建…"图标，就会弹出"新画面"对话框，如图5-31所示。在此对话框中，可以定义画面的名称、大小、位置、风格以及画面在磁盘上对应的文件名。在新画面中将画面名称命名为"开机画面"，单击"确定"按钮进入组态王开发系统界面。用同样方法创建一个"监控画面"。

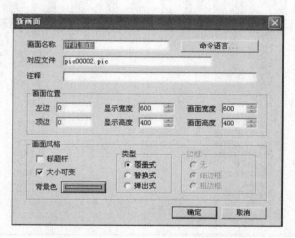

图5-31　"新画面"对话框

在开发系统中打开"画面"的下拉菜单，检查当前编辑画面是否为"开机画面"，如果"开机画面"前有"√"表示为当前画面；如果不是则应切换到"开机画面"。

用鼠标单击工具箱中的字体图标，选择合适的字体和字号将光标移动到当前画面中用鼠标单击，即可输入文字"供料单元组态王监控画面"。同样用鼠标单击工具箱中的按钮图标 ▭，此时鼠标变成"＋"，可在画面上拉出所需按钮的大小。完成后，单击鼠标右键弹出快捷菜单，选择"字符串替换"，并在弹出的对话框中写入"单击进入监控页"，单击"确认"按钮，如图5-32所示。

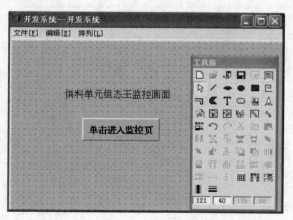

图5-32　创建"开机画面"

弹出图 5-33 所示的"动画连接"对话框,进行按钮动画连接设置。单击"按下时"按钮弹出"命令语言"窗口,进行命令语言的编写,调用内部函数"ShowPicture"(其功能是打开画面),调用内部函数"ClosePicture"(其功能是关闭画面),输入完参数后,单击"确认"按钮关闭"命令语言"窗口,如图 5-34 所示。

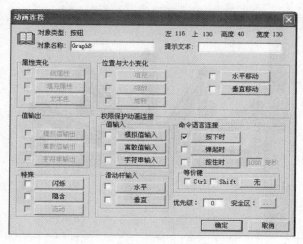

图 5-33 "动画连接"对话框

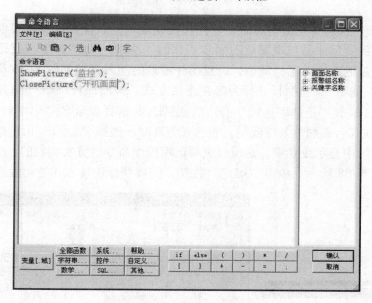

图 5-34 "命令语言"窗口

(2)监控画面的制作

打开监控画面,在该画面上制作供料单元的相关组态控件。

1)图形视图的制作与装载。在制作动画前,先用制图软件分别制作出供料单元的摆杆、推料气缸的推杆、料仓中的工件等部件图形,分别保存成位图文件。单击工具箱中的" 图标,在画面上拉出图像块;完成后将鼠标移到图像块上,单击鼠标右键,在弹出的快捷菜单上选择"从文件加载"命令,弹出"图形文件"对话框,选择制作好的位图文件,此时画面显示出摆杆的图形，再用显示调色板工具对摆杆图形的背景进行透明化处理。用同样的方法添加推料气缸的推杆、料仓中的工件。供料单元组态画面如图 5-35 所示。

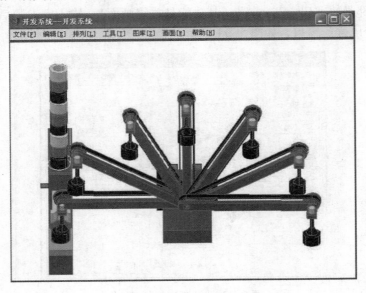

图 5-35　供料单元组态画面

2）动画连接。供料单元组态画面要监控和反映现场的状况，这就需要实时数据库，因为只有数据库中的变量才是与现场状况同步变化的。所谓"动画连接"就是建立画面中的图素与数据库变量的对应关系。例如，设置摆杆图素的动画连接如图 5-36 所示，在动画连接中选择"特殊/隐含"，将摆杆选择为隐含连接方式。弹出摆杆动画"隐含连接"对话框如图 5-37 所示，单击"条件表达式"右边的 ? 图标，选择变量名"\\本站点\供料站——摆杆旋转量"，在其后面加上条件限制，表达式为真时，选择"显示"单选按钮。其中每一摆杆在一定旋转量中显示或隐藏，是通过编写运用程序命令语言来实现的。下面只给出部分命令语言，如图 5-38 所示。单击"确定"按钮，完成摆杆连接方式的动画连接。

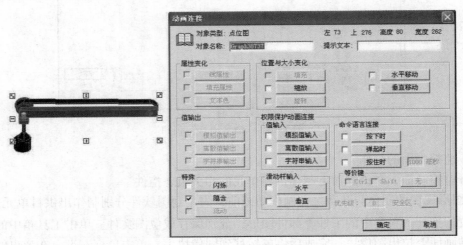

图 5-36　摆杆图素的动画连接

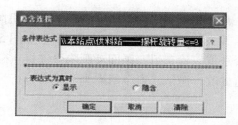

图 5-37 摆杆动画"隐含连接"对话框

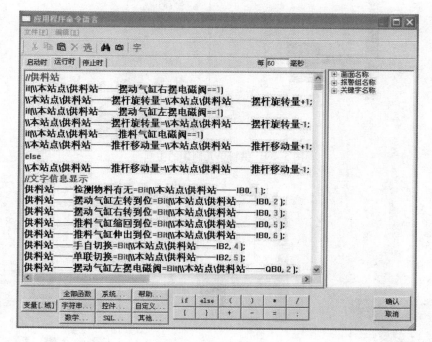

图 5-38 部分命令语言

根据供料单元组态画面（如图 5-35 所示）和供料单元变量（如表 5-3 所示），用同样的方法设置其他图素的动画连接方式，设置完成后编写相应的运用程序命令语言。

在组态王开发系统中，从"工具箱"或者"图库"中分别选择绘制供料单元的其他组态组件，再进行动画连接设置。例如，按钮图素分别有开始、复位、特殊、停止、上电和手/自动切换及单/联切换的开关等。文本对象包括状态指示标签（如"运行状态""主机状态""工件信息"等），如图 5-39 所示。完成后保存画面。

**5. 主界面配置**

打开图 5-20 所示的组态王工程浏览器窗口打开"系统配置"下拉菜单，单击"设置运行系统"菜单命令，将弹出"运行系统配置"对话框，然后单击"主界面配置"选项，选择"开机画面"，单击"确认"按钮关闭对话框。

**6. 系统调试**

在系统连接设置和程序检查无误后，将供料单元的控制程序下载到 PLC 中并运行，下载完毕运行供料单元的 PLC 且不能关闭控制程序。然后在计算机上启动组态王软件，在工程浏览器的快捷菜单中单击"VIEW"图标按钮，或者在组态王开发系统中，选择菜单栏

"文件" → "切换到 View" 命令，进入组态运行系统，显示开机画面如图 5-40 所示。单击开机画面上的"单击进入监控页"按钮进入"监控画面"，如图 5-41 所示，观察组态画面动画与供料单元的运行是否一致，检查组态画面动画隐含连接正确与否。若有错误，则可以退回到开发系统画面中进行更改、调试，直至组态画面正常运行为止。

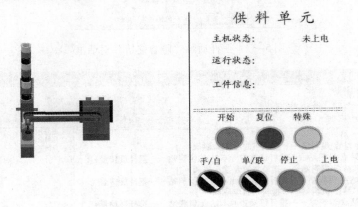

图 5-39　供料单元制作的主画面

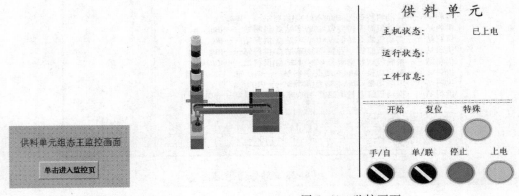

图 5-40　开机画面　　　　　　　　　　　图 5-41　监控画面

## 5.2.2　组态王软件在自动化生产线的应用

在 5.2.1 节中，介绍了组态王软件在供料单元中的应用。为了进一步了解组态王软件的应用方法，利用组态王实现对整条生产线各个单元执行机构和工件信息的实时监控，下面详细介绍组态王软件在整条生产线的各单元动作配合的监控制作过程。

在整条自动化生产线中，各单元的 PLC 通过 PPI、PROFIBUS 总线相互传输、交换数据，组态王与 PLC 之间通过编程通信接口完成通信数据的交换。

通过 PC/PPI 连接电缆将计算机的串口连接到主站供料单元的通信端口上，并通过 PPI 或 PROFIBUS 总线网络对各个单元实时监控。组态王软件在整条生产线的连接示意图如图 5-42 所示。

下面具体介绍整条生产线中其他单元的组态画面。首先定义好整条生产线各个单元的参考数据变量，其次了解各个单元在实际运行过程各机构、各单元的配合情况与信息传递，然后设计制作组态画面。

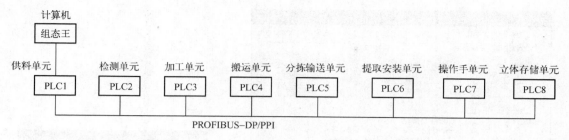

图 5-42　组态王软件在整条生产线的连接示意图

## 1. 检测单元组态画面

检测单元组态画面中的主体设备包括升降模块、测量模块、工件、按钮、开关、传感器检测及限位开关检测。参照 5.2.1 节中供料单元画面的制作方法，制作检测单元的组态画面，完成制作后的画面如图 5-43 所示。

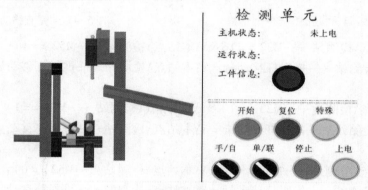

图 5-43　检测单元组态画面

下面进行检测单元画面的动画连接。根据检测单元的现场运行动作，升降模块和测量模块是在垂直面上移动。用鼠标双击画面中的升降模块，弹出图 5-44 所示的"动画连接"对话框。用鼠标单击"位置与大小变化"中的"垂直移动"复选框，单击"确定"按钮。在弹出的"垂直移动连接"对话框中进行垂直移动连接设置，选择事先定义好的检测单元控制升降模块的升降变量，再设定相应的"移动距离"和"对应值"，如图 5-45 所示。用同样的方法，还可以设置测量模块的动画连接，其他按钮、状态信息显示及工件信息的动画连接设置可参考 5.2.1 节介绍的内容。

编写检测单元应用程序命令语言时，可在"工程浏览器"窗口中，选择"命令语言"→"应用程序命令语言"，进入"应用程序命令语言编辑器"，单击"运行时"页面，输入如下检测单元的控制程序。

if（\\本站点\检测站——无杆气缸上升电磁阀 == 1）

\\本站点\检测站——无杆气缸滑块移动量 = \\本站点\检测站——提升台移动量 + 1;

else

if（\\本站点\检测站——无杆气缸下降电磁阀 == 1）

\\本站点\检测站——无杆气缸滑块移动量 = \\本站点\检测站——天杆气缸滑块移动量 - 1;

else

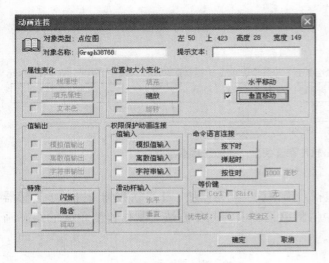

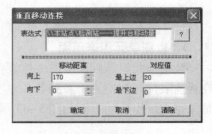

图 5-44 "动画连接"对话框　　　　　图 5-45 "垂直移动连接"对话框

if（\\本站点\检测站——M32 ==1&&\\本站点\检测站——M52 ==1）

\\本站点\检测站——推料杆移动量 = \\本站点\检测站——推料杆移动量 +1;

else

if（\\本站点\检测站——M33 ==1 ｜ ｜ \\本站点\检测站——M34 ==1）

\\本站点\检测站——推料杆移动量 = \\本站点\检测站——推料杆移动量 -1;

else

if（\\本站点\检测站——M35 ==1&&\\本站点\检测站——M52 ==0）

\\本站点\检测站——推料杆移动量 = \\本站点\检测站——推料杆移动量 +1;

else

if（\\本站点\检测站——M36 ==1）

\\本站点\检测站——推料杆移动量 = \\本站点\检测站——推料杆移动量 -1;

else

if（\\本站点\检测站——滑台气缸电磁阀 ==1）

\\本站点\检测站——检测杆移动量 = \\本站点\检测站——检测杆移动量 +1;

else

\\本站点\检测站——检测杆移动量 = \\本站点\检测站——检测杆移动量 -1;

//状态信息显示

检测站——M40 = Bit（\\本站点\检测站——M4，1）;

检测站——M41 = Bit（\\本站点\检测站——M4，2）;

检测站——M42 = Bit（\\本站点\检测站——M4，3）;

检测站——M43 = Bit（\\本站点\检测站——M4，4）;

检测站——M44 = Bit（\\本站点\检测站——M4，5）;

检测站——M45 = Bit（\\本站点\检测站——M4，6）;

检测站——M46 = Bit（\\本站点\检测站——M4，7）;

检测站——M47 = Bit（\\本站点\检测站——M4，8）;

检测站——M30 = Bit（\\本站点\检测站——M3，1）；

检测站——M31 = Bit（\\本站点\检测站——M3，2）；

检测站——M32 = Bit（\\本站点\检测站——M3，3）；

检测站——M33 = Bit（\\本站点\检测站——M3，4）；

检测站——M34 = Bit（\\本站点\检测站——M3，5）；

检测站——M35 = Bit（\\本站点\检测站——M3，6）；

检测站——M36 = Bit（\\本站点\检测站——M3，7）；

检测站——手自动切换 = Bit（\\本站点\检测站——M5，1）；

检测站——单联切换 = Bit（\\本站点\检测站——M5，2）；

检测站——开始指示灯 = Bit（\\本站点\检测站——M5，3）；

检测站——复位指示灯 = Bit（\\本站点\检测站——M5，4）；

检测站——M54 = Bit（\\本站点\检测站——M5，5）；

检测站——M55 = Bit（\\本站点\检测站——M5，6）；

检测站——M52 = Bit（\\本站点\检测站——M5，7）；

检测站——提升台下降电磁阀 = Bit（\\本站点\ST2_ VB1515，1）；

检测站——提升台上升电磁阀 = Bit（\\本站点\ST2_ VB1515，2）；

检测站——滑台气缸电磁阀 = Bit（\\本站点\ST2_ VB1515，3）；

检测站——推料气缸电磁阀 = Bit（\\本站点\ST2_ VB1515，4）；

输入程序时，要注意语言、命令格式应符合组态王软件的规范。若出现语法错误，则可单击"确认"按钮退出"命令语言"编辑器。若出现错误，系统则会提示出现了哪种语法错误，只有在改正错误后，才能退出"命令语言"编辑器，系统会自动地保存用户所输入的命令语言程序。

在检测单元命令语言程序编写完成后，可进行系统的在线运行与调试，具体可参照5.2.1节。

**2. 加工单元组态画面**

加工单元组态画面中的主体设备包括旋转工作台模块、钻孔模块、检测模块、按钮开关、传感器检测及限位开关检测。参照5.2.1节供料单元画面的制作方法，加工单元的组态画面如图5-46所示。

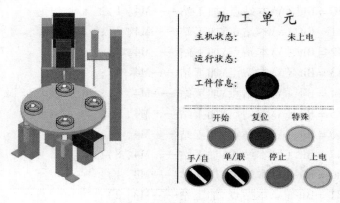

图5-46　加工单元组态画面

下面进行加工单元画面的动画连接。根据加工单元的现场运行动作，钻孔模块及检测模块是在垂直面上移动的，因此钻孔模块与检测模块的动画连接设置可参照检测单元。旋转工作台模块的动画连接设置是单击"动画连接"对话框中的"特殊"→"隐含"，弹出图 5-47 所示的"隐含连接"对话框，选择事先定义好的加工单元旋转工作台模块变量，表达式为真时"显示"，接着用同样的方法设置其他工位。加工单元组态画面上的按钮、状态信息显示、工件信息的动画连接设置可参考 5.2.1 节的相关内容。

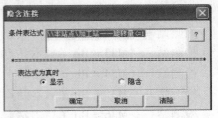

图 5-47 "隐含连接"对话框

编写加工单元的应用程序命令语言时，可进入"应用程序命令语言编辑器"，单击"运行时"页面，输入如下加工单元的控制程序：

```
if (\\本站点\加工站——旋转驱动 == 1)
\\本站点\加工站——旋转量 = \\本站点\加工站——旋转量 +1;
else
\\本站点\加工站——旋转量 =0;
if (\\本站点\加工站——检测气缸电磁阀 == 1)
\\本站点\加工站——检测杆移动量 = \\本站点\加工站——检测杆移动量 +1;
else
\\本站点\加工站——检测杆移动量 = \\本站点\加工站——检测杆移动量 -1;
if (\\本站点\加工站——顶料气缸电磁阀 == 1)
\\本站点\加工站——夹紧杆移动量 = \\本站点\加工站——夹紧杆移动量 +1;
else
\\本站点\加工站——夹紧杆移动量 = \\本站点\加工站——夹紧杆移动量 -1;
if (\\本站点\加工站——导杆气缸电磁阀 == 1)
\\本站点\加工站——导杆移动量 = \\本站点\加工站——导杆移动量 +1;
else
\\本站点\加工站——导杆移动量 = \\本站点\加工站——导杆移动量 -1;
//状态信息显示
加工站——M40 = Bit (\\本站点\加工站——M4，1);
加工站——M41 = Bit (\\本站点\加工站——M4，2);
加工站——M42 = Bit (\\本站点\加工站——M4，3);
加工站——M43 = Bit (\\本站点\加工站——M4，4);
加工站——M44 = Bit (\\本站点\加工站——M4，5);
加工站——M45 = Bit (\\本站点\加工站——M4，6);
加工站——M46 = Bit (\\本站点\加工站——M4，7);
加工站——M47 = Bit (\\本站点\加工站——M4，8);
加工站——M30 = Bit (\\本站点\加工站——M3，1);
加工站——M31 = Bit (\\本站点\加工站——M3，2);
加工站——M32 = Bit (\\本站点\加工站——M3，3);
```

加工站——M33 = Bit（\\本站点\加工站——M3，4）；

加工站——M34 = Bit（\\本站点\加工站——M3，5）；

加工站——手自切换 = Bit（\\本站点\加工站——M5，1）；

加工站——单联切换 = Bit（\\本站点\加工站——M5，2）；

加工站——开始指示灯 = Bit（\\本站点\加工站——M5，3）；

加工站——复位指示灯 = Bit（\\本站点\加工站——M5，4）；

加工站——M54 = Bit（\\本站点\加工站——M5，5）；

加工站——M55 = Bit（\\本站点\加工站——M5，6）；

加工站——上电 = Bit（\\本站点\加工站——M5，7）；

加工站——旋转驱动 = Bit（\\本站点\ST3_VB1563，1）；

加工站——导杆气缸电磁阀 = Bit（\\本站点\ST3_VB1563，3）；

加工站——检测气缸电磁阀 = Bit（\\本站点\ST3_VB1563，4）；

加工站——顶料气缸电磁阀 = Bit（\\本站点\ST3_VB1563，5）；

同样，在程序输入完成后，检查有无语法错误，单击"确认"按钮，保存所输入的命令语言程序。然后进行加工单元系统的在线运行与调试，具体可参考5.2.1节的相关内容。

**3. 搬运单元组态画面**

搬运单元组态画面中的主体设备包括滑动模块、提取模块、机械手模块、按钮、开关及限位开关检测。参照5.2.1节中供料单元画面的制作方法，搬运单元的组态画面如图5-48所示。

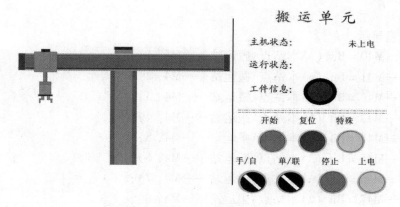

图5-48 搬运单元的组态画面

下面进行搬运单元画面的动画连接。根据搬运单元的现场运行动作，提取模块是在垂直面上移动，因此提取模块的动画连接设置可参照检测单元。机械手模块有夹紧和放松两种状态，因此需设置动画连接中的"隐含"，表达式为真时"显示"，具体设置参考加工单元组态画面的设置。机械手模块和滑动模块是在水平面上移动，动画连接设置可单击"动画连接"对话框中"位置与大小变化"→"水平移动"，弹出图5-49所示的对话框，选择相应的动作变量，设置"移

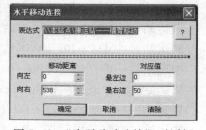

图5-49 "水平移动连接"对话框

283

动距离"和"对应值"。搬运单元组态画面上的按钮、状态信息显示、工件信息的动画连接设置可参考 5.2.1 节的相关内容。

编写搬运单元的应用程序命令语言时，可进入"应用程序命令语言编辑器"，单击"运行时"页面输入如下搬运单元的控制程序：

if（\\本站点\搬运站——无杆气缸右移电磁阀 == 1）

\\本站点\搬运站——横臂移动 = \\本站点\搬运站——横臂移动 + 1；

else

if（\\本站点\搬运站——无杆气缸左移电磁阀 == 1）

\\本站点\搬运站——横臂移动 = \\本站点\搬运站——横臂移动 - 1；

else

if（\\本站点\搬运站——M44 == 1 || \\本站点\搬运站——M45 == 1 ||

\\本站点\搬运站——M30 == 1 || \\本站点\搬运站——M31 == 1）

\\本站点\搬运站——直线防转气缸活塞杆下降量 = \\本站点\搬运站——直线防转气缸活塞杆下降量 + 1；

else

if（\\本站点\搬运站——M46 == 1 || \\本站点\搬运站——M47 == 1 ||

\\本站点\搬运站——M32 == 1 || \\本站点\搬运站——M33 == 1）

\\本站点\搬运站——直线防转气缸活塞杆下降量 = \\本站点\搬运站——直线防转气缸活塞杆下降量 - 1；

else

//状态信息显示

搬运站——M40 = Bit（\\本站点\搬运站——M4, 1）；

搬运站——M41 = Bit（\\本站点\搬运站——M4, 2）；

搬运站——M42 = Bit（\\本站点\搬运站——M4, 3）；

搬运站——M43 = Bit（\\本站点\搬运站——M4, 4）；

搬运站——M44 = Bit（\\本站点\搬运站——M4, 5）；

搬运站——M45 = Bit（\\本站点\搬运站——M4, 6）；

搬运站——M46 = Bit（\\本站点\搬运站——M4, 7）；

搬运站——M47 = Bit（\\本站点\搬运站——M4, 8）；

搬运站——M30 = Bit（\\本站点\搬运站——M3, 1）；

搬运站——M31 = Bit（\\本站点\搬运站——M3, 2）；

搬运站——M32 = Bit（\\本站点\搬运站——M3, 3）；

搬运站——M33 = Bit（\\本站点\搬运站——M3, 4）；

搬运站——M34 = Bit（\\本站点\搬运站——M3, 5）；

搬运站——手自切换 = Bit（\\本站点\搬运站——M5, 1）；

搬运站——单联切换 = Bit（\\本站点\搬运站——M5, 2）；

搬运站——开始指示灯 = Bit（\\本站点\搬运站——M5, 3）；

搬运站——复位指示灯 = Bit（\\本站点\搬运站——M5, 4）；

搬运站——M54 = Bit（\\本站点\搬运站——M5, 5）；

搬运站——M55 = Bit（\\本站点\搬运站——M5，6）；

搬运站——上电 = Bit（\\本站点\搬运站——M5，7）；

搬运站——无杆气缸左移电磁阀 = Bit（\\本站点\ST4_VB1613，1）；

搬运站——无杆气缸右移电磁阀 = Bit（\\本站点\ST4_VB1613，2）；

搬运站——气动手爪放松电磁阀 = Bit（\\本站点\ST4_VB1613，3）；

搬运站——气动手爪夹紧电磁阀 = Bit（\\本站点\ST4_VB1613，4）；

搬运站——直线防转气缸升降电磁阀 = Bit（\\本站点\ST4_VB1613，5）；

同样，在程序输入完成后，检查有无语法错误，单击"确认"按钮，保存所输入的命令语言程序。然后进行搬运单元系统的在线运行与调试，具体可参照 5.2.1 节的相关内容。

对于分拣传输单元、提取安装单元、操作手单元、立体存储单元的组态画面制作、动画连接设置及应用程序命令语言编写，读者可以根据上面已完成单元的组态，自己去制作组态画面、设置动画连接和编写应用程序命令语言，并完成系统调试。下面给出其他单元的组态画面，如图 5-50 所示。

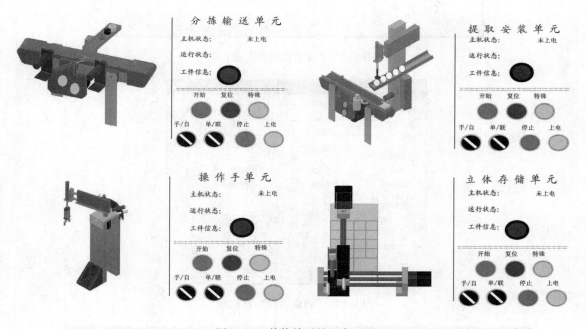

图 5-50　其他单元的组态画面

在整条自动化生产线组态画面制作完成后，还需制作页眉组态画面、生产统计组态画面、画面选择组态画面、工作单元选择组态画面，如图 5-51 所示。页眉画面的作用是显示组态的附加信息，可以插入时间、标题名称、图形；生产统计组态画面的作用是显示各单元完成的工件数；画面选择组态画面的作用是进行工作站选择与生产统计组态画面之间的切换；工作单元选择组态画面的作用是当组态王软件运行时进行各个单元画面的切换。

页眉组态画面的设计与制作方法是，首先在画面中右键单击鼠标，单击画面属性，进行画面位置和背景颜色设置，如图 5-52 所示。用鼠标单击工具箱中的"文本"，输入"自动化生产线"

"组态监控"文字;接着用鼠标单击工具箱中的"打开图库",从图库管理器中分别选择时钟和日期图形,在组态页眉画面中单击就可显示时间和日期。页眉组态画面如图5-53所示。

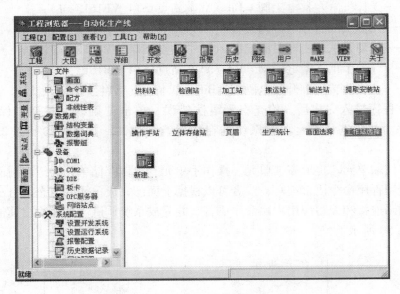

图5-51 "工程浏览器"窗口

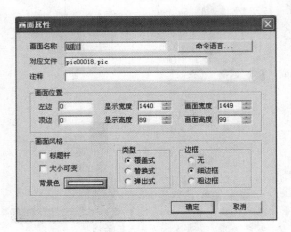

图5-52 "画面属性"对话框

图5-53 页眉组态画面

　　生产统计组态画面的设计与制作方法是,同样首先进行画面位置和背景颜色的设置,然后使用工具箱中"文本"输入图5-54所示的文字。用鼠标双击检测站的白色工件"0"设置动画连接,用鼠标单击动画连接弹出的"动画连接"对话框,选中"值输出"中的"模拟值输出"复选框,单击"确定"按钮。弹出图5-55所示的"模拟值输出连接”对话框，在“表达式”文本框中输入相应的变量，单击“确定”按钮。使用相同的方法设置其他动画连接。生产统计组态画面上下留有一定的空间，用于显示页眉组态画面和画面选择组态画面。

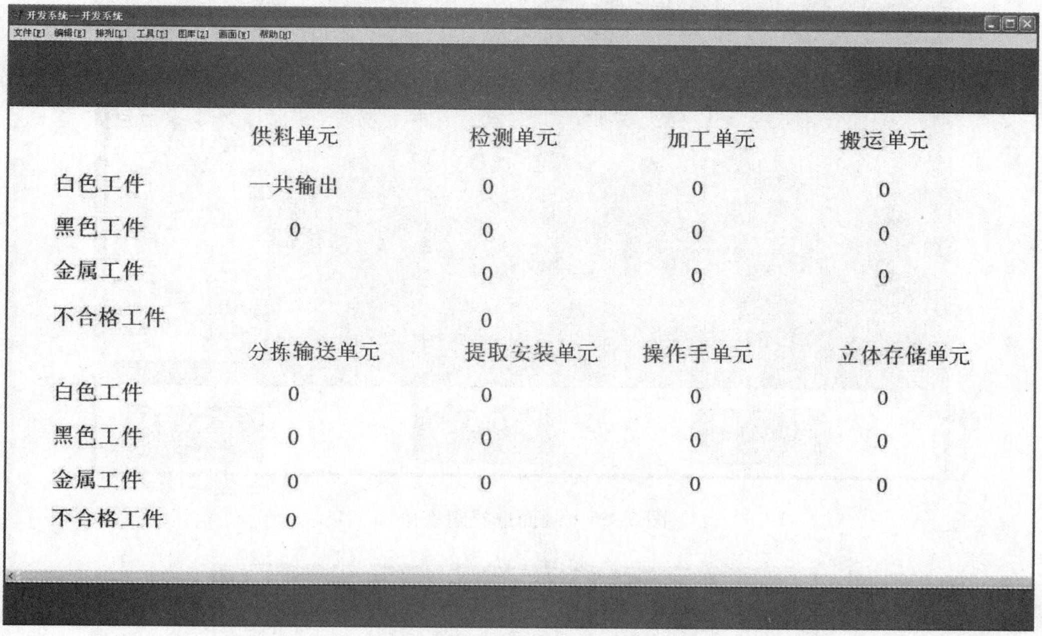

开发系统—开发系统
文件[F] 编辑[E] 排列[L] 工具[T] 图库[Z] 画面[W] 帮助[H]
供料单元
检测单元
加工单元
搬运单元
白色工件
一共输出
0
0
0
黑色工件
0
0
0
0
金属工件
0
0
0
不合格工件
0
分拣输送单元
提取安装单元
操作手单元
立体存储单元
白色工件
0
0
0
0
黑色工件
0
0
0
0
金属工件
0
0
0
0
不合格工件
0

图 5-54　生产统计组态画面

模拟值输出连接
表达式
\\本站点\检测站——白色工件计数
?
输出格式
科学计数法
整数位数
2
小数位数
0
对齐方式
居左
居中
居右
确定
取消
清除

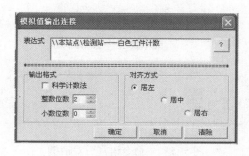

图 5-55　“模拟值输出连接”对话框

画面选择组态画面的设计与制作方法是，首先设置画面位置和背景颜色，然后在画面中添加 3 个按钮并对其命名，如图 5-56 所示。用鼠标双击“工作站选择”按钮，用鼠标单击“动画连接”弹出的“动画连接”对话框，在“命令语言连接”中选择“弹起时”复选框，单击“确定”按钮。弹出图 5-57 所示的“命令语言”对话框，编写命令语言“ShowPicture[“工作站选择”]；”，这个函数的功能是打开“工作站画面”。“生产统计”按钮的动画连接设置也是使用同样的方法。“退出”按钮的命令语言为“Exit（0）；”，单击“确定”按钮，保存制作完成的组态画面。

工作站选择组态画面的设计与制作方法是，首先设置画面位置和背景颜色，然后在画面中添加 8 个按钮并对其命名，如图 5-58 所示。按钮的动画连接设置与画面选择的设置一样，通过编写命令语言，进行所需画面的切换。

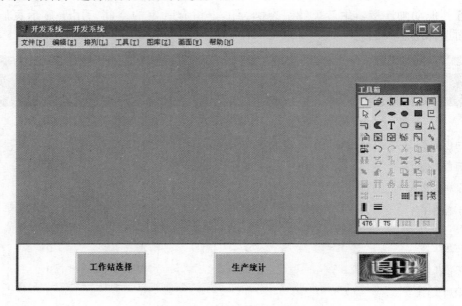

图 5-56　画面选择组态画面

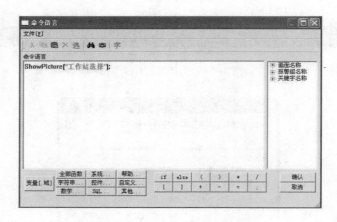

图 5-57　"命令语言"对话框

　　在所有组态画面制作完成后，打开图 5-51 所示的"工程浏览器"窗口，选择左侧窗口中的"系统配置"菜单命令，接着用鼠标双击"运行系统设置"，弹出的"运行系统设置"对话框，在"主画面配置"选项卡中选择运行时主画面的显示内容，如图 5-59 所示。单击"确定"按钮，返回到"工程浏览器"。用鼠标单击"工程浏览器"中"VIEW"图标按钮运行组态王软件。图 5-60 所示为运行整条自动化生产线的组态画面。

　　将各单元的程序下载到 PLC 中并运行，然后运行制作完成的组态画面，观察组态画面动画与整条自动化生产线的运行是否一致。若与实际不相符合，则应检查组态画面动画的连接设置、应用程序命令语言的编写、参考变量的设置与通信连接的设置是否正确等，直至组态画面正常运行为止。

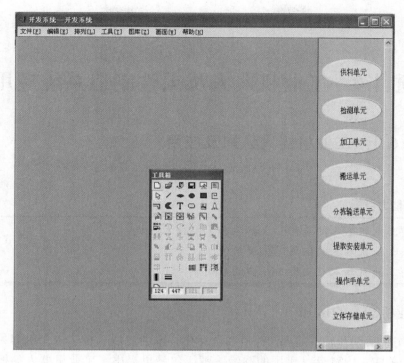

图 5-58　工作站选择组态画面

图 5-59　"运行系统设置"对话框

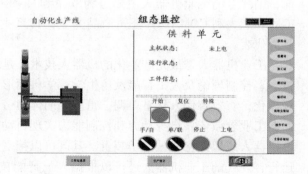

图 5-60　运行整条自动化生产线的组态画面

# 项目 6　工业机器人及柔性制造系统应用

 **任务 6.1　工业机器人认知及应用**

 **知识与能力目标**

> 1）了解工业机器人的作用、坐标系和主要技术指标。
> 2）熟悉工业机器人的组成结构及功能。
> 3）了解工业机器人在实际工程中的应用。

## 6.1.1　工业机器人的认知

从 20 世纪中后期开始，随着计算机和自动化技术的发展，对于现代机器人的研究与发明得到更多的关注。1954 年，美国的乔治·戴沃尔最早提出了工业机器人的概念，即示教再现机器人，是借助伺服技术控制机器人的关节，利用人手对机器人进行动作示教，机器人能实现动作的记录和再现。现有的机器人差不多都采用这种控制方式。1959 年，戴沃尔与美国发明家约瑟夫·英格伯格联手制造出第一台真正意义的工业机器人——Unimation，随后成立了世界上首家机器人制造工厂——Unimation 公司，开创了机器人发展的新纪元。目前，国际上的工业机器人主要分为欧系和日系，欧系中以德国 KUKA、瑞士 ABB、奥地利 IGM 和意大利 COMAU 等公司产品为主；日系主要以松下、三菱、FANUC 及安川等公司产品为代表。

工业机器人是最先产业化的机器人技术，是综合计算机技术、机械传动技术、信息传感技术、控制理论及人工智能及仿生学等学科而形成的高新技术。它的出现有利于制造业生产规模化，有效替代人从事单调、重复性的体力劳动，提高了生产质量和效率。工业机器人是面向工业领域依靠自身动力和控制能力实现自动执行各种工作功能的多关节机械手或多自由度机器人或拟人化机械电子装置。其既可以接受人工手动指挥，也可以按照预编的程序控制运行，现代的工业机器人还可以根据人工智能技术制定的原则纲领行动。图 6-1 所示为部分工业机器人实物图。

在了解工业机器人概念的基础之上，就工业机器人而言，其基本体系结构可分为机械结构系统、驱动系统、控制系统、传感检测系统、人机交互系统以及机器人环境交互系统等 6 个部分，各系统组成作用如表 6-1 所示。

表 6-1　工业机器人基本体系结构及组成作用

| 基本体系结构 | 组 成 作 用 |
|---|---|
| 机械结构系统 | 指组成机身、臂部、腕部和手部等部件的一系列连杆、关节或其他形式的运动副组成的执行机构，可实现各个方向上的运动 |

| 基本体系结构 | 组 成 作 用 |
|---|---|
| 驱动系统 | 提供给工业机器人各个轴运行动力的驱动传动装置；它可以是液压、气动、电动或者其结合应用的系统；可以直接驱动或者通过同步带、链条、轮系及齿轮等传动机构间接驱动 |
| 控制系统 | 由传感装置、控制装置、轴伺服驱动部分和控制软件组成。它是机器人系统的中枢，既可控制调整工业机器人自身运动位置与姿态，又能根据工业机器人作业程序指令及传感器反馈信号支配机器人上执行机构完成规定作业功能；还能处理、存储数据，与周边设备协调控制 |
| 传感检测系统 | 由内部传感器和外部传感器组成，用于获取工业机器人内部和外部环境状态及工作对象准确有效的信息 |
| 人机交互系统 | 是操作人员与工业机器人之间直接交互对话的装置，拥有单独的 CPU 和存储单元，以串行或并行通信方式与计算机进行信息交互，用于示教工业机器人的工作轨迹和参数设定 |
| 机器人环境交互系统 | 是实现工业机器人与外部环境中的设备相互联系和协调的系统，使工业机器人能与外围设备成为一个能执行复杂任务的功能单元 |

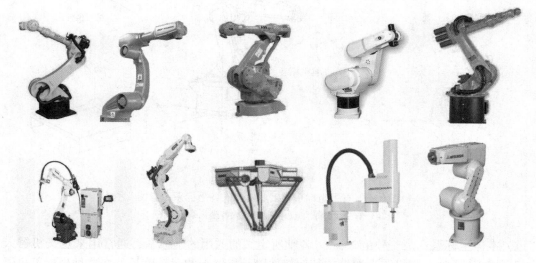

图 6-1　部分工业机器人实物图

一般而言，工业机器人的机械结构主要是由机身（也称为立柱）、臂部、腕部和手部等几个部分组成，若是可移动的工业机器人，还需额外的移动机构。图 6-2 所示为工业机器人的基本机械结构。

1）机身：又称为立柱，是工业机器人的基础部分，主要起到支撑作用，通常固定式工业机器人的机身直接固定在地面或者平台上，移动式的工业机器人则固定在移动机构上。

2）臂部：包括上臂与前臂，是工业机器人主体机构，一般有 2~3 个自由度，与控制系统和驱

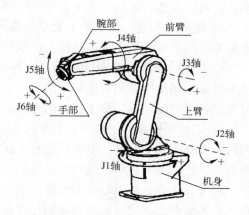

图 6-2　工业机器人的基本机械结构

291

动系统一起安装在机身上；用于支撑腕部和手部，并带动它们使手部中心按一定的运动轨迹运动到指定位置。

3）腕部：是连接臂部与手部的部件，主要用于调整改变手部在空间的方位，使手部中的工具或者工件在某一指定姿态。腕部有独立的自由度，所需自由度的多少可根据工业机器人的工作性能来确定，以满足工业机器人手部复杂位姿的调整。

4）手部：是用于抓持物件的机构，又称为末端操作器。手部是一个独立部件，其结构形式多样，大部分根据物件形状和工作要求而专门设计，其自由度也是根据需要而定。手部决定工业机器人作业完成及作业柔性好坏的关键部件之一。

了解完工业机器人的基本机械结构后，进一步了解表示工业机器人位姿、运动关系的各种坐标系。工业机器人的各种坐标系均是由正交的右手定则来决定，如图 6-3a 所示；其主要可分为本体坐标系、绝对坐标系、工件坐标系和工具坐标系，如图 6-3b 所示为工业机器人各坐标系示意图。

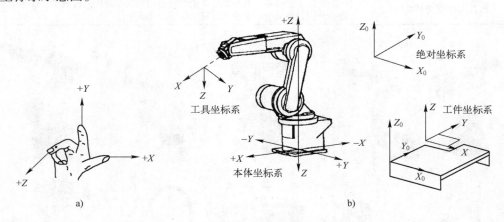

图 6-3　右手坐标系和工业机器人各坐标系示意图
a）右手坐标系　b）工业机器人各坐标系示意图

1）本体坐标系：是一种由 X、Y、Z 轴所定义的通用的坐标系，通常用来定义机器人相对于其他物体运动、与机器人通信的其他部件以及机器人的运动路径。在这种坐标下机器人不管在何种姿态、运动都是由 3 个坐标轴表示而成。

2）绝对坐标系：对于单个工业机器人而言，绝对坐标系可以与本体坐标系看作同一个坐标系；但是对于多个工业机器人组成的系统，则是两个不同的坐标系。

3）工件坐标系：工件坐标系是一种位置固定于工件上的笛卡尔坐标系，是编制程序时用来确定末端操作器和程序起点的，可由相对于本体坐标系的偏移量来设定。该坐标系原点可根据具体情况确定，但坐标轴的方向应与本体坐标系一致并且与之有确定的偏移关系。

4）工具坐标系：是一个动态坐标系，用来描述工业机器人手部（J6 轴）上的夹持机构相对于手部工具中心点（TCP）上的坐标系的运动。它随着工业机器人的运动而不断改变，因此工具坐标系所表示的运动也是不同，这取决于机器人臂部位置以及工具坐标系的姿态。

另外，工业机器人的技术指标反映了工业机器人的工作性能和适用范围，是选择使用机器人必须要考虑的问题。其技术指标主要体现就是其技术参数，指的是工业机器人制造商在产品供货时提供的技术参数。尽管各厂商提供工业机器人的技术参数不完全相同，但是均包含其主要的技术参数，一般应包括自由度、工作精度、工作范围、工作速度和承载能力等，表6-2为工业机器人主要技术参数说明。

表6-2 工业机器人主要技术参数说明

| 主要技术参数 | 参数说明 |
| --- | --- |
| 自由度 | 指工业机器人所具有的独立坐标轴运动的数目，但不包括末端操作器的开合自由度 |
| 工作精度 | 包括定位精度和重复定位精度两方面。定位精度是指工业机器人手部实际达到位置与目标位置之间的差异；重复定位精度是指工业机器人重复定位其手部到同一目标位置的能力，可用标准偏差来表示，是衡量一系列误差值的密集度，即重复度 |
| 工作范围 | 指工业机器人臂部末端或腕部中心所能到达的所有点的集合，也就是不安装末端操作器时的工作区域。工作范围的形状和大小可能直接影响机器人执行作业任务完成 |
| 工作速度 | 主要包括速度和加速度，是表明工业机器人运动特性的主要指标。由于驱动器输出功率的限制，无论是从起动到达最大稳定的速度或从最大稳定速度到停止，都需要一定时间，所以在实际应用中不能单纯的考虑最大稳定速度，还要考虑最大允许加减速度 |
| 承载能力 | 指工业机器人在工作范围内的任何位置和姿态上所能承受的最大质量。承载能力也是指高速运行时承载能力，不仅取决负载和机器人末端操作器的质量，还与工业机器人运行的速度和加速度的大小和方向有关；同时其也受到驱动器功率、材料极限应力的限制 |

目前，工业机器人的分类国际上没有统一的分类标准，按照结构坐标系可以分为直角坐标型、圆柱坐标型、球坐标型、关节坐标型和平面关节型5种；按照驱动方式可以分为气压驱动式、液压驱动式和电机驱动式3种，也有少部分的机器人采用混合驱动方式，就是液—气或电—气或电—液混合驱动方式；按照工作用途可以分为焊接机器人、装配机器人、检测机器人、搬运机器人和喷涂机器人等。

## 6.1.2 初识工业机器人的应用

随着工业机器人技术的发展，工业机器人已在越来越多的领域得到了应用。在制造业中，尤其是在汽车生产的毛坯制造、机械加工、焊接、热处理、表面涂覆、上下料、装配、检测及仓库堆垛等作业中，工业机器人都已逐步取代了人工作业。在自动化生产领域，工业机器人与数控加工中心、自动搬运小车及自动检测系统组成柔性制造系统（FMS）和计算机集成制造系统（CIMS），实现生产自动化。随着工业机器人向更深更广方向的发展以及机器人智能化水平的提高，工业机器人的应用范围还在不断地扩大，已从汽车制造业推广至诸如采矿机器人、建筑业机器人以及水电系统维护维修机器人等各种非制造行业。此外，在国防军事、医疗卫生以及生活服务等领域，机器人的应用也越来越多，如无人侦察机（飞行器）、警备机器人、医疗机器人及家政服务机器人均有应用实例。下面举例讲解几种不同公司工业机器人的典型应用。

在汽车生产领域，FANUC机器人适用于汽车厂各种汽车零部件的生产。在某汽车厂发动机车间，使用FANUC倒吊式机器人，可以充分发挥机器人的柔性化，智能化特点，不仅节省地面空间，方便物流，而且可以让一台机器人将上下料、去毛刺、打磨以及清洗等多道工序一次性完成。倒吊式机器人与导轨的结合又扩大了机器人的活动范围，可以大大提高机器人的利用率以降低成本和高效率。图6-4所示为FANUC工业机器人在某汽车厂发动机车间应用。

Buderus精炼钢锻造技术有限公司为提高冲压生产能力，投资购买一条全自动的冲压生产线用于生产货车轮毂。该公司采用六轴铰接臂机器人KR 210传送温度高达1250℃的冲压

293

图 6-4　FANUC 工业机器人在某汽车厂发动机车间中应用

件。这种机器人是库卡公司为在铸造厂及锻造车间的恶劣工作环境中应用而开发研制的，在不利的环境下也能够保持其持续的可用性及高重复精度，非常适于在锻造厂内应用，图 6-5 为 KR 210 工业机器人输送冲压件。

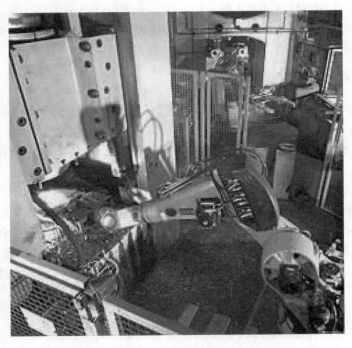

图 6-5　KR 210 工业机器人输送冲压件

安装在瑞士某公司饼干生产线上的是 6 台 ABB FlexPicker IRB340 型视觉引导工业机器人。这种工业机器人拥有先进的摄像系统和 PickMaster 软件，工作时摄像系统先监控传送带上的成品饼干，而 PickMaster 软件根据相机拍摄的图像指导机器人的手臂精确抓取距离最近的饼干；该工业机器人通过精巧可膨胀"橡胶手指"能准确抓取流水线上饼干圈，并不断测量受力情况，用力恰当迅速提起饼干，每分钟可以抓取 80 块饼干。相对以往的生产系统，ABB 机器人还将抓取过程中饼干的破碎率由 15% 降低至 2.3%，同时大幅降低能耗和监控维护成本。图 6-6 所示为 ABB 工业机器人在饼干生产线上的应用。

图 6-6　ABB 工业机器人在饼干生产线上的应用

图 6-7 所示为三菱工业机器人在电流断路器组装车间中的应用，在该车间内使用 4 台 RH－12SDH 小型多关节机器人。这 4 台工业机器人通过安装不同的末端夹持器，实现不同零部件的组装，相互配合协调工作共同按照工序进行电流断路器的装配作业任务。

图 6-8 所示为富士康 ROXBOT 工业机器人在镭射打标作业的应用。富士康工业机器人进行镭射打标作业，无需开发复杂的夹治具，该机器人一次装夹持工件或激光头可实现多方位、多角度、高精度打标作业，有效提高产能，解放人力，高效灵活。

图 6-7　三菱工业机器人在电流断路器组装车间中的应用

图 6-8　富士康 ROXBOT 工业机器人在镭射打标作业的应用

## 任务 6.2 工业机器人操作与编程

**知识与能力目标**

1）了解三菱工业机器人组成结构及其功能特点。
2）掌握使用示教单元进行机器人操作方法。
3）熟悉机器人编程软件的功能及其使用方法。
4）掌握机器人控制编程与调试的方法与步骤。

要实现工业机器人操作、编程及控制，需要掌握工业机器人的具体组成结构及其功能、机器人编程软件使用等内容，本书中以三菱工业机器人为例展开讲解说明。

### 6.2.1 工业机器人示教操作

进行三菱工业机器人示教操作之前，必须先认识三菱工业机器人的系统组成结构及其功能。图 6-9 所示为三菱工业机器人系统组成结构示意图，包括机器人本体、机器人示教单元、机器人控制器以及机器人连接电缆等 4 部分。

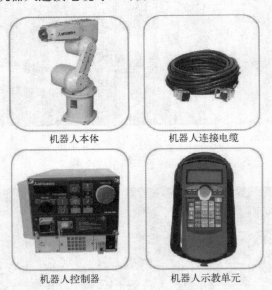

图 6-9 三菱工业机器人系统组成结构示意图

1）机器人本体：机器人本体是垂直多关节型（RV – 3SD/3SDC 型），用于执行位置和姿态运行轨迹的设备。

2）机器人连接电缆：用于连接控制器与机器人本体的电动机动力用或者编码器信号用的电缆。

3）机器人控制器：采用 CR1D – 721 控制器，是通过控制指令控制机器人本体位姿运行轨迹的控制中心。图 6-10 所示为机器人控制器操作面板，机器人控制器操作面板上各操作键的功能如表 6-3 所示。

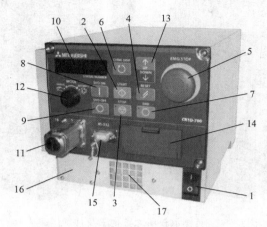

图 6-10　机器人控制器操作面板

表 6-3　机器人控制器操作面板上各操作键功能

| 序　号 | 操作键名称 | 操作键功能 |
| --- | --- | --- |
| 1 | 电源开关 | 控制电源 ON/OFF |
| 2 | START（开始按钮） | 用于执行程序、使机器人动作（可重复运行） |
| 3 | STOP（停止按钮） | 立刻使机器人停止，但伺服电源不会关闭 |
| 4 | RESET（复位按钮） | 解除异常报警，解除程序中断状态并重置程序 |
| 5 | END（紧急停止开关） | 将机器人紧急停止，伺服停止 |
| 6 | CHNG DISP（显示切换按钮） | 将显示面板的内容以程序编号、行编号、速度的顺序进行切换显示 |
| 7 | END（结束按钮） | 将执行中的程序停止在最终行或 END |
| 8 | SVO ON 开关 | 接通伺服电源 |
| 9 | SVO OFF 开关 | 切断伺服电源 |
| 10 | STATUS NUMBER（显示面板） | 显示程序编号、异常编号、行编号和速度等的状态 |
| 11 | TB 连接接头 | 连接示教单元专用的接头。示教单元不使用时，请用附属的假接头连接 |
| 12 | MODE 切换开关 | 切换机器人操作权的选择开关；对通过示教单元、操作面板或者外部开关执行动作的操作权进行切换 |
| 13 | UP/DOWN 按钮 | 用于在显示面板中进行程序编号选择和速度的上下调节设置 |
| 14 | USB 接口、电池 | 配备了用于与个人计算机连接的 USB 接口机备份电池 |
| 15 | RS-232 接头 | 连接计算机 RS-232 规格的接头 |
| 16 | 电源端子排外壳 | 有连接电源接线的端子排 |
| 17 | 滤波器（吸气口） | 为了内部冷却用的循环空气的吸气口 |

4）机器人示教单元

　　机器人示教单元主要用于手动调整机器人本体位姿，具体示教单元实物图及其操作键功能如图 6-11 所示。

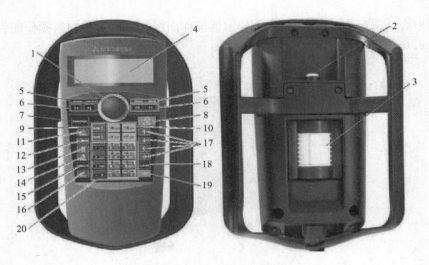

图 6-11　具体示教单元实物图及其操作键功能

1—［EMG. STOP］开关：关闭伺服，机器人直接停止

2—［TBENABLE］开关：切换示教单元键的操作为有效或无效

3—Enable 开关：［有效/无效］开关 2 为有效时，放开本开关或强力押下，伺服 OFF 且动作中的机器人直接停止

4—显示面板：显示机器人的状态及各显示各 MENU

5—状态显示灯：显示示教单元及机器人的状态

6—〈F1〉〈F2〉〈F3〉〈F4〉键：执行显示在面板的功能显示部的功能

7—〈FUNCTION〉键：变更 LCD 上显示的功能

8—〈STOP〉键：中断程序，且机器人减速停止

9—〈OVRD↑〉〈OVRD↓〉键：使机器人的速度 Override 变化。〈OVRD↑〉键按下则 override 上升〈OVRD↓〉键按下则 override 下降

10—〈JOG 操作〉键：以 JOG 模式使机器人动作。当输入数字的值时，进行输入各个数字值

11—〈SERVO〉键：机器人伺服 ON

12—〈MONITOR〉键：按下此键则变成监视模式且显示监视 MENU

13—〈JOG〉键：按下此键则变成 JOG 模式且显示 JOG 画面

14—〈HAND〉键：按下此键则变成抓手操作模式且显示抓手操作画面

15—〈CHARACTER〉键：示教单元在可输入文字或数字时，〈数字/文字〉键可以切换数字输入及文字输入

16—〈RESET〉键：触除机器人异常报警，边押下此键再押下〈EXE〉键，执行程序重置

17—〈↑〉〈↓〉〈←〉〈→〉键：移动光标到各个方向

18—〈CLEAR〉键：在可以数字输入或文字输文时，押下此键的话可以将 1 个文字删除

19—〈EXE〉键：确定输入操作。另外，直接执行时，持续押下此键时，机器人动作

20—〈数字/文字〉键：在可数字输入或文字输入时，押下此键可以显示数字或文字。

　　了解完三菱工业机器人的设备系统组成以及功能后，下面针对利用示教单元操作机器人本体位姿调整、设置坐标点、编辑修改程序和设置原位值等内容具体任务进行讲解。

**1. 使用示教单元调整机器人姿势**

　　1）在机器人控制器上电后使用钥匙将 MODE 开关拨到"MANUAL"位置，如图 6-12a 所示。双手拿起示教单元，先按下示教单元背部的"TB ENABLE"开关，使开关上的黄色指示灯亮，再将"Enable"开关扳向一侧，直到听到一声"卡嗒"为止（**注意：手始终不要放开**），如图 6-12b 所示；然后按下示教单元操作面板上的〈SERVO〉键使机器人伺服电动机开启，此时〈F3〉按键上方对应的 SERVO 状态指示灯点亮。

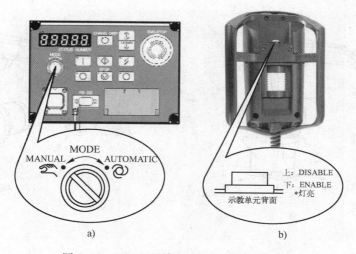

图 6-12 MODE 开关和"TB ENABLE"选择

a) MODE 开关拨到"MANUAL"位置 b) 按下〈TB ENABLE〉键

2) 按下示教单元操作面板上的〈JOG〉键,显示面板显示 JOG 调整界面,如图 6-13 所示。此时按动 J1~J6 轴对应按键(〈+X〉和〈-X〉、〈+Y〉和〈-Y〉、〈+Z〉和〈-Z〉、〈+A〉和〈-A〉、〈+B〉和〈-B〉、〈+C〉和〈-C〉)使机器人以轴正向或负向运行动作,只要调整到所需姿势即可,当其运行超出各轴活动范围时发出持续的"嘀嘀"报警声,只要反向调整运行各轴动作方向即可解除报警。按动〈OVRD↑〉键和〈OVRD↓〉键分别能升高和降低机器人运行速度。通过按〈F1〉、〈F2〉、〈F3〉、〈F4〉键可分别选择"直交""工具""3 轴直交"和"圆桶"等调整模式,其对应机器人活动关系如图 6-14所示。

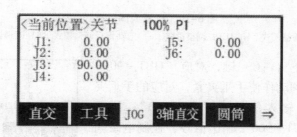

图 6-13 JOG 调整界面

3) 在手动运行模式下按〈HAND〉键进入手爪控制界面,如图 6-15 所示。在机器人本体内部设计有四组双作用电磁阀控制电路,由 8 路输出信号 OUT-900~OUT-907 进行控制,与之相应的还有 8 路输入信号 IN-900~IN-907,以上各 I/O 信号可在程序中进行调用。

按键〈+C〉和〈-C〉对应"OUT-900"和"OUT-901"

按键〈+B〉和〈-B〉对应"OUT-902"和"OUT-903"

按键〈+A〉和〈-A〉对应"OUT-904"和"OUT-905"

按键〈+Z〉和〈-Z〉对应"OUT-906"和"OUT-907"

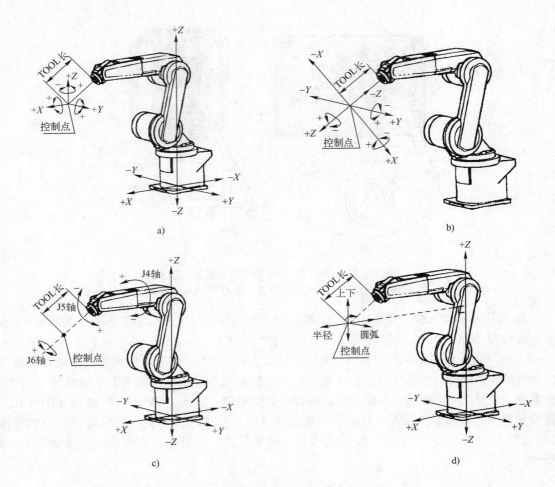

图 6-14　机器人调整模式

a) 直交调整模式　b) TOOL 调整模式　c) 三轴直交调整模式　d) 圆桶调整模式

在气源接通后按下〈-C〉键，对应 "OUT-901" 输出信号，控制电磁阀动作使手爪夹紧，对应的手爪夹紧磁性传感器点亮，输入信号到 "IN-900"；按下〈+C〉键，对应 "OUT-900" 输出信号，控制电磁阀动作使手爪张开，对应的手爪张开磁性传感器点亮，输入信号到 "IN-901"。

图 6-15　手爪控制界面

**2. 使用示教单元设置坐标点**

1）先参照上述 1 使用示教单元中的 1）和 2）步骤内容将机器人以关节调整模式将 P1 位置点各轴调整到如下所列数值。

J1：0.00　　　J2：0.00　　J3：90.00　　　　J4：0.00　　　J5：0.00　　　J6：0.00

完成上述各轴数值调整后，按示教单元操作面板上的〈FUNCTION〉键，再按〈F4〉键退出关节调整界面。

2）按下操作面板上〈F1〉键进入〈菜单〉界面中，此时显示面板显示共有 5 个可选项目类型，可使用操作面板右侧的〈↑〉、〈↓〉、〈←〉和〈→〉等键移动光标到相应的选

300

项，然后按下〈EXE〉键进入选项；或者按操作面板上的数字键直接进入相应的选项中，在此选择〈1. 管理·编辑〉键进入〈管理·编辑〉界面。选择需进行编辑的程序，按下〈F2（位置）〉键选择对应的"位置"选项进入〈位置编辑〉界面，如图 6-16 所示，按〈F3（Prve）〉或〈F4（Next)〉键可向前或向后选择程序中所有的位置点，在此操作时选择 P1 点。通过持续按〈F1（移动)〉键，直至移动到 P1 登入位置后，停止按〈F1〉键，此时显示面板上 P1 点各轴所显示数值就是当前登入位置数值。

另外也可以手动输入位置数值方式来变更各轴坐标值，按〈↓〉、〈→〉键使光标移至要编辑的坐标处，再按〈→〉键将光标移至坐标数据处，变更设置数值，按〈EXE〉键完成设置。

接着按下〈F2（示教)〉键进行示教操作，此时将显示"P1 将被登入当前位置，可以吗?"选项对话框，按〈F1〉键选择"YES"进行保存，当前 P1 点的位置数值被修改，至此程序中对应的 P1 位置点已经确定。按此操作步骤可对程序中其他位置点进行示教保存。

### 3. 使用示教单元修改、编辑程序

以图 6-17 所示程序 T6 样例的第 6 段程序 Dly    0.3 修改为 Dly    1.2、第 5 段程序 Mvs P10 修改为 Mov    P10 进行程序修改、编辑。

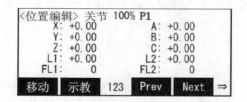

图 6-16    位置编辑界面

图 6-17    程序 T6 样例

1）参照上述 2 使用示教单元中的 2）操作步骤进入〈管理·编辑〉界面；通过按〈↑〉、〈↓〉键移动选择需进行编辑的 T6 程序，再按下〈F1（编辑)〉键进入程序编辑界面，显示面板显示出所选择的程序 T6，再按右侧的〈↑〉、〈↓〉键移动光标选择程序段 6（若程序中有中文注释时会以日文方式显示，对程序执行无影响）；按〈F1〉键进入编辑界面对程序段进行修改，此时光标在"3"字处闪，表示此字符可进行修改；按〈←〉和〈→〉键可移动光标，连续按〈→〉键使光标移动到"0"字后面，再按〈CLEAR〉键可清除光标前面的字符，连续按动将"0.3"清除为止；再分别按下数字键〈1〉、〈.〉、〈2〉，最后按下〈EXE〉键完成此程序段的修改。

2）选择程序段 5 并进入其编辑界面，按〈CHARACTER〉键切换为字母输入方式（显示 ABC 为字母输入方式，显示 123 为数字输入方式），移动光标到"v"处并按〈CLEAR〉键将其清除，再按数字键"6"，按一次输入为"M"，按两次输入为"N"，多次按下可在"O""m""n"    "o"之间切换，在输入"O"后再按〈→〉键，选择字符"s"，按〈CLEAR〉键将其清除，再按三次数字键〈8〉，修改字符为"V"。最后按〈EXE〉键将程序段修改为"5 MOV P10"。

### 4. 使用示教单元设置原点值

当工业机器人本体经过碰撞或者更换过电池后，各伺服电动机绝对编码器的数值会发生改变，与之对应的各轴坐标点会偏移或者出现错误，此时可以通过重新输入编码器坐标数值

进行校正。每台机器人的编码器数值表可以在机器人后盖盖板上找到。

1）在机器人控制器上电后将 MODE 开关拨到"MANUAL"位置；按下示教单元背部的"TB ENABLE"开关；再将"Enable"开关（背面三档开关）扳向一侧，直到听到"卡嗒"声为止（**注意：手始终不要放开**）；然后按下示教单元操作面板上的〈SERVO〉键开启机器人伺服电动机。

2）按下示教单元操作面板上〈F1〉键进入〈菜单〉界面中，按下数字键〈4〉选择"4. 原点·制动"进入其界面；再按数字键〈1〉进入"1. 原点"界面，此时显示面板上有 5 个类型项目可选。

3）再按数字键〈1〉进入"1. 数据"界面，示教单元显示面板显示出各轴编码器的坐标数值，根据机器人编码器数值表中的数据分别重新输入坐标数值，输入时使用〈CHARACTER〉键切换字母与数字模式，在字母模式下连续按动〈1( )〉键，可在符号"'""(""  )""""""^"":"";""￥""?"之间进行切换；连续按动"–@="键，可在符号"@"" = ""+""–""*""/""<"">"之间进行切换；连续按动〈.,%〉键，可在符号","  "%""#""$""!""&""_""."之间进行切换。

4）数据全部输入后按〈EXE〉键进行确认保存，即完成原点值设置。

以上方式恢复为出厂数据，若以其他方式还原，不能保证运行时的各位置点与程序中设置的相同。

## 6.2.2 工业机器人编程软件使用

### 1. 机器人编程软件认识

安装完"RT ToolBox2"后可用鼠标双击桌面图标运行软件；或用鼠标单击"开始"→"所有程序"→"MELSOFT Application"→"RT ToolBox2"软件打开后，主界面如图 6-18 所示。

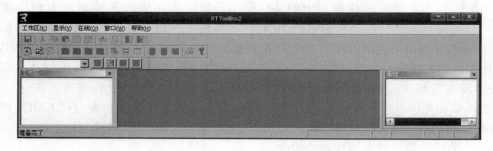

图 6-18 "RT ToolBox2"软件打开后主界面

（1）建立工程

用鼠标单击菜单栏上的"工作区"→"新建"，弹出图 6-19 所示的"工作区的新建"对话框，在"工作区所在处"单击"参照"选择工程存储的路径，在"工作区名"后输入新建工程的名称，最后单击"OK"按钮完成。弹出图 6-20 所示的"工程编辑"对话框。

在"工程编辑"界面中"工程名"后输入自定义的工程名字；在"通信设定"中的"控制器"中选择为"CRnD – 7xx/CR75x – D"；在"通信设定"中选择当前使用"USB"方式，若使用网络连接，请选择为"TCP/IP"并在"详细设定"中填写控制器 IP 地址。在"离线使用机器人设定"中"机种名"中用鼠标单击"选择"按钮,弹出图6-21所示的"机器人模型的选择"对话框,在"机种名"菜单中选择"RV-3SD",最后单击"OK"按钮保存参数;"机器人语言"中选择"MELFA-BASIC V",完成后单击"工程编辑"中的"OK"按钮。然后在"工作区"工程树中的"RC1"→"离线"→"程序"上用鼠标右键单击,在选项菜单中单击"新建"按钮,如图6-22a所示,弹出"新机器人程序"界面,如图6-22b所示,在"机器人程序"后面输入程序名,最后单击"OK"按钮完成新机器人程序建立。最后会显示图6-23所示离线程序工程界面,此界面中包含菜单栏、工具栏、工程树、程序编辑区、位置点编辑区、属性窗口以及运行状态栏等内容。

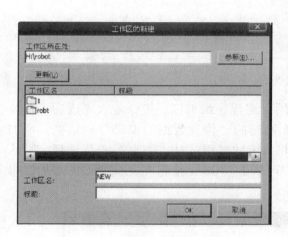

图6-19 "工作区的新建"对话框

图6-20 "工程编辑"对话框

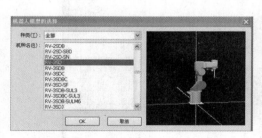

图6-21 "机器人模型的选择"对话框

a)

b)

图6-22 新建"新机器人程序"

完成新机器人程序的建立后,如图6-24所示的程序编辑画面中,上半部分是程序编辑区,下半部分是位置点编辑区。在程序编辑区的光标闪动处可以直接输入程序指令,或在菜单栏"工具"中选择单击"指令模板"选项,弹出图6-25所示的"指令模板"对话框,在"分类"中选择指令类型,然后在"指令"中选择合适的指令,从"模板"中可以看到该指令的使用样例,下方的"说明"栏中有此指令的使用简要说明,选中指令后单击"插

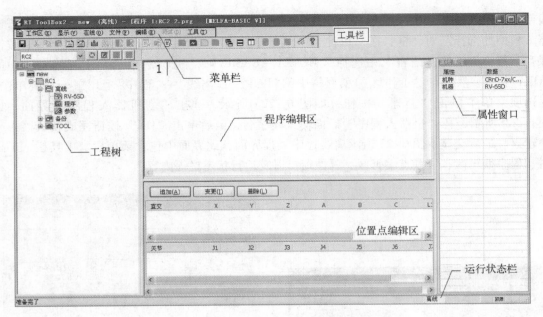

图6-23 离线程序工程界面

入模板"或用鼠标双击指令都能将指令自动输入到程序编辑区。指令输入完成后，在位置点编辑区单击"追加"按钮，弹出图6-26所示的"位置数据的编辑"对话框，增加新位置点，在其"变量名"上输入与程序中相对应的名称；对"类型"进行选择，默认为"直交型"；如编辑时无法确定具体数值，可单击"OK"按钮先完成变量的添加，再用示教的方式进行编辑。

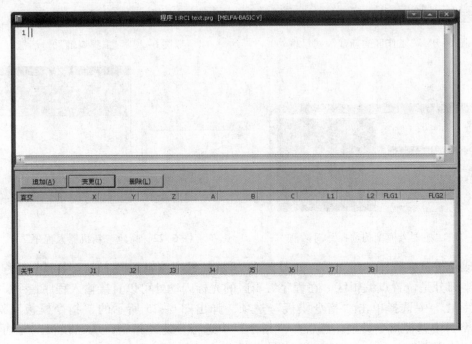

图6-24 程序编辑画面

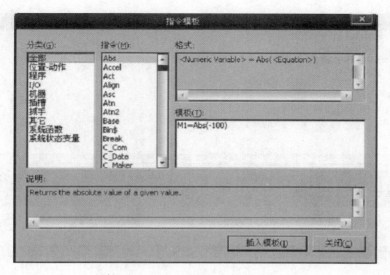

图 6-25 "指令模板"对话框

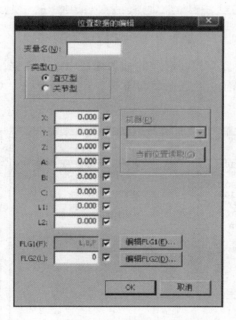

图 6-26 "位置数据的编辑"对话框

完成编辑后的程序如图 6-27 所示,此程序运行后将控制机器人在两个位置点之间循环移动。在各指令后以"'"开始输入的文字为注释,有助于对程序的理解和记忆,符号"'"在半角英文标点输入下才有效,否则程序会报错。

(2)工程的修改

程序修改:用鼠标单击菜单栏上的"工作区"→"打开",选择打开所需要的样例工程,然后在工作区中用鼠标右键单击工程树上的"RC1"→"离线"→"程序",选择所需要的程序打开,如图 6-28a 所示,在程序编辑区中直接修改程序即可。

位置点修改:在位置点编辑区中选中位置点(如 P1),再单击"变更"按钮,在弹出

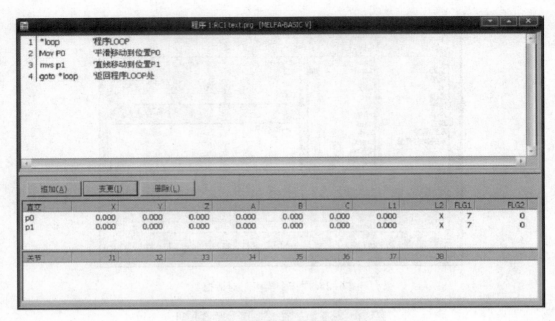

图 6-27 完成编辑后的程序

的图 6-28b 所示的画面中可以直接在对应的轴数据框中输入数据；或者用鼠标单击"当前位置读取"，自动将各轴的当前位置数据填写下来，用鼠标单击"OK"按钮后将位置数据进行保存。

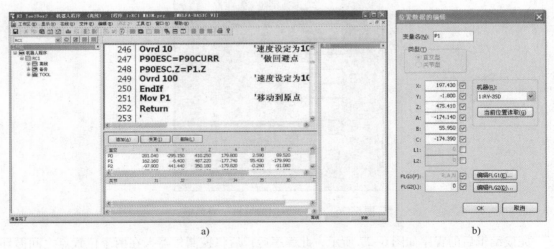

图 6-28 工程程序和位置点修改画面
a) 程序修改　b) 位置点修改

（3）在线操作与模拟运行

在工作区中用鼠标右键单击选择"RC1"→"工程的编辑"，弹出图 6-29a 所示"工程编辑"画面，默认通信设定使用 USB 方式联机；若使用以太网联机时，在"通信设定"中选择"TCP/IP"方式，再单击"详细设定"，弹出图 6-29b 所示的"TCP/IP 通信设定"对话框，在"IP 地址"中输入机器人控制的 IP 地址（控制器的 IP 地址可在机器人控制器上电后按动其面板上〈CHNG DISP〉键，直到显示"NoMessage"时再按〈UP〉键，此时显示出控制器的 IP 地址）；同时设置计算机的 IP 的地址在同一网段内且地址不冲突。

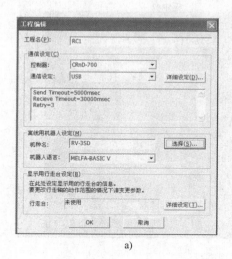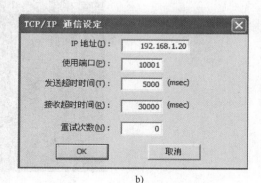

图 6-29　"工程编辑"通信设定

a)"工程编辑"画面（USB 联机）　b)"TCP/IP 通信设定"对话框

在菜单栏选项中单击选择"在线"→"在线"，或者在工具栏单击在线图标 ⚡，弹出图 6-30 所示的"工程的选择"画面，在所列工程选项中选择要在线连接的工程后，单击"OK"按钮进行确定。连接正常后，工具栏及运行状态栏中的图标会改变为在线状态。

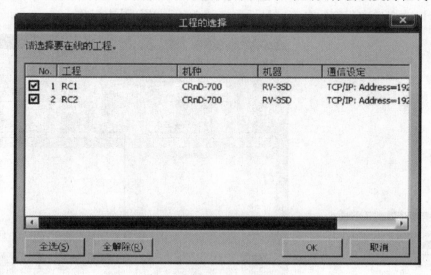

图 6-30　"工程的选择"画面

在工作区中用鼠标双击工程"RC1"→"在线"中的"RV-3SD"选项，出现图 6-31 所示的 3D 监视窗口。在工具栏单击"面板的显示"图标，3D 监视窗口左侧会显示侧边栏；按"ZOOM"边的上升、下降图标可对窗口中的机器人图像进行放大、缩小；按动"X 轴""Y 轴""Z 轴"边上的上升、下降图标可使窗口中的机器人图像沿各轴旋转。

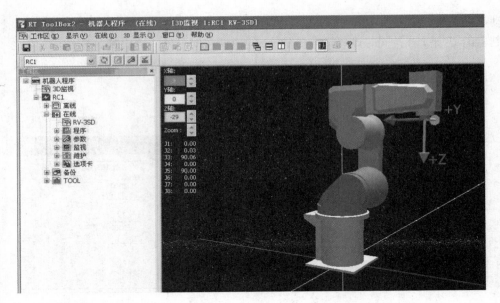

图 6-31　3D 监视窗口

在工作区的工程"RC1"→"在线"→"程序"上用鼠标右键单击选择"程序管理",弹出图 6-32 所示的"程序管理"界面,在"程序管理"界面中的"传送源"中勾选"工程"选项,在"传送目标"中选择勾选"机器人"选项,单击下方的"复制"按钮,将工程内的"text. prg"工程复制到模拟机器人中;单击"移动"按钮,则将传送源中的程序剪切到传送目标中;单击"删除"按钮将传送源或传送目标内选中的程序删除;单击"名字的变更"按钮可以改变选中程序的名字;最后单击"关闭"按钮结束操作。

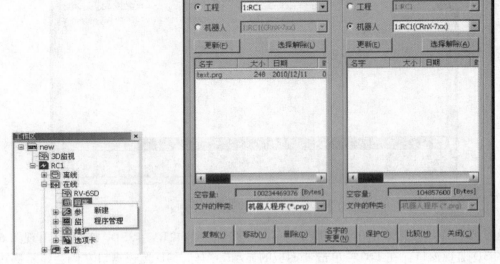

图 6-32　"程序管理"界面

用鼠标双击在工作区的工程"RC1"→"在线"→"程序"下的"TXET",打开程序;用鼠标双击在工作区的工程"RC1"→"在线"下的"RV-3SD",打开仿真机器人监视画面。在菜单栏选项中单击选择"在线"→"模拟",或者在工具栏单击模拟图标,打开模拟操作面板,在模拟操作面板上单击"JOG 操作"按钮,将操作模式选择为"直交"。在位置点编辑区先选中"P0",再单击"变更"按钮,然后在"位置数据的编辑"中单击"当前位置读取"按钮,将此位置定义为 P0 点。单击各轴右侧的"-""+"按钮对位置进行调整,完成后将位置定义为 P1 点,完成后进行保存,具体调整后的画面如图 6-33 所示。

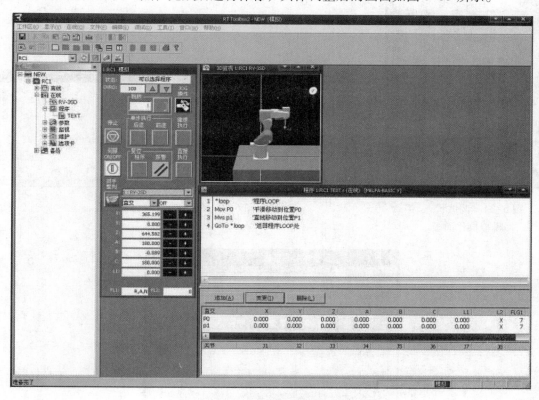

图 6-33 具体调整后的画面

选中在工作区的工程"RC1"→"在线"→"程序"下的"TEXT",用鼠标单击右键,选择"调试状态下的打开",此时调试状态下模拟操作面板如图 6-34 所示,单击其"OVRD"右侧的上、下调整按键调节机器人运行速度,并显示在中间的显示框内;单击"单步执行"内的"前进"按钮,使程序单步执行,单击"继续执行"则程序连续运行,同时程序编辑区中有黄色三角箭头指示当前执行步位置,如图 6-35 所示。

模拟运行中出现错误时,会在模拟操作面板的"状态"右侧显示框内闪现"警告报警号 XXXX",同时机器人伺服关闭;单击"报警确认"弹出报警信号说明,单击"复位"内的"报警"按钮可以清除报警。根据报警信息修改程序相关部分,单击"伺服 ON/OFF"按钮后重新执行程序。

对需要调试的程序段,可以在"跳转"内的文本框中直接输入程序段号并单击图标直接跳转到指定的程序内运行。若调试时要使用非程序内指令段可单击"直接执行"按钮,弹出图6-36所示的"直接执行"对话框，在"指令"中输入新的指令段后单击"执行"按钮。以此程序为例，先输入MOV P0执行，再输入MVS P1执行，观察机器人运行的动作轨迹。为了比较"MOV"和"MVS"指令的区别，重新输入MOV P0执行，再输入MOV P1执行，观察机器人运行的动作轨迹与执行MVS P1指令时的不同之处。在"历史"栏中将保存输入过指令，可直接用鼠标双击其中一条后执行；单击"清除"按钮将清除已记录的历史指令。

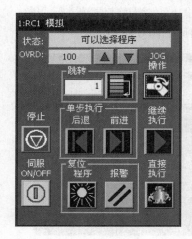

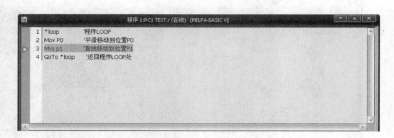

图6-34　调试状态下
　　模拟操作面板

图6-35　指示当前执行步位置

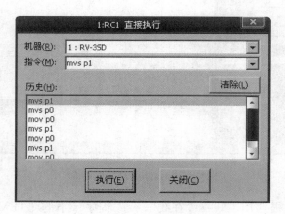

图6-36　"直接执行"对话框

仿真运行完成后单击在线程序界面"关闭"按钮并保存工程。然后将修改过的程序通过"工程管理"复制并覆盖到原工程中。单击工具栏上的"在线"图标，连接到机器人控制器，之后的操作与模拟操作时相同，先将工程文件复制到机器人控制器中，再调试程序。

## 2. 机器人参数设置

（1）机器人序列号设置

1）每一台机器人本体都有一个唯一的序列号，标识在本体J1轴后面（线缆接口座上方）的标签上，如："SERIAL DA106019R"，划线的字符串即为序列号。

2）使用机器人编程软件并联机，在工作区中选择"RC1"→"在线"→"参数"→"参数一览"，用鼠标双击便会弹出图6-37所示的"参数一览表"界面，在"参数名"后的文本框内输入"SERIAL"，单击"读出"按钮，在弹出的"参数的编辑"窗口中将目标机器人的序列号输入到文本框中，单击"写入"按钮，确定写入后重启控制器完成设置。

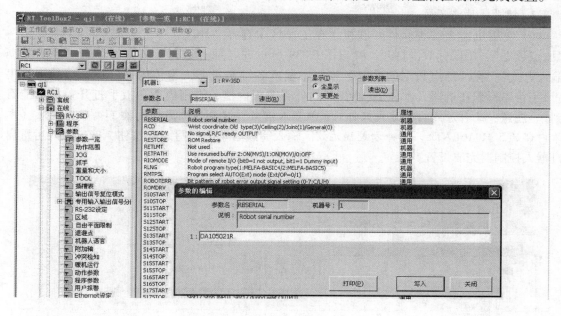

图 6-37 "参数一览表"界面

（2）专用输入、输出信号分配设置

使用机器人编程软件并联机，在工作区中选择"RC1"→"在线"→"参数"→"专用输入输出信号分配"→"通用 1"，用鼠标双击打开并按照图 6-38 内容进行设置；单击"说明画面"按钮，显示出"输入信号"与"输出信号"中各项具体功能，完成后单击"写入"按钮，确定写入后重启机器人控制器完成设置。

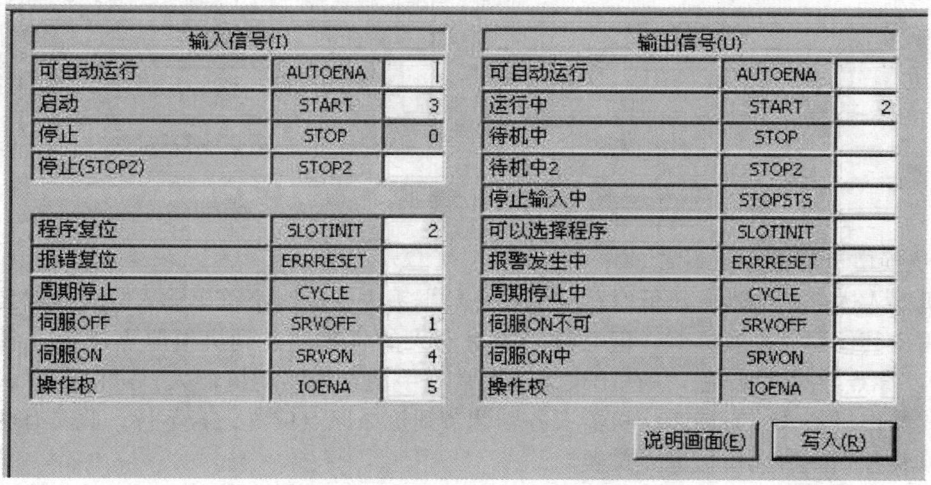

| 输入信号(I) | | | 输出信号(U) | | |
| --- | --- | --- | --- | --- | --- |
| 可自动运行 | AUTOENA | | 可自动运行 | AUTOENA | |
| 启动 | START | 3 | 运行中 | START | 2 |
| 停止 | STOP | 0 | 待机中 | STOP | |
| 停止(STOP2) | STOP2 | | 待机中2 | STOP2 | |
| | | | 停止输入中 | STOPSTS | |
| 程序复位 | SLOTINIT | 2 | 可以选择程序 | SLOTINIT | |
| 报错复位 | ERRRESET | | 报警发生中 | ERRRESET | |
| 周期停止 | CYCLE | | 周期停止中 | CYCLE | |
| 伺服OFF | SRVOFF | 1 | 伺服ON不可 | SRVOFF | |
| 伺服ON | SRVON | 4 | 伺服ON中 | SRVON | |
| 操作权 | IOENA | 5 | 操作权 | IOENA | |

说明画面(E)　写入(R)

图 6-38 专用输入、输出信号分配设置

在机器人编程软件中除了可以设置以上两种机器人参数外，还能进行跟踪许可设置和网络设置（以太网通信设置）。

**3. 机器人原点设置**

1）使用机器人编程软件并联机，在工作区中选择"RC1"→"在线"→"维护"→"原点数据"，用鼠标双击打开，弹出图6-39所示的"原点数据"界面，单击"原点数据输入方式"，在"原点数据的设定"窗口中输入各轴与机器人本体内部标识一致的字符串（该字符串标识在机器人本体J2轴背部的外壳盖板内侧，需用内六角扳手打开盖板才能看到）。**注意：** 此种原点输入方式只针对新机器人有效，只要该机器人更换了编码器电池（本体内部的5只A6BAT），此种方式就无效。输入完成后单击"写入"按钮，确定写入后重启机器人控制器完成设置。

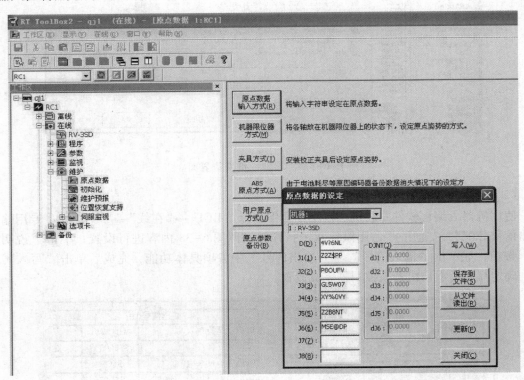

图6-39 "原点数据"界面

2）更换电池后的原点设置。

当机器人内部的电池电压低时，会使原点数据丢失，此时字符串输入方式设置无效，可以尝试用户其他原点设置方式，但必须先将机器人的各轴调节到机械原点位置（各轴的三角对准）。原点数据丢失时，往往出现无法用常规手动方式移动机器人，可以先尝试用常规手动方式操作机器人，看能否将机器人各轴调节到机械原点位置，若不行，此时有两种特殊方式可以将各轴调节到机械原点位置。

方式一：示教单元强制操作。

机器人控制器上电后将MODE开关拨到"MANUAL"位置；按下示教单元背部的"TB ENABLE"开关，再将"Enable"开关（背面三档开关）扳向一侧（**注意：手始终不要放**

开）；按下〈SERVO〉键开启机器人伺服电动机，按〈JOG〉键，再按下〈FUNCTION〉键选择关节模式，同时按住〈CHARACTER〉键，这时选择合适的速度，可以按 J1 到 J6 轴对应的〈 + 〉、〈 - 〉按键控制其运动，完成使各轴的三角对准。

方式二：解除抱闸人工操作。

机器人控制器上电后将 MODE 开关拨到"MANUAL"位置；按下示教单元背部的"TB ENABLE"开关，接着按〈F1〉键进入〈菜单〉界面，选择按数字键〈4〉进入〈原点·抱闸〉界面，再按数字键〈2〉进入〈解除抱闸〉界面，默认 J1 ~ J6 轴的解除抱闸参数都为"0"，通过按方向键选择需要解闸的轴，并将当前轴的参数改为"1"；这时按住示教单元"Enable"开关和 F1 不放，机器人当前轴就解除抱闸，就可以靠人力移动使机器人当前各轴的三角对准。

当机器人的各关节调节到机械原点位置（各轴三角对准）后，先进行"用户原点方式"设置操作。使用机器人编程软件并联机，在工作区中选择"RC1"→"在线"→"维护"→"原点数据"，用鼠标双击打开图 6-40a 所示的"原点设定"（用户原点方式）对话框，在"原点数据"中将 J1（0）、J2（0）、J3（90）、J4（0）、J5（0）和 J6（0）打上勾，单击"原点设定"确定写入，完成写入重启机器人控制器完成设置。接着再进行"ABS 原点方式"设置操作，方式同上，单击"ABS 原点方式"，在"原点数据"中将 J1（0）、J2（ - 90）、J3（170）、J4（0）、J5（4）和 J6（0）打上勾，单击"原点设定"按钮确定写入，如图 6-40b 所示，确定写入后重启控制器完成设置。

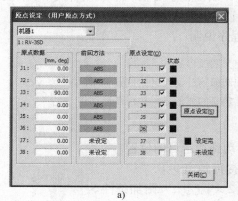 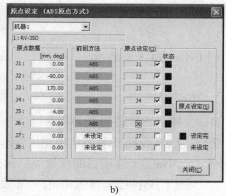

a)　　　　　　　　　　　　　　　　b)

图 6-40　"原点设定"对话框

a）用户原点方式　b）ABS 原点方式

## 6.2.3　工业机器人编程与调试

### 1. 机器人控制指令说明

在利用机器人编程软件进行实际工程编程时，首先需要了解机器人控制指令是如何使用的。下面简要介绍编程中部分常用机器人程序控制指令的有关内容。

（1）Mov（Move）关节插补指令

Mov 功能：从现在位置往移动目的位置执行关节插补移动。

指令格式：Mov□ < 移动目的位置 > [ , < 接近距离 > ]

$[\;\square\;Type\;\square\;<常数1>,<常数2>]\;\square\;[,<附加条件>]$

格式用语说明：

<移动目的位置>：动作的最终位置，以位置型变量和常数或者关节变量记述。

<接近距离>：指定此值的情况下，实际的位移目的位置会往以工具坐标的 Z 轴方向往指定距离的偏离位置动作，以常量或变量指定。

<常数1>：绕道或超快捷方式动作 1 或 0，初始值为 1（绕道），只有常数。

<常数2>：无效（记述 0），只有常量。

<附加条件>：可以使用 Wth、WthIF。

例子：程序 | 程序说明

| 1 | Mov | P1 | '以关节插补动作往 P1 移动 |
| 2 | Mov | P2,-50 | '往从 P2 开始方向后退 50mm 的位置移动 |
| 3 | Mov | P3,100 Type 1,0 Wth M_Out(17) = 1 | '以绕道方式往目的位置 P3 关节插补移动 100 mm,并等待输出信号 17 为 ON |

（2）Mva（Move Arch）圆弧插补指令

Mva 功能：以圆弧插补动作从现在位置移动到指定目的位置。

指令格式：Mva□<移动目的位置>[,<弧形号码>]

格式用语说明：

<移动目的位置>：插补动作的最终位置，以位置型变量和常数或者关节变量记述。

<弧形号码>：Def Arch（1~4）号码，省略时为 1。

例子： 程序 | 程序说明

| 1 | Def Arch 1,5,5,20,20 | '定义圆弧形状 |
| 2 | Mov P0 | '往圆弧插补动作开始位置 P0 移动 |
| 3 | Mva P1,1 | '已定义的弧形号码执行弧形动作 |

（3）Mvs（Move S）直线插补指令

Mvs 功能：以直线插补动作从现在位置移动到指定目的位置。

指令格式：Mvs□<移动目的位置>[,<接近距离>]

$[\;\square\;Type\;\square\;<常数1>,<常数2>]\;\square\;[,<附加条件>]$

格式用语说明：

<移动目的位置>：插补动作的最终位置，以位置型变量和常数或者关节变量记述。

<接近距离>：指定此值的情况下，实际的位移目的位置会往以工具坐标的 Z 轴方向往指定距离的偏离位置动作。以常量或变量指定。

<常数1>：走近路/绕道动作 = 1/0，初始值为 0（走近路）。

<常数2>：等量回转/三轴直交/特异点通过 = 0/1/2，初始值为 0。

<附加条件>：可以使用 Wth、WthIF。

例子：程序 | 程序说明

| 1 | Mvs P1 | '往目的位置 P1 直线插补移动 |
| 2 | Mvs P3,100 Type 1,0 Wth M_Out(17) = 1 | '以绕道方式往谜底位置 P3 直线插补移动 100mm,并将输出信号 17 为开启 |

（4）Accel 指令

Accel 功能：指定机器人动作时加速度及减速度的比例（%）。

指令格式：Accel□［＜加速度比例（%）＞］,［＜减速度比例（%）＞］
,［,＜Mva 指令上升时加速度比例（%）＞］［,＜Mva 指令上升时减速度比例（%）＞］
,［,＜Mva 指令下降时加速度比例（%）＞］［,＜Mva 指令下降时减速度比例（%）＞］

格式用语说明：

＜加、减速度比例＞：速度从 0 到最高速度为止加减速度以比例指定。可用常数或变量记述，省略时以 100，100 变成最高加减速度。

＜上升时加减速度比例＞：指定 Mva 指令的圆弧上升时的加减速度比例。省略时为 100. 可用常数或变量记述。

＜下降时加减速度比例＞：指定 Mva 指令的圆弧上下降时的加减速度比例。省略时为 100. 可用常数或变量记述。

| 例子： | 程序 | 程序说明 |
|---|---|---|
| 1 | Accel | '加减速度均以 100% 设定 |
| 2 | Mov P1 | '移动到 P1 位置 |
| 3 | Accel 60,80 | '加速度以 60%,减速度以 80% 设定 |
| 4 | Mov P1 | '移动到 P2 位置 |
| 5 | Accel 100,100,20,20,20,20 | 'Mva 指令动作上升、下降时加速度比例设为 20% |

（5）Ovdr 速度控制指令

Ovdr 功能：机器人全部程序的动作速度比例，以 1% ~ 100% 比例指定。

指令格式：Ovdr□＜速度比例＞［,＜上升时速度比例＞［,＜下降时速度比例＞］］

格式用语说明：

＜速度比例＞：速度比例以实数指定，初始值为 100。

＜上升/下降时速度比例＞：指定在 Mva 指令的上升、下降的速度比例值。

| 例子： | 程序 | 程序说明 |
|---|---|---|
| 1 | Ovdr 50 | '关节插补、直线插补、圆弧插补动作都以最高速度的 50% 设定 |
| 2 | Mov P1 | '移动到 P1 位置 |
| 3 | Ovdr 30,10,10 | 'Mva 指令动作上升、下降时速度比例设为 10% |

（6）Dly（Delay）定时器指令

Dly 功能：

① 单独指令的情况：指定的时间进行时间等待。在确认机器人位置决定时或取得输入、输出信号的时序时使用。

② 作为信号输出的脉冲输出附随使用的情况下，会显示脉冲输出的输出时间。

指令格式：

① 单独指令的情况：Dly □＜时间＞。

② 作为信号输出的脉冲输出附随使用的情况：M_Out（1）=1 Dly □＜时间＞。

格式用语说明：

<时间>：等待时间或脉冲输出时间，可用常数或变量来记述，以 s 为单位。

例子：　　　程序　　　　　　　　　　　　　　程序说明

| | | |
|---|---|---|
| 1 | Dly　30 | '执行 30 s 等待时间 |
| 2 | Mov　P1 | '以直线插补往目的位置 P1 移动 |
| 3 | Dly　0.1 | '等待往 P1 位置决定时间 |
| 4 | M_Out(17) = 1 Dly 0.5 | '0.5 s,输出信号 17 执行脉冲输出 |

(7) Hopen /Hclose（抓手 Open /Close）控制指令

Hopen/Hclose 功能：指示抓手打开、关闭，Hopen 打开抓手、Hclose 关闭抓手。

指令格式：Hopen □ <抓手号码>[ , <起动把持力>, <保持把持力>, <起动把持力持续时间>]

　　　　　Hclose □ <抓手号码>

格式用语说明：

<抓手号码>：选择 1 ~ 8 数值之一，以常数或变量指定。

<起动把持力>：在电动抓手的情况下为有效参数，以 0 ~ 63（63 = 3.5kg）设定把持力，初始值为 63，省略时，以上一次的设定值为有效；为了抓手开闭，将必要的把持力以常数或变量指定。

<保持把持力>：在电动抓手的情况下为有效参数，以 0 ~ 63（63 = 3.5kg）设定把持力，初始值为 63，省略时，以上一次设定值为有效；为了抓手开闭，将必要的把持力以常数或变量指定。

<起动把持力持续时间>：在电动抓手的情况下为有效参数，将起动把持力持续的时间以常数或变量设定，可设定 0.00 s 到精度实数最大值位置，初始值为 0.03 s。

例子：

程序　　　　　　　　　　　　　　程序说明

| | | |
|---|---|---|
| 1 | Hopen 1 | '打开 1 号抓手 |
| 2 | Dly 0.2 | '定时 0.2 s(打开抓手后等待) |
| 3 | Hclose 1 | '关闭 1 号抓手 |
| 4 | Dly 0.2 | '定时 0.2 s(关闭抓手后等待) |

(8) Def Plt（Define Pallet）指令

Def Plt 功能：定义 Pallet 上的指定位置（3 点 Pallet / 4 点 Pallet / 圆弧 Pallet）。

指令格式：Def□Plt□ <Pallet 号码>, <起点>, <终点 A>, <终点 B>,

　　　　　[ <对角点>], <个数 A>, <个数 B>, <Pallet 模板>

格式用语说明：

<Pallet 号码>：选择已设定的 Pallet 号码（只有 1 ~ 8 的常数）。

<起点>：Pallet 的起点，只有位置常数或位置变量。

<终点 A>：Pallet 一边的起点，圆弧 Pallet 时为圆弧的通过点，只有位置常数或位置变量。

<终点 B >：Pallet 另一边的终点，圆弧 Pallet 时为圆弧的终点，只有位置常数或位置变量。

<对角点 >：Pallet 起点对角点，圆弧 Pallet 时无意义。

<个数 A >：Pallet 的起点和终点 A 间的工作个数，可以是变量。

<个数 B >：Pallet 的起点和终点 B 间的工作个数，可以是变量。

<Pallet 模板 >：记述在被分配格子点，加上号码的 Pallet 模板及姿势的固定等分配，可以是变量。其中：

1：Z 字型（姿势等分割）；2：同一方向（姿势等分割）；3：圆弧 Pallet（姿势等分割）；

11：Z 字型（姿势固定）；12：同一方向（姿势固定）；13：圆弧 Pallet（姿势固定）。

例子：

程序　　　　　　　　　　　　程序说明

1　Def plt 1，P1，P2，P3，P4，4，3，1　'定义在指定 Pallet 号码 1，有起点 = P1、终点 A = P2、终点 B = P3、对角点 = P4 的 4 点地方，个数 A = 4 层、个数 B = 3 列的合计 12 个（4 * 3）的作业位置，用 Pallet 模型 = 1（Z 字型）进行运算（2 = 同方向），图 6-41 所示为 4 × 3 作业位置图。

2　Def plt 1，P1，P2，P3，，3，4，1　'3 点 Pallet 的定义

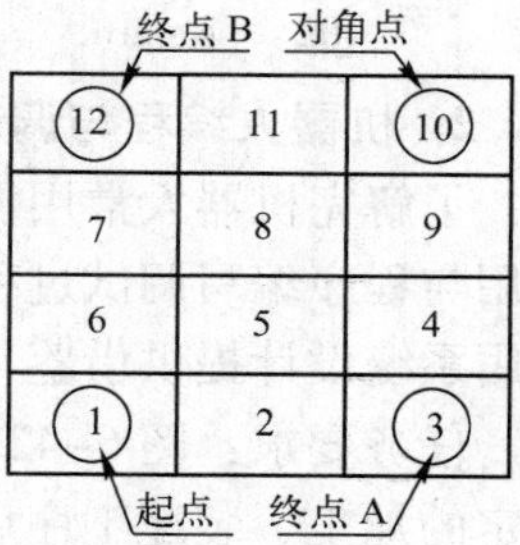

| 终点 B | | 对角点 |
|---|---|---|
| ⑫ | 11 | ⑩ |
| 7 | 8 | 9 |
| 6 | 5 | 4 |
| ① | 2 | ③ |
| 起点 | | 终点 A |

图 6-41　4 × 3 作业位置图

（9）GO TO 指令

Go To 功能：无条件分歧到程序指定的标签名。

指令格式：Go To □ <标签名 >

格式用语说明：

<标签名 >：子程序标签名称。

例子：　程序　　　　　　　　　　　　程序说明

10　　　　GoTo ＊LOOP　　　　　'分歧到程序标签名 ＊LOOP 位置

：

70　　　　＊LOOP　　　　　　　'程序标签名

71　　　　Mvs P1　　　　　　　'以直线插补形式往 P1 移动

72　　　　END　　　　　　　　'程序结束

（10）Wait 指令

Wait 功能：等待指定变量成为指定的值为止。

指令格式：Wait□ <数值变量 > = <数值常数 >

格式用语说明：<数值变量 >：指定变量，经常使用输入输出信号变量（M_In、M_Out 等）。

<数值常数 >：指常数值常数。

例子：　程序　　　　　　　　　　　　程序说明

1　　　　Mov P0　　　　　　　'以直线插补往目的位置 P1 移动

2　　　　Mvs P1　　　　　　　'以直线插补往目的位置 P1 移动

3　　　　Wait M_In(12) = 1　　'直到输入量 12 变成 1 为止

|   |   |   |
|---|---|---|
| 4 | Go To ∗LOOP | |

（11）Go Sub（Go Subroutine）指令

Go Sub 功能：执行指定标签的子程序；从子程序务必以 Return 指令返回。

指令格式：Go Sub □ <标签名 >

<标签名 >：子程序标签名称。

例子：

| 程序 | | 程序说明 |
|---|---|---|
| 10 | Go Sub ∗LBL | '执行 ∗LBL 子程序 |
| 11 | End | '程序结束 |
| : | | |
| 100 | ∗LBL | '进入 ∗LBL 子程序 |
| 101 | Mov P1 | '以关节插补形式往 P1 移动 |
| 102 | Return | '返回主程序 |

**2. 机器人编程与调试**

　　了解完机器人常用控制指令的使用后，下面通过一个简单任务具体说明机器人编程软件使用与程序编写调试过程，以便读者更好地掌握机器人软件使用与系统设计，为机器人其他应用系统设计提供借鉴与参考。

　　任务要求：图 6-42 所示为某厂产品搬运作业示意图，在某厂生产线上将产品原料按照一定的加工、装配工序后形成合格产品，所有合格产品均通过环形传送带运送到立体仓库中储存，在环形传送带与立体仓库之间通过一台工业机器人完成搬运作业。当传感器检测到环形传送带的合格产品到达时，工业机器人就动作将合格工件搬运到立体仓库堆垛机上，待堆垛机上的传感器检测到合格产品放置到位，工业机器人返回执行下一次搬运，堆垛机将合格产品运送到立体仓库指定的位置进行存储。

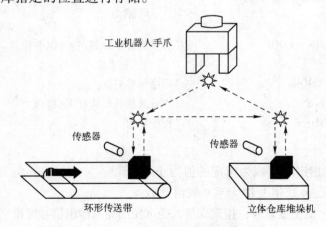

图 6-42　某厂产品搬运作业示意图

根据该任务要求，下面针对这一任务要求具体讲解机器人编程设计与调试过程。

（1）建立工程

用鼠标双击桌面图标 运行软件或用鼠标单击"开始"→"所有程序"→"MELSOFT Application"→"RT ToolBox2"软件打开界面，用鼠标单击菜单栏上的"工作区"→"新建",弹出"工作区的新建"对话框,如图 6-43 所示,在"工作区所在处"单击"参照"按钮选择工程存储的路径,在"工作区名"中输入新建工程名称"机器人应用设计",最后单击"OK"按钮,弹出图 6-44 所示的"工程编辑"对话框。

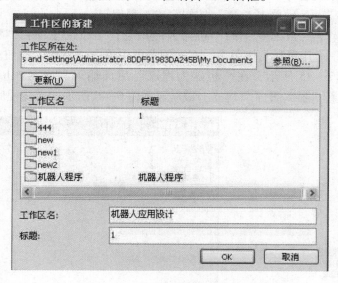

图 6-43 "工作区的新建"对话框

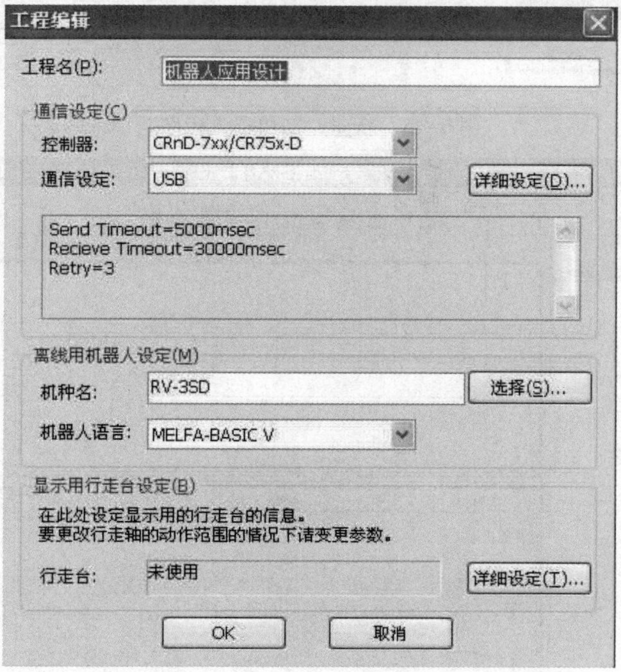

图 6-44 "工程编辑"对话框

在"工程编辑"对话框中"工程名"中输入工程名"机器人应用设计";在"通信设定"中的"控制器"中选择为"CRnD-7xx/CR75x-D";在"通信设定"中默认选择使用"USB"方式,若改为使用网络连接,则选择为"TCP/IP"并在"详细设定"中填写该工业机器人控制器的 IP 地址。单击在"离线使用机器人设定"的"机种名"后的"选择"按钮，在弹出"机器人模型的选择"对话框内"机种名"下拉菜单中选择"RV – 3SD"（**注意**：与机器人本体系列型号一致），单击"OK"按钮保存参数；在"机器人语言"中选择"MELFA – BASIC V"，最后单击"OK"按钮完成工程编辑。

接着将在"工作区"工程树中的"机器人应用设计"下的子项目"机器人应用设计"→"离线"→"程序"上用鼠标右键单击，在选项菜单中单击"新建"按钮，弹出"新机器人程序"界面，如图 6–45 所示，在"机器人程序"后面输入程序名"banyunsheji"，单击"OK"按钮完成"新机器人程序"建立。最后显示图 6–46 所示的离线程序工程界面。

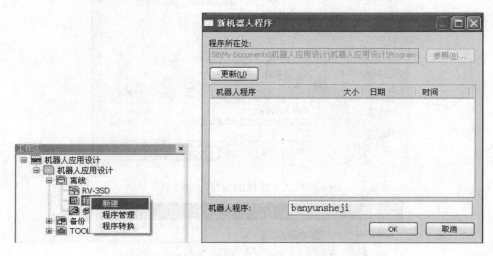

图 6-45　新建"新机器人程序"

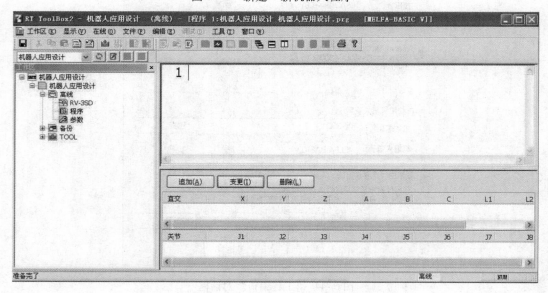

图 6-46　离线程序工程界面

（2）程序与位置点编辑

完成新机器人程序的建立后，接着在图 6–47 所示的空白程序编辑画面中，在其上半部分程序编辑区的光标闪动处直接输入有关上述任务机器人控制程序指令。或在菜单栏"工具"中选择单击"指令模板"选项，弹出图6-48所示"指令模板"对话框，在"分类"中选择指令类型，在"指令"中选择需要的指令，从"模板"中可以看到该指令的使用样例，"说明"栏中显示出该指令的使用说明。选中指令后单击"插入模板"或用鼠标双击指令将指令自动输入到程序编辑区中，指令输入完成后，并在各指令后以"'"开始输入文字为注释，有助于对程序的理解和记忆。符号"'"在半角英文标点输入下才有效，否则程序会报错，用鼠标单击菜单栏中的"工具"按钮，选择"语法检查"来确定程序编写是否有错误。

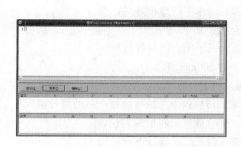

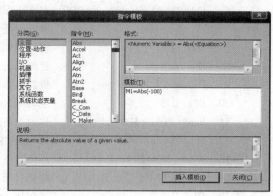

图6-47　空白的程序编辑画面　　　　　　　图6-48　"指令模板"对话框

　　待所有程序无误后，在程序编辑区下半部分的位置点编辑区单击"追加"按钮，增加新位置点，弹出图6-49所示的"位置数据的编辑"对话框，在其"变量名"输入与程序中相对应的名称（如P1）；"类型"默认选择为"直交型"，直接在对应的轴数据框中输入位置数据，若编辑时无法确定具体位置数据，可单击"OK"按钮先完成变量的添加，再用示教方式进行编辑；或者在联机情况下单击"当前位置读取"，自动将各轴的当前位置数据填写下来，单击"OK"按钮将位置数据进行保存，本任务中其他位置点增加方式也一样。

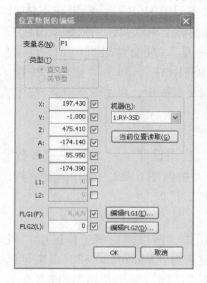

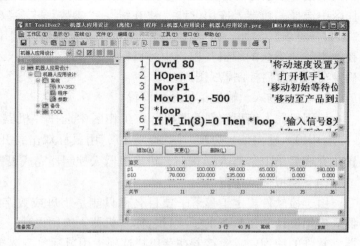

图6-49　"位置数据的　　　　　　　　图6-50　完成编辑后的程序
　　　　编辑"对话框

完成编辑后的程序如图 6-50 所示。具体的参考程序及说明如下：

| 程序 | | 程序说明 |
|---|---|---|
| 1 | Ovrd 80 | '将动作速度设置为 80% |
| 2 | HOpen 1 | '打开机器人抓手 |
| 3 | Mov P1 | '抓手移动到初始等待位置 |
| 4 | Mov P10,-500 | '移动到环形传送带上合格产品所在位置的上方 500mm 处 |
| 5 | *LOOP | '分支 LOOP |
| 6 | If M_In(8)=0 then *LOOP | '判断环形传送带上传感器输入信号为 OFF 时,进入分支 LOOP 继续等待;输入信号为 ON 时,执行进入下一步 |
| 7 | Mvs P10 | '移动到环形传送带上合格产品所在位置 |
| 8 | Dly 0.3 | '定时 0.3 s(对机器人动作进行静止等待) |
| 9 | HClose 1 | '机器人抓手抓取合格产品 |
| 10 | Dly 0.5 | '定时 0.5 s(对机器人抓手闭合进行等待) |
| 11 | Mvs P10,-500 | '移动当前位置的上方 500mm 处 |
| 12 | Mov P12,-500 | '移动到立体仓库堆垛机上合格产品放置位置的上方 500mm 处 |
| 13 | Wait M_In(9)=1 | '等待立体仓库堆垛机传感器上无放置合格产品的信号输入 |
| 14 | Mvs P12 | '移动合格产品到立体仓库堆垛机的放置位置 |
| 15 | Dly 0.5 | '定时 0.5 s(对机器人抓手打开进行等待) |
| 16 | HOpen 1 | '打开机器人抓手放置合格产品 |
| 17 | Mvs P12,-50 | '移动到立体仓库堆垛机上合格产品当前放置位置的上方 50mm 处 |
| 18 | Mov P1 | '抓手返回移动到初始等待位置 |
| 19 | Hlt | '停止 |
| 20 | End | '结束程序 |

（3）设置机器人参数

1）机器人序列号设置。

每台工业机器人本体都有唯一的序列号（如"SERIAL DA107046R"）。标识在本体 J1 轴线缆接口座上方的标签上,将机器人编程软件与机器人控制器上电联机,用鼠标双击在工作区中选择"机器人应用设计"→"在线"→"参数"→"参数一览",便会弹出图 6-51 所示的"参数一览表"界面,在"参数名"后的文本框内输入"RBSERIAL",单击"读出"按钮,在弹出的"参数的编辑"窗口中将目标机器人序列号输入到文本框中,单击"写入"按钮,确定写入后重启控制器完成设置。

2）专用输入、输出信号分配设置。

使用机器人编程软件并联机,在工作区中选择"机器人应用设计"→"在线"→"参数"→"专用输入输出信号分配"→"通用 1",用鼠标双击打开并按照图 6-52 中的内容进行设置,完成后单击"写入"按钮,重启机器人控制器完成设置。

（4）模拟调试运行

由于该软件规定工程下子项目名称只能是字母或数字组成,所以需先将工作区中"机器人应用设计"工程下的子项目名称"机器人应用设计"更名为"banyunzuoye",以满足机器人软件的使用要求;接着在菜单栏选项中用鼠标单击选择"在线"→"模拟",或者在工具栏用鼠标单击模拟图标 ,运行状态栏显示为模拟状态,同时打开模拟操作面板和 3D 监

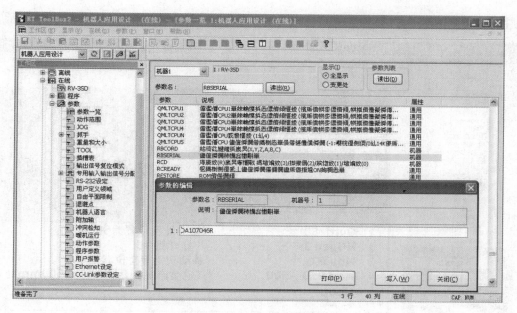

图 6-51 "参数一览表"界面

| 输入信号(I) | | | 输出信号(U) | | |
|---|---|---|---|---|---|
| 可自动运行 | AUTOENA | 1 | 可自动运行 | AUTOENA | |
| 启动 | START | 3 | 运行中 | START | 2 |
| 停止 | STOP | 0 | 待机中 | STOP | |
| 停止(STOP2) | STOP2 | | 待机中2 | STOP2 | |
| | | | 停止输入中 | STOPSTS | |
| 程序复位 | SLOTINIT | 2 | 可以选择程序 | SLOTINIT | |
| 报错复位 | ERRRESET | | 报警发生中 | ERRRESET | |
| 周期停止 | CYCLE | | 周期停止中 | CYCLE | |
| 伺服OFF | SRVOFF | 1 | 伺服ON不可 | SRVOFF | |
| 伺服ON | SRVON | 4 | 伺服ON中 | SRVON | |
| 操作权 | IOENA | 5 | 操作权 | IOENA | |

说明画面(E)　写入(R)

图 6-52 设置专用输入、输出信号分配

视窗口。在工作区的"机器人应用设计"→"banyunzuoye"→"离线"→"程序"→"banyunsheji. prg",用鼠标右键单击选择"全写入",完成后在工作区"机器人应用设计"→"在线"→"程序"下看到导入模拟控制器的程序"BANYUNSHEJI",并用鼠标双击打开。打开在模拟操作面板上单击"JOG 操作"按钮,将操作模式选择为"直交",单击各轴右侧的"-""+"按钮对位置进行调整,在位置点编辑区先选中位置点"P1",再单击"变更"按钮,然后在"位置数据的编辑"中单击"当前位置读取"按钮,完成 P1 点位置定义并保存。本程序中其他位置点位置定义也是如此。

用鼠标单击工具栏上"面板的显示"图标,3D 监视窗口左侧会显示侧边栏;按"ZOOM"边的上升、下降图标可对窗口中的机器人图像进行放大、缩小;按动"X 轴""Y 轴""Z 轴"边上的上升、下降图标可对窗口中的机器人图像沿各轴旋转，具体调整后的画面如图6-53所示。

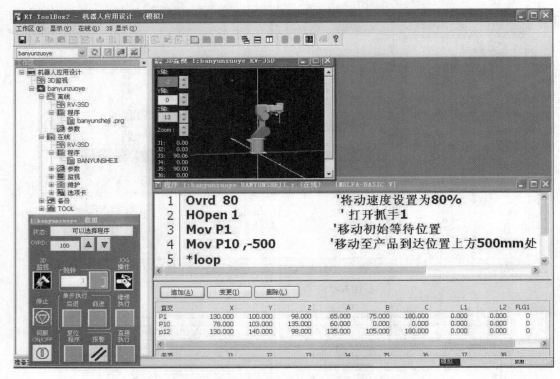

图6-53  具体调整后的画面

接着，选中在工作区的工程"机器人应用设计"→"在线"→"程序"下的"BANYUN-SHEJI"用鼠标右键单击选择"调试状态下的打开"，此时显示调试状态下模拟操作面板如图6-54所示。用鼠标单击其"OVRD"按钮右侧的上、下调整按键调节机器人运行速度，并显示在中间的显示框内；单击"单步执行"内的"前进"按钮，程序单步执行，单击"继续执行"则程序连续运行，同时程序编辑区中有黄色三角箭头指示当前执行步位置，如图6-55所示。

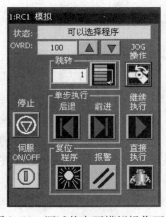

图6-54  调试状态下模拟操作面板

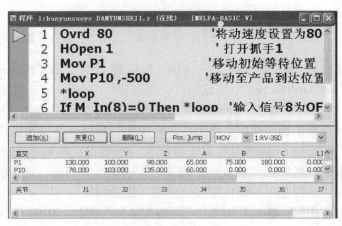

图6-55  当前执行步位置指示

当需要调试的某指定程序段，可以在"跳转"内的文本框中直接输入程序段号并单击图标直接跳转到指定程序内运行。若调试时要使用非程序内指令段可单击"直接执行"按钮，在弹出图6-56所示的"直接执行"对话框，在"指令"中输入新的指令段后单击"执行"按钮即可。

当模拟运行中出现程序错误时，会在模拟操作面板的"状态"右侧显示框内闪现"警告报警号XXXX"，同时机器人伺服关闭；单击"报警确认"弹出报警信号说明，根据报警说明来更改相

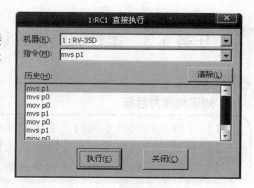

图6-56 "直接执行"对话框

关错误程序段；单击"复位"内的"报警"按钮清除报警，修改完程序段后单击"伺服ON/OFF"按钮后重新执行程序。

最后模拟运行完成后单击，关闭在线程序界面并保存工程，然后将修改过的程序通过"工程管理"复制并覆盖到原工程中即可。

（5）在线下载运行

用鼠标单击选择在菜单栏选项中"在线"→"在线"，或者在工具栏单击在线图标 ，连接到机器人控制器，连接正常后，工具栏及运行状态栏中上的图标会改变为在线状态。接着在工作区的"机器人应用设计"→"在线"→"程序"上，用鼠标右键单击选择"程序管理"，弹出图6-57所示的"程序管理"界面，在"程序管理"界面中的"传送源"中勾选"工程"选项，在"传送目标"中选择勾选"机器人"选项，单击下方的"复制"按钮，将工程内的"BANYUNSHEJI. prg"工程文件复制到机器人控制器中，单击"关闭"按钮结束操作，之后的程序调试操作与模拟运行相同。

图6-57 "程序管理"界面

325

# 任务6.3　柔性制造系统认知及应用

## 知识与能力目标

1) 了解柔性制造系统的产生背景及作用。
2) 熟悉柔性制造系统的分类形式及特点。
3) 了解柔性制造系统在工程中的应用。

### 6.3.1　柔性制造系统的认知

随着科学技术的发展，社会对产品功能与质量的要求越来越高，产品更新换代的周期越来越短，产品的复杂程度也随之增高，传统的大批量生产受到挑战。

传统的生产工艺只有在品种单一、批量大、设备专用、工艺稳定及效率高时，才能构成规模经济效益；反之，多品种、小批量生产，设备的专用性低，在加工形式相似的情况下，频繁的调整工具夹使工艺稳定难度增大，生产效率势必受到影响。为了同时提高制造工业的柔性和生产效率，使之在保证产品质量的前提下，缩短产品生产周期，降低产品成本，最终使中小批量生产能与大批量生产抗衡，柔性自动化系统便应运而生。

柔性制造系统（Flexible Manufacture System，FMS）是一个由计算机集成管理和控制、高效率地制造某一类中小批量、多品种零部件的自动化制造系统。它是由数字控制加工设备、物料储运系统和信息控制系统等3个子系统组成的。能根据制造任务或生产环境的变化迅速调整，以适宜多品种、中小批量生产；能适应加工对象变换，在加工自动化的基础上实现物料流和信息流的自动化。

在了解柔性制造系统概念的基础上，就机械制造业的柔性制造系统而言，其基本构成部分及作用表如表6-4所示。

表6-4　柔性制造系统基本构成部分及作用表

| 构　成 | 作　用 |
|---|---|
| 自动加工系统 | 指以成熟技术为基础，把外形尺寸（形状不必完全一致），重量大致相似，材料相同，工艺相似零件集中在1台或数台数控机床或专用机床等设备上加工的系统 |
| 物流系统 | 指由多种运输装置构成，如传送带、机械手等，完成工件、刀具等的供给与传送的系统，它是柔性制造系统主要的组成部分 |
| 信息系统 | 指对加工和运输过程中所需各种信息收集、处理、反馈，并通过电子计算机或其他控制装置（液压、气压装置等），对机床或运输设备实行分级控制的系统 |
| 软件系统 | 指保证柔性制造系统用电子计算机进行有效管理的必不可少的组成部分。它包括设计、规划、生产控制和系统监督等软件 |

柔性制造系统功能结构组成主要包括计划调度、加工设备、物流系统、CAD/CAM（计算机辅助设计/计算机辅助制造）一体化、网络通信和检测监控等6部分，其功能结构图如图6-58所示。

随着微电子技术、计算机技术、通信技术和机械与控制设备的发展，促使柔性制造技术日臻成熟。如今，FMS已成为各工业化国家机械制造自动化的研制发展重点，按规模大小划分，柔性制造系统有柔性制造单元（FMC）、柔性制造系统（FMS）、柔性自动生产线（FML）及柔性制造工厂（FMF）4种形式，分别如图6-59~图6-62所示。

柔性制造系统的分类如表6-5所示。

图6-58　柔性制造系统的功能结构图

表6-5　柔性制造系统的分类

| 形　　式 | 构　　成 |
| --- | --- |
| 柔性制造单元（FMC） | FMC由1~2台数控机床或加工中心构成的加工单元，并具有不同形式的刀具交换和工件的装卸、输送及储存功能。除了机床的数控装置外，通过一个单元计算机进行程序管理和外围设备的管理。FMC适合加工形状复杂、工序简单、工时较少和批量小的零件。它有较大的设备柔性，但人员和加工柔性低。FMC形式如图6-59所示 |
| 柔性制造系统（FMS） | FMS以两台以上数控机床或加工中心为基础，配以物料传送装置、检测设备等，具有较为完善的刀具和工件的输送和储存系统。FMS适合加工形状复杂，加工工序多，批量大的零件，加工和物料传送柔性大，但人员柔性仍然较低。可实现在不停机的情况下，满足实现多品种和中小批量的加工管理。FMS除了调度管理计算机外，还配备有过程控制计算机和分布式数控终端，形成多级控制系统组成的局部网络。FMS是使用柔性制造技术最具代表性的制造自动化系统。FMS形式如图6-60所示 |
| 柔性自动生产线（FML） | FML是把多台可以调整的机床（多为专用机床）联结起来，配以自动运送装置组成的生产线。其加工设备可以是通用的加工中心、CNC机床，也可采用专用机床或NC专用机床，可以加工批量较大的不同规格零件，对物料搬运系统柔性要求低于FMS，但生产率更高。对于柔性程度低的柔性自动生产线，在性能上接近大批量生产用的自动生产线；柔性程度高的柔性自动生产线，则接近于小批量，多品种生产用的柔性制造系统。FML是以离散型生产中的柔性制造系统和连续生产过程中的分散型控制系统（DCS）为代表，其特点是实现生产线柔性化及自动化，技术已日臻成熟，迄今已进入实用化阶段。FML形式如图6-61所示 |
| 柔性制造工厂（FMF） | FMF是由计算机系统和网络通过制造执行系统MES，将设计、工艺、生产管理及制造过程的所有柔性单元FMC、柔性线FMS连接起来，配以自动化立体仓库，实现从订货、设计、加工、装配、检验、运送至发货的完整的数字化制造过程。它将制造、产品开发及经营管理的自动化连成一个整体，是以信息流控制物质流的智能制造系统（IMS）为代表，其特点是实现整个工厂的柔性化及自动化。它是自动化生产的最高水平，反映出世界上最先进的自动化应用技术。FMF形式如图6-62所示 |

图 6-59　FMC 形式

图 6-60　FMS 形式

图 6-61　FML 形式

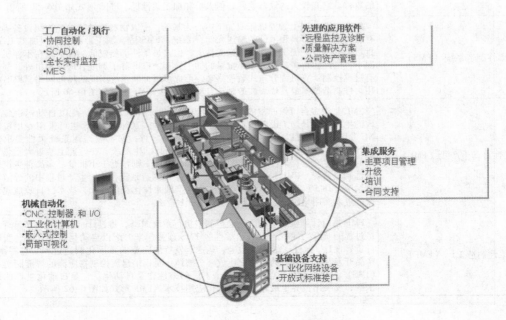

**工厂自动化／执行**
·协同控制
·SCADA
·全长实时监控
·MES

**先进的应用软件**
·远程监控及诊断
·质量解决方案
·公司资产管理

**集成服务**
·主要项目管理
·升级
·培训
·合同支持

**机械自动化**
·CNC,控制器,和 I/O
·工业化计算机
·嵌入式控制
·局部可视化

**基础设备支持**
·工业化网络设备
·开放式标准接口

图 6-62　FMF 形式

柔性制造系统是一种技术复杂、高度自动化的系统，它将微电子学、计算机和系统工程等技术有机地结合起来，圆满地解决了机械制造高自动化与高柔性化之间的矛盾。其优点具体如表6-6所示。

**表6-6　柔性制造系统的优点**

| 优　点 | 优点说明 |
| --- | --- |
| 设备利用率高 | 一组机床编入柔性制造系统后，产量比这组机床在分散单机作业时的产量提高数倍 |
| 生产能力相对稳定 | 自动加工系统由一台或多台机床组成，发生故障时，有降级运转的能力，物料传送系统也有自行绕过故障机床的能力 |
| 产品质量高 | 零件在加工过程中，装卸一次完成，加工精度高，加工形式稳定 |
| 运行灵活 | 有些柔性制造系统的检验、装卡和维护工作可在第一班完成，第二、第三班可在无人照看下正常生产。在理想的柔性制造系统中，其监控系统还能处理诸如刀具的磨损调换，物流的堵塞疏通等运行过程中不可预料的问题 |
| 产品应变能力大 | 刀具、夹具及物料运输装置具有可调性，且系统平面布置合理，便于增减设备，满足市场需要 |

柔性制造系统作为一种生产手段，不断适应新的需求、不断引入新的技术、不断向更高层次发展。随着FMS应用范围逐步扩大，逐渐朝低成本、高柔性、多功能化、模块化、集成化、智能化、小型单元化、管理现代化以及环保化方向发展的趋势。

FMS的软、硬件都向模块化方向发展。一方面，与计算机辅助设计和辅助制造系统相结合，利用原有产品系列的典型工艺资料，组合设计不同模块，构成各种不同形式的具有物料流和信息流的模块化柔性系统；另一方面是实现从产品决策、产品设计、生产到销售的整个生产过程自动化，特别是管理层次自动化的计算机集成制造系统，柔性制造系统只是它的一个组成部分。为了保证系统工作的可靠性和经济性，将其主要组成部分标准化和模块化。以模块化结构集成FMS，再以FMS作为制造自动化基本模块集成计算机/现代集成制造系统（CIMS）是一种基本趋势。

柔性制造系统未来将发展各种工艺内容的柔性制造单元和小型FMS，完善FMS的自动化功能，扩大FMS完成作业内容，并与CAD/CAM相结合，向全盘自动化工厂方向发展。

## 6.3.2　初识柔性制造系统的应用

近年来，柔性化生产制造方式越来越流行，不断地渗透到众多产品密集型制造行业中。从实际应用上来说，它解决了长期以来多品种小批量加工自动化的难题，也能够适应产品不断更新的需求，因而广受众多厂家欢迎，特别在汽车零部件制造业内尤为突出。下面举几个例子认知柔性制造系统的应用。

图6-63所示为小巨人公司生产的柔性制造单元——巨人系列门式机械手模块GIANT SERIES G10&G20。它采用模块化设计，柔性强，可以针对不同零件、不同加工工艺进行灵活搭配，组建高性价比的机械手模块。它还采用独立桁架设计，安装、调试可以与机床分开进行。整套设备不仅可添加相位识别 - 校正、在线检测、上/下料仓和上/下料道等装置，还配有独立的料仓设计，料仓独立控制、自动运行，同时可与其他相关设备联线配合协调工作。

图 6-63　巨人系列门式机械手模块 GIANT SERIES G10&G20

　　图6-64 所示为奇瑞发动机某厂的凸轮轴柔性生产线。该柔性生产线的机床选用Siemens 840D、FANUC18i 等目前顶尖的系统来实现 FMS 的自动控制；在 Siemens 数控系统中增加 ARTIS 刀具检测软件，同时，生产线的自动控制系统还扩展了主动检测功能，在切削过程中 实时对加工尺寸进行检测，并将数据反馈至控制系统，随机修正切削参数，以保证加工精 度。凸轮轴生产线能够共线加工多种型号的凸轮轴，可以说建立这样一条柔性生产线，相当 于建立了 7 条以上的传统凸轮轴生产线，其意义已不仅仅是一个生产凸轮轴的柔性制造系 统，而是一个凸轮轴制造集中厂。

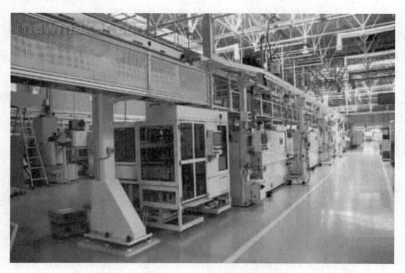

图 6-64　奇瑞发动机某厂的凸轮轴柔性生产线

　　图 6-65 所示为 NTC 公司一个典型的缸盖柔性生产线。整条生产线中，在精加工工序上 采用标准化设计的柔性专用机床。通过选择最佳切削条件，减少了交换刀具的频率；采用多 用途的 A 轴翻转夹具使得工件内的切屑、冷却液能最大程度的留在机床内部。同时，为了

防止工件被误投入机床，在各工序的夹具内还配置了判断工件错误的挡板。

图 6-65  NTC 公司一个典型的缸盖柔性生产线

图 6-66 所示采用龙门式机械手上下料缸体粗加工生产线，配有三坐标柔性加工单元和自动输送小车，可以完成 3 个品种缸体的加工。

图 6-66  采用龙门式机械手上/下料缸体粗加工生产线

ABB 集团为长城汽车新工厂焊装车间的生产线设计并提供了全套工业机器人柔性自动化解决方案。这条柔性自动化生产线共设 30 个工位，采用了包括 IRB 6640 和 IRB 7600 两种型号在内的 27 台 ABB 焊接机器人。ABB IRB 6640 机器人携带焊钳稳定的工作，焊接速度快，主要用于车身的点焊工作；ABB IRB 7600 机器人适用于重载场合焊接作业，应用在柔性总拼工位，负责将汽车的侧围，顶盖和车身底板焊在一起，最终形成汽车的主框架。通过应用 ABB 机器人，使汽车车身的抗冲击能力提升了 30%。图 6-67 所示为长城汽车新厂焊装车间柔性自动化生产线。

图 6-67　长城汽车新厂焊装车间柔性自动化生产线

　　小巨人机床有限公司是中国第一座智能网络化机床制造工厂，其所有技术管理通过产品数据管理（Prduction Data Manaser，PDM）系统对产品结构、设计变更、变更历史进行管理和记录。通过覆盖公司的计算机系统和网络以及数字化产品结构、数字化生产设备和制造执行系统，将制造、产品开发、售前、售后服务及经营管理有机连接在一起，以信息流控制物质流，实现了整个工厂的柔性化及自动化，构筑起了一个现代化的柔性制造工厂。

# 参 考 文 献

[1] 鲍风雨. 典型自动化设备及生产线应用与维护 [M]. 北京：机械工业出版社，2004.

[2] 黄志昌. 自动化生产设备原理及应用 [M]. 北京：电子工业出版社，2007.

[3] 李全利. LC 运动控制技术应用设计与实践（西门子）[M]. 北京：机械工业出版社，2009.

[4] 廖常初. S7 - 200 PLC 基础教程 [M]. 北京：机械工业出版社，2006.

[5] 吕景泉. 自动化生产线安装与调试 [M]. 2 版. 北京：中国铁道出版社，2009.

[6] 黄志昌. 液压与气动技术 [M]. 北京：电子工业出版社，2006.

[7] 孙兵. 气液动控制技术 [M]. 北京：科学出版社，2008.

[8] 张益. 现场总线技术与实训 [M]. 北京：北京理工大学出版社，2008.

[9] 崔坚. 西门子工业网络通信指南（上册）[M]. 北京：机械工业出版社，2004.

[10] 崔坚. 西门子工业网络通信指南（下册）[M]. 北京：机械工业出版社，2005.

[11] 张运刚，等. 从入门到精通——西门子工业网络通信实战 [M]. 北京：人民邮电出版社，2007.

[12] 张运刚，等. 从入门到精通——西门子 S7 - 200 技术与应用 [M]. 北京：人民邮电出版社，2007.

[13] 张运刚，等. 从入门到精通——工业组态技术与应用 [M]. 北京：人民邮电出版社，2007.

[14] 张运刚，等. 从入门到精通——触摸屏技术与应用 [M]. 北京：人民邮电出版社，2007.

[15] 张运刚，等. 从入门到精通——西门子 S7 - 300/400 PLC 技术与应用 [M]. 北京：人民邮电出版社，2007.

[16] 俞志根. 传感器与检测技术 [M]. 北京：科学出版社，2007.

[17] 仲明振，等. 低压变频器应用手册 [M]. 北京：机械工业出版社，2009.

[18] 李方圆. 变频器自动化工程实践 [M]. 北京：电子工业出版社，2007.

[19] 孟晓芳，等. 西门子系列变频器及其工程应用 [M]. 北京：机械工业出版社，2008.

[20] 陈浩. 案例解说 PLC、触摸屏及变频器综合应用 [M]. 北京：中国电力出版社，2007.

[21] 魏克新. 自动控制综合应用技术 [M]. 北京：机械工业出版社，2007.

[22] 马宁. S7 - 300 PLC 和 MM440 变频器的原理与应用 [M]. 北京：机械工业出版社，2008.

[23] 覃贵礼. 组态软件控制技术 [M]. 北京：北京理工大学出版社，2007.

[24] 汪志锋. 工业组态软件 [M]. 北京：电子工业出版社，2007.

[25] 郭洪红. 工业机器人运用技术 [M]. 北京：科学出版社，2008.

[26] 叶晖，管小清. 工业机器人实操与应用技巧 [M]. 北京：机械工业出版社，2011.

[27] 李荣雪. 弧焊机器人操作与编程 [M]. 北京：机械工业出版社，2011.

[28] 张玫. 机器人技术 [M]. 北京：机械工业出版社，2012.